퓨처 **사이언스**

퓨처 사이언스

FUTURE SCIENCE

첨단 과학자들이 들려주는 미래 과학 이야기

맥스 브로크먼 엮음 구계원 옮김

문학동네

FUTURE SCIENCE: ESSAYS FROM THE CUTTING EDGE
Edited and with a preface by Max Brockman

* 이 도서의 국립중앙도서관 출판시도서목록(CIP)은 서지정보유통지원시스템 홈페이지
(http://seoji.nl.go.kr)와 국가자료공동목록시스템(http://www.nl.go.kr/kolisnet)에서
이용하실 수 있습니다.(CIP제어번호: CIP2013001462)

제니에게

서문

학계는 그 전통적인 구조와 규범 덕분에 밖에서 관찰할 때는 꽤나 이상한 집단으로 비춰지기도 한다. 나는 출판 에이전트로 일하면서, 어떤 학자가 일반 대중을 대상으로 자신의 연구에 대한 글을 썼을 때 일부 동료들이 그런 일은 시간 낭비이며 어쩌면 그것이 학자로서의 학문적 경력까지 위협할 거라고 생각한다는 사실을 종종 깨달았다. 특히 종신 재직권이 없는 젊은 과학자들의 경우 이는 거의 보편적인 사실이다.

이러한 동료 집단의 압력에는 납득할 만한 몇 가지 이유가 있는데, 그중 가장 명백한 이유는 학술지에 논문을 싣는 것이 종신 재직권 확보라는 험난한 목표를 향해 나아가는 데 필수적인 단계이기 때문이다. 그러나 이로 인한 안타까운 결과 중 하나는, 학계 외부에 있는 우리와 같은 사람들에게는 좀처럼 차세대 과학자들이 진행하고 있는 연구를 살펴볼 기회가 주어지지 않는다는 사실이다. 이들 중 일부는 앞으로 과학계를 이끌어 갈 행동가와 전달자가 될 텐데도 말이다.

이렇게 답답한 상황이 바로 이 시리즈의 첫번째 에세이 모음집인 『다음 단계는?—과학의 미래에 대한 속보*What's Next?: Dispatches on the Future* of Science』를 펴내는 원동력이 되었다. 에세이는 이 과학자 집단을 대표하는 학자들이 자신의 생각을 전달하는 데 가장 알맞은 표현 방식이라 생각했다. 이번에 출간하는 새로운 모음집 역시 제목은 다를지라도 같은 방식으로 구성되어 있다. 『퓨처 사이언스』에는 다양한 분야에 몸담고 있는 19명의 젊은 과학자가 자신이 연구하는 분야와 가장 흥미로워하는 주제에 대해 쓴 에세이를 모았다. 이 책에 기고해줄 학자를 찾기 위해 나는 저명한 과학자들에게 각자의 다양한 분야에서 새롭게 각광받고 있는 젊은 학자들을 추천해달라고 부탁했다.

『퓨처 사이언스』에서 만나보게 될 학자 몇 명을 소개한다.

• 케빈 P. 핸드Kevin P. Hand는 캘리포니아 주 패서디나 시의 제트추진연구소에 몸담고 있는 행성학자이자 우주생물학자로, 태양계 (그리고 우주) 이외 지역에서의 생물 생존 가능성에 대해 이야기한다.

• 펠릭스 바르네켄Felix Warneken은 하버드 대학 발달연구실험실의 사회인지발달연구팀을 이끌고 있으며, 어린아이들과 우간다 침팬지에 대한 연구를 통해 인간 이타주의의 진화적 기원을 탐구하는 과정을 설명한다.

• 윌리엄 매큐언William McEwan은 영국 케임브리지에 소재한 MRC 분자생물학연구소에서 바이러스학자이자 박사 후 연구원으로 재직하고 있으며, 자신만의 바이러스를 설계하여 항바이러스 면역의 생물학을 탐구한다.

• 앤서니 아기레Anthony Aguirre는 캘리포니아 대학 샌타크루즈 캠퍼스에 재직중인 물리학자이자 우주학자로, 무한대가 실험 가능한 물리적 과학의 영역 안으로 편입되었다고 주장한다.

• 대니얼라 코퍼Daniela Kaufer와 달린 프랜시스Darlene Francis는 캘리포니아 대학 버클리 캠퍼스의 신경생물학자로, 스트레스가 마음과 몸에 미치는 영향에 대한 연구에서 여러 학문 분야를 망라하는 학제 간 접근 방식을 취한다.

• 존 클라인버그Jon Kleinberg는 코넬 대학의 컴퓨터과학 교수로, 인터넷 시대에 우리가 구축하고 있는 엄청난 양의 데이터 세트에서 유의미한 정보를 추출해내는 방식을 연구한다.

개인적으로 이 책 『퓨처 사이언스』를 만들면서 매우 큰 보람을 느꼈을 뿐만 아니라 이 시리즈의 다음 편을 묶어 내는 날을 손꼽아 기다리고 있다. 이 열정적인 젊은 과학자들은 현재 자신들이 수행하고 있는 연구를 간략하게 우리에게 소개함으로써, 앞으로 다가올 세상을 내다볼 수 있는 창을 제공해주는 셈이다.

2011년 8월
뉴욕에서
맥스 브로크먼

차례

| 일러두기 |

* 원서의 주석은 각 장章의 말미에 배치하였다.
* 본문의 각주는 모두 옮긴이 주이다.

다가오는 대양 탐험의 시대

케빈 P. 핸드 Kevin P. Hand

캘리포니아 주 패서디나Pasadena 시에 소재한 제트추진연구소Jet Propulsion Laboratory의 행성학자이자 우주생물학자인 케빈 P. 핸드는 다트머스 칼리지에서 물리학 학사 학위(1998년)를, 스탠퍼드 대학에서 기계공학 석사 학위(2002년)를, 동 대학에서 지질학 및 환경과학 전공으로 박사 학위(2007년)를 받았다. 그의 연구는 태양계의 근원, 진화, 생명의 분포에 초점을 맞추고 있으며, 외태양계에 있는 얼음으로 덮인 위성들, 특히 목성의 유로파 위성을 대상으로 한 수치 모델링 및 물리학적, 화학적 실험으로 구성되어 있다.

2020년의 청명한 어느 봄날, 나는 발사대에 장착된 로켓을 바라보면서 카운트다운 소리를 듣고 싶다. 로켓 맨 꼭대기에 탑재된 것은 무인 우주선으로, 인간이 이룩한 다양한 기술적 성과 중에서도 가장 첨단에 서 있는 놀라운 기술을 상징한다. 이 승객은 앞으로 목성의 여섯 번째 위성 유로파Europa 주위의 궤도라는 최종 목적지에 도달하기까지 험난한 8년간의 여정을 견뎌낼 것이다. 이 여정의 목표는 지구상에 있는 물을 모두 합쳐놓은 것의 2~3배 부피에 달하는 물이 담긴 대양에서 생물이 생존할 수 있는지 여부를 탐사하는 것이다. 유로파의 대양은 지구의 대양과 마찬가지로 거의 태양계가 처음 생겨났을 때부터 존재해왔다. 이 대양은 '과연 지구 밖에 생명은 존재하는가?'라는 인류의 가장 오래된 의문에 대답을 제시해줄 수 있다.

이 우주 비행은 새로운 탐험 시대의 서막을 알린다. 인류는 역사상 대부분의 기간 동안 대륙을 탐험해왔다. 산악 지대와 거주에 적합한 지역을 탐험했는데, 이러한 탐험의 절정은 북극 탐험의 영웅시대였으며, 최고의 업적은 달의 표면에 깃발을 꽂고 발을 디딘 일이었다. 그러나 앞으로 수십 년, 아니 수백 년간의 탐험은 인간과 로봇을 막론하고 점점 더 지구의 대양뿐만 아니라 적어도 태양계의 다섯 개 위성에 존재한다고 알려진 지표 밑 대양 깊숙한 곳에 초점을 맞추게 될 것이다. 대양이 존재한다고 알려진 위성은 목성의 유로파, 가니메데Ganymede, 칼리스토Callisto, 그리고 토성의 타이탄Titan과 엔켈라두스Enceladus다. 이러한 위성에 존재하는 물의 전체 부피는 지구상에 존재하는 물 부피의 100배 이상으로 추정된다.

다가오는 대양 탐험 시대의 목표는 생명체가 살고 있는 지구의 섬세한 균형을 더욱 잘 이해하는 동시에 태양계와 그 너머 먼 우주에 생명체가 살 수 있는지, 그리고 혹시 실제로 생명체가 살고 있는지에 대한 이해를 넓히는 것이다. 민간 부문의 사업자, 발명가뿐만 아니라 미국항공우주국NASA과 미국 국립과학재단National Science Foundation의 대규모 프로젝트 역시 이러한 노력에 크게 기여할 것이다. 미국항공우주국은 표면의 얼음을 녹이고 들어가서 탑재된 고도의 인공지능으로 머나먼 대양을 탐사할 수 있는 지능형 차량을 구상하고 있다. 이러한 임무가 실현되기 위해서는 앞으로 수십 년이라는 시간이 흘러야겠지만, 현재도 이러한 기술의 초기 형태를 활용하여 지구의 대양을 탐험하며 바다 깊숙한 곳에 존재하는 괴이한 생명체들을 발견하는 작업이 진행되고 있다. 이들 중 일부는 미국 국립과학재단의 지원으로, 일부는 민간 기업체의 지원으로 운영된다.

그러나 액체 상태의 물을 발견할 수 있으리라는 전망 이외에, 유로파와 같은 대양 세계가 우주생물학적으로 흥미로운 이유는 무엇일까? 모순되는 상당한 증거에도 불구하고 지구는 생명체가 탄생하기에 특별히 적합한 곳은 아니었다. 우리가 아는 생명체가 생겨나기 위한 주요 성분은 지구보다 태양계의 더욱 머나먼 곳에서 훨씬 쉽게 찾을 수 있다. 그 이유는 행성이 처음 만들어지던 최초의 시기로 거슬러올라간다. 태양을 중심에 둔 상태에서 가스와 먼지로 이루어진 태고의 원반이 열, 중력, 태양풍으로 인해 분리되었다. 무거운 물질은 응축되고 서서히 덩치를 불려 내태양계의 행성들이 되었고, 가벼운 물질은 결국 차가운 외부 지역에서 '얼어붙었다'. 물, 이산화탄소, 메탄, 암모니아, 질소 가스는 모두 가벼운 휘발성 화합물로, 대부분 내태양계에서 굳어져나와 거대한 기체 행성과 그 위성으로 응축되었다. 이러한 화합물이 바로 생명체의 원재료다.

지구에 거대한 대양이 존재한다는 사실은 오랫동안 행성 과학자들에게 수수께끼였다. 지구의 위치와 형성 역사를 고려하면 지구는 지금보다 훨씬 더 건조해야 하고 유동성도 적어야 한다. 이 수수께끼에 대해 보편적으로 받아들여지는 대답은 행성 형성기가 끝난 후 지구에 충돌한 혜성이 물과 기타 휘발성 물질을 지구에 공급했다는 것이다. 실제로 여러분이 마시는 물 한 잔 중 대략 반 정도가 혜성에서 온 것일지 모른다. 이 가설에 대한 몇 가지 증거는 물의 수소 동위원소를 연구하는 과정에서 밝혀졌다. 이 동위원소는 물의 근원지를 식별해주는 지문과 같은 역할을 한다. 인간이 혜성에 대해 과학적인 관심을 가지는 가장 큰 이유는, 지구에 생명체가 살 수 있게 된 데 이러한 혜성이 어떤 역할을 했는지 더욱 잘 이해하고자 하는 열망 때문이다.

따라서 얼음으로 뒤덮인 외태양계의 대양 세계에는 액체 상태의 물과 생명의 원재료가 존재할 가능성이 크다. 외태양계에 존재하는 물의 상당량은 얼음이지만 일부는 액체 상태다. 예를 들어 유로파에는 깊이 100킬로미터 정도의, 액체 상태의 물로 이뤄진 대양이 존재할지도 모른다는 설득력 있는 증거가 있다. 이 액체 바다는 유로파 전역에 걸쳐 두께 20킬로미터를 넘지 않는 표면 얼음 층 아래 있을 것으로 추정된다. 이는 엄청난 양의 물이며, 우리가 지구상의 생명체를 통해 배운 것이 있다면 바로 액체 상태의 물이 있는 곳에는 보통 생명체가 존재한다는 사실이다.

이러한 대양이 어떻게 존재할 수 있을까? 그토록 춥고 작은 세계에서 왜 물이 전부 얼음으로 변하지 않았을까? 첫번째로 이해해야 할 것은 얼음이 물 위에 뜬다는 소소하지만 중요한 사실이다. 만약 얼음이 물에 뜨지 않았다면 이러한 대양 세계는 꽁꽁 얼어버렸을 가능성이 크다. 그러나 얼음이 물에 뜨기 때문에, 그리고 그것이 뛰어난 보온 담요 역할을 하기 때문에 이러한 대양 세계의 내부에서 생성되는 열은 전부 대양을 액체 상태로 유지하는 데 사용될 수 있다. 지구와 마찬가지로, 유로파에서는 내부의 열 일부가 대양 아래의 암석으로 된 맨틀에 존재하는 중원소의 방사성 붕괴로 발생한다. 그러나 더욱 큰 에너지원은 아마도 유로파가 목성 주위의 궤도를 돌면서 발생하는 조수의 밀고 당김일 것이다. 방사성 붕괴와 조수력의 다양한 결합은 외태양계 위성 상당수에서, 압도적인 내부 발열 메커니즘으로 작용할 가능성이 크다.

그러나 이러한 위성에 대양이 존재한다는 증거를 이해하는 것은 조금 더 복잡한 문제다. 물론 표면을 덮고 있는 두꺼운 얼음 때문에 궤도에서 찍은 사진에서는 이러한 대양을 볼 수 없다. 이들 위성의 표면에 존재하는 수많은 얼음 균열과 갈라진 지형은 분명 지구의 극지방에서 발견되는 빙산과 갈라진 빙상을 연상시킨다. 그러나 이러한 균열은 수백만 년 전에 생겨난 것일 수도 있다. 과연 대양이 오늘날까지 계속 남아 있을지 어떻게 알 수 있을까? 유로파와 칼리스토의 경우 가장 강력한 증거는 의외의 자료에서 발견할 수 있는데, 이러한 위성 주위의 자기장 변화에 대한 갈릴레오Galileo 우주선의 측정 결과가 그것이다. 자료에 따르면 두 위성 모두 지구와 마찬가지로 강력한 내부 자기장은 가지고 있지 않으며, 그보다는 목성이 축을 따라 10시간마다 자전을 하면서 생기는 지속적인 목성의 자기장 변화에 따라 자기장이 유도된다고 한다.

이것은 공항에서 사용되는 금속탐지기와 같은 물리학적 원리다. 금속탐지기가 설치된 문을 통과하여 걸어가면 실제로는 빠르게 변화하는 자기장 속을 걸어서 통과하는 셈이다. 주머니에 전도성 물질이 들어 있는 경우 전류가 유도되고, 이러한 전류는 유도 자기장을 형성한다. 금속탐지기는 이 유도 자기장을 감지하여 경보를 울리는 것이다. 갈릴레오 우주선의 경우, 말하자면 유로파와 칼리스토 곁을 날아갈 때 이러한 경보가 울렸던 것이다. 이러한 위성의 유도 자기장을 관찰한 결과 표면 근처에 전도층이 존재한다는 사실이 드러났다. 위성의 위쪽 몇백 킬로미터가 액체 상태이거나 동결된 물이라는 사실은 다른 증거를 통해 이미 알려져 있었다. 얼음은 유도 자기장을 일으킬 만큼 전도성이 높지 않기 때문에, 이제 자기장 관찰을 통해 표면 아래에 염분이 함유된 액체 상태의 대양이 있을지도 모른다는 가능성이 제기된 것이다. 흥미로운 점은 위성 내부 깊숙한 곳에 자리잡고 있는 철로 된 전도성 중심부 때문에 이러한 측정 결과가 나왔으리라고는 생각하기 어렵다는 것이다. 전도성 영역이 반드시 표면 가까이에 자리잡고 있어야 이런 결과가 나올 수 있다.

유로파와 칼리스토의 표면 아래에 있는 대양을 파악하는 데에는 좀 자세한 물리학이 필요하지만, 이러한 세계의 표면에서 무슨 일이 일어나는지를 단순히 관찰할 수 있는 경우도 있다. 엔켈라두스가 이에 해당하는 사례다. 카시니Cassini호에서 보내온 영상과 기타 자료는 염분과 유기물이 풍부하게 함유된 물기둥이 공중으로 분출되고 있음을 보여주었다. 현시점에서 우리는 엔켈라두스에서 무슨 일이 일어나고 있는지 완전히 파악하지는 못했지만, 이 물기둥이 남극해의 표면 아래에서 뿜어져나왔다는 증거는 쌓여가고 있다.

이제 우리는 태양계에 존재하는 액체 상태의 물 대부분이 작은 엔켈라두스(직경 504킬로미터)에서 거대한 가니메데(수성보다 크다)에 이르기까지 다양한 얼음 위성의 표면 아래에 존재한다고 생각할 만한 충분한 근거를 가지고 있다. 태양계에서 생명체가 살아갈 수 있는 영역은 대부분 이러한 대양일 가능성이 있으며, 같은 맥락에서 얼음으로 뒤덮인 대양은 우주 전체를 통틀어 생명체가 살아갈 수 있는 영역의 대부분에 해당할지도 모른다. 일부 학자들은 지구와 같은 세계는 매우 드문 경우라고 주장한다. 우리가 살고 있는 태양계를 참고로 삼는다면, 얼음으로 뒤덮인 대양 세계는 보다 풍성한 생명의 보금자리일지도 모른다.

그러나 그러한 생태계가 어떻게 번성할 수 있을까? 얼음으로 뒤덮여 태양으로부터 오는 열도, 빛도 차단된 대양에서 어떻게 생명체가 존재할 수 있을까? 이 문제에 대답하기 위해 우리는 지구의 대양 깊숙한 곳으로 되돌아가야 한다.

인간 탐험의 역사 중 대부분의 기간 동안 지구의 대양은 현재 지구 밖 우주가 하는 것과 같은 역할을 수행해왔다. 대양 세계를 통해 인간의 상상력이 마음껏 꽃을 피웠다. 대중은 새로운 해양 모험이나 괴상하고 환상적인 생명체, 그때까지 알려지지 않았던 문명이 발견되었다는 소식을 끊임없이 갈망하는 것처럼 보였다. 대양의 가장 깊은 곳인 심연은 신비에 싸인 알 수 없는 세계였다. 깊은 바닷속은 태양의 빛과 열이 도달하지 않는 지역이기 때문에 생명체가 존재하지 않는다고 생각했다.

그러나 1800년대 중반에서 후반에 이르자 이러한 생각이 변하기 시작했다. HMS 챌린저Challenger호 같은 탐험대가 그물로 깊은 바닷속을 훑어 이전에는 결코 본 적이 없는 수천 종류의 동물을 발굴해냈다. 20세기 초반에는 유인 잠수정이 발명되면서 바닷속을 직접 육안으로 탐색할 수 있게 되었다. 그후 몇십 년간 심해 탐사는 단속적으로 발전했는데, 과학적 관심보다는 군사적으로 바다를 장악하려는 야심에 힘입은 경우가 더 많았다. 1960년대 초반에 미국은 대양의 가장 깊은 지점으로 알려진 마리아나 해구Mariana Trench의 깊이 10.911킬로미터(3만 5797피트) 지점에 심해탐구선 트리에스테Trieste를 착륙시킴으로써 패권을 주장했다. 이 성과로부터 50년이 지난 지금, 심해를 탐험하는 기술은 점진적으로 진보했을 뿐이지만 대양과 해저에 대한 과학적인 이해는 엄청나게 증가했다.

1998년과 2008년 사이에 유인 잠수정, 로봇 제어 탐사정robotically operated vehicles, ROVs, 지능형 해저 탐사정autonomous underwater vehicles, AUVs을 망라한 미국의 선단船團이 231회의 탐사를 실시했다. 231회란 1960년부터 1997년까지 진행된 비슷한 탐사의 연평균 횟수를 엄청나게 웃도는 숫자였다. 넉넉하게 잡아 한 번에 100시간씩 심해 탐사를 했다고 가정하면 231차례를 모두 합친 총 탐사 시간은 거의 3년에 달한다. 언뜻 아주 긴 시간처럼 들릴지 모르지만, 해저에 존재하는 미지의 영역이 얼마나 넓은지를 고려하면 그다지 많은 시간도 아니다. 비교를 해보자면 1804년 루이스Lewis와 클라크Clark 원정대가 미국 서부 횡단 경로를 개척하면서 수많은 경치와 기념비적인 풍광을 밝혀내는 데 거의 3년이 걸렸지만, 그 긴 시간에도 불구하고 미시시피 서부 지역의 탐사는 제대로 끝내지도 못했다. 이제 루이스와 클라크가 작은 손전등 몇 개에 의지한 채 칠흑 같은 밤에만 하이킹을 해야 했다고 상상해보면 대양의 바닥을 탐험한다는 것이 어떤 일인지 비로소 이해되기 시작할 것이다.

한편 대양 깊은 곳에 대한 과학적 이해는 지구물리학, 기후과학, 생물학에 지대한 영향을 미쳤다. 알프레트 베게너Alfred Wegener가 대륙 이동설을 제시한 것은 1900년대 초였지만, 1960년대에 들어서야 탐험을 통해 해저의 잔류자기殘留磁氣가 파악되고 지구의 표면이 움직이는 구조판tectonic plate으로 이루어져 있다는 주장이 널리 받아들여지기 시작했다. 판구조론과 함께 지구의 활발한 맨틀에서 나오는 열의 대류 때문에 대양 바닥의 중심부가 벌어져 해저 산지의 해령海嶺과 화산, 온천이 생겨났다는 사실도 깨닫게 되었다. 야구공의 봉합선에 자주 비유되는 이 확장 해령 때문에 해저에 새로운 표면이 생겨났고, 오래된 표면 물질은 판의 경계를 따라 가라앉았다.

1977년 에콰도르 근해에서 확장 해령의 지질을 탐사하려던 잠수정 탐사대의 임무는 머지않아 생물학적 탐사로 바뀌었다. 탐사대는 이전의 준설浚渫 작업에서 발견한 몇 가지 심해 생명체 정도를 관찰하리라 기대했지만, 실제로 눈앞에 펼쳐진 것은 해령을 따라 위치한 열수熱水 분출공에서 발생하는 활발한 화학작용을 바탕으로 번성하고 있는 놀라운 해저 생태계였다. 먹이사슬의 가장 아래에 있는, 광합성을 원동력으로 삼는 지구 표면의 생태계와 달리, 이러한 열수분출공 생태계는 화학 합성을 기반으로 한다. 미생물은 분출공에서 나오는 화합물을 먹으며, 먹이사슬의 맨 아랫자리를 차지한다. 이 발견은 생물학계에 큰 파장을 일으켰으며, 이러한 이질적인 생태계의 화학작용과 역학을 이해하는 데 초점을 맞춘 박사 학위 논문과 연구 논문이 무수히 발표되었다. 열수분출공이 발견된 이후 다른 확장 해령 주변 지역과 활성화된 해저 화산 주변 지역에서 수많은 다른 생태계가 발견되었다. 이러한 생태계는 두꺼운 얼음 표면 때문에 광합성이 거의 일어나지 않는 머나먼 대양에서 생명체를 찾는 데 관심을 둔 사람들을 매료했다.

되돌아보면, 판구조론에 따라 판이 움직이면서 해저에 온천이 생기고 생명체가 어떻게든 번성할 방법을 찾았으리라는 것은 별로 놀라운 일처럼 보이지 않는다. 물론 이 사실이 발견되었을 당시에는 판구조론이 상대적으로 생소한 개념이었으며, 미생물학이라는 학문은 DNA의 발견으로 야기된 혁명의 시기에 막 들어서려던 때였다. 오늘날까지 놀라움을 주는 사건은, 2000년 데버러 켈리Deborah Kelly와 워싱턴 대학 해양학과 동료들이 대서양중앙해령Mid-Atlantic Ridge 20킬로미터 서쪽에서 아무도 예상하지 않았던 열수분출공의 활발한 생태계를 발견한 것이다. 이 지역은 잃어버린 도시Lost City라고 불리게 되었고, 이 분출공은 그 이름에 꼭 맞는 광경을 연출했다. 2003년에 나는 대양의 표면 아래 1킬로미터 지점에 있는 잃어버린 도시로 잠수할 기회를 얻어, 흰색 탄산염 탑들로 이루어진 놀라운 벌판과 그 주변의 생태계를 내 눈으로 직접 보았다. 일렁거리는 뜨거운 물줄기가 이러한 탑 위나 탑 사이로 흐르고 있으며, 그 주위에는 심해의 다양한 생명체들이 도사리고 있다. 이 광경은 내 머릿속에 깊게 각인되어 지구에서 어떻게 생명이 시작되었는지, 생명체가 어떻게 유로파와 같은 세계에서 생존할 수 있을지를 상상할 때 배경으로 등장한다.

지구 위의 생명체라는 맥락뿐만 아니라 지구 밖의 대양 세계에서 생명의 흔적을 찾는다는 의미에서, 잃어버린 도시에는 세 가지 주목할 만한 특징이 있다.

첫째, 잃어버린 도시에 에너지를 공급하는 것은 맨틀에서 나오는 열이 아니다. 잃어버린 도시에 있는 분출공의 에너지는 바닷물과 새롭게 노출된 맨틀의 암석, 특히 감람암peridotite 사이의 상호작용에서 기인한 발열성 반응에서 온다. 이 반응은 사문석화작용serpentinization*이라고 부르는데, 반응의 결과물로 녹색에 뱀무늬를 한 사문암이 생성되기 때문이다. 이러한 변화의 구체적 내용은 보통 가속화된 산화작용의 원리로 작동하는 손난로와는 상당히 다르지만, 이해를 돕기 위해 이 반응을 손난로에 비유해볼 수 있다. 봉투를 열면 손난로가 산소에 노출되면서 안에 들어 있는 철이 모두 녹슬 때까지 발열 반응이 진행된다. 이와 흡사하게 해저 표면에 틈이 생기면 그때마다 물이 유입되고, 노출된 감람암이 모두 변화를 일으킬 때까지 사문석화작용이 진행된다. 이 과정에서 열, 사문암, 탄산염암, 그리고 일부 생물학적으로 유용한 화합물이 생성된다. 필요한 것은 새롭게 노출된 맨틀 암석과 물뿐이다. 용해된 암석의 뜨거운 대류 맨틀은 이런 반응에 에너지를 공급하는 데 필요하지 않다.

둘째, 잃어버린 도시는 앞에서 언급했던 '야구공의 봉합선', 즉 판

* 마그네슘을 풍부하게 포함한 광물 또는 그것을 주성분으로 하는 초염기성암이 사문석의 집합체로 변질되는 과정.

구조론에서 확장 해령에 해당하는 곳에 존재하지 않는다. 잃어버린 도시는 소위 축을 벗어난 예외적인 위치에 있으며, 열수 체계가 기존과는 다른 부류의 지형에서 발견된 사례다. 오늘날까지 이렇게 새로운 종류의 대규모 열수 체계가 발견된 것은 잃어버린 도시가 유일하며, 과학자들은 향후 해저의 다른 지역을 탐험하여 이렇게 축을 벗어난 사문석화작용 체계가 얼마나 흔하게 존재하는지를 알아보기 위해 의욕을 불태우고 있다. 잃어버린 도시의 체계는 외태양계의 소규모 대양 세계에서 일어나는 열수 활동에 대해 중요한 점을 시사한다. 이러한 영역에서는 방사성 붕괴와 조수력으로부터 나오는 내부의 열이 활발한 맨틀 활동, 나아가 활발한 판구조 활동을 유지하는 데 충분하지 않을 가능성이 높다. 이 때문에 벌어진 중심부를 따라 흔히 발견되는 '블랙 스모커black smoker'* 열수분출공이 생겨나기가 불가능할 수도 있다. 그러나 제트추진연구소 동료인 스티븐 D. 밴스Steven D. Vance는 이러한 작은 세계 중 일부 해저에서 냉각 및 조석 유동tidal flexing 현상이 일어나며 생기는 균열도 사문석화작용 체계를 유지하는 데에는 충분할 수 있다는 것을 보여주었다.[1]

셋째, 아마도 가장 중요한 특징일 텐데, 잃어버린 도시와 같은 유형의 지구화학적 환경이 바로 나를 비롯하여 생명의 기원을 연구하는 수많은 학자들에게 강한 흥미를 불러일으킨다는 점이다. 역시 제트추진연구소에 몸담고 있는 마이클 J. 러셀Michael J. Russell은 저온의 알칼리성 수중 환경이 궁극적으로 생명의 근원을 탄생시키는 화학작용에 가

* 해저의 지각 속에서 마그마가 식어 굳을 때 발생하는 고온의 수용액이 바닷물과 반응하여 검은 연기처럼 솟아오르는 것.

장 적합하다는 주장을 오랫동안 펼쳐왔다.[2] 잃어버린 도시는 바로 이러한 종류의 환경을 제공한다. 산성에 온도가 섭씨 400도에 달하는 블랙 스모커와는 달리 사문석화작용이 일어나는 분출공은 최대 온도가 약 섭씨 70도에 불과하며 수소이온농도pH 9~11의 높은 알칼리성을 유지한다. 이는 커다란 분자가 생겨나고 이러한 분자들이 모여 내부가 구분되어 있는 독립 단위, 즉 원세포protocell가 형성되기에 바람직한 환경이다. 그러나 러셀을 비롯한 여러 학자들이 가장 흥미롭게 생각하는 것은 잃어버린 도시에서 일어날 수 있는 화학반응이다. 사문석화작용에서 메탄이 생겨나고, 광물질로 된 표면에서 일어나는 이후의 반응으로 이산화탄소가 감소될 수 있으며, 이를 통해 지구화학적 양성자 경사proton gradient 현상, 즉 이온화된 수소(전자가 없는 수소 원자)가 분출공과 대양이 접하는 곳을 가로질러 이동하는 현상이 나타날 수 있다. 이 양성자 경사는 생명에 에너지를 공급하는 최초의 생화학적 전지 역할을 할지도 모른다. 이는 모두 우리가 사는 지구에서 처음으로 생명의 탄생 과정을 시작했던 태고의 물질대사에 해당한다.

이 마지막 특징은 아마도 다가오는 대양 탐험 시대의 가장 혁신적인 측면이 될 부분을 뒷받침하는데, 바로 지구상에 펼쳐진 생명의 나무tree of life와는 무관한, 제2의 독립적인 생명의 근원을 발견할지도 모른다는 전망이다. 이러한 발견을 통해 우리의 우주는 지구 외에는 생명체가 존재하지 않는 세상에서 조건만 적합하면 어디서든 생명체가 생겨날 수 있는 곳, 즉 생명 보편성의 세계로 즉각 탈바꿈하게 된다. 이와 함께 진행되는 것이 DNA→RNA→단백질이라는 생화학적 패러다임이 유일한 것인가에 대한 가능성 탐구다. 우리가 아는 한, 지구상의 모든 생명체는 같은 생화학적 패러다임을 사용한다. 하지만 다른 방식이 존재할지도 모른다. 어쩌면 우리가 다른 세계를 탐험함에 따라 생명체에 적합한 다양한 생화학적 체계가 일종의 생명 주기율표처럼 등장하게 될지도 모른다. 유전정보의 밑그림이 되는 분자(DNA), 유전정보를 전달하는 분자(RNA), 구조 역할을 하는 분자(단백질)의 다양한 조합이 우주에 존재하는 생명체의 생화학적 환경을 정의하는 주기율표 말이다.

400년 전에 갈릴레오 갈릴레이는 망원경을 하늘로 돌려 우주에 대한 인간의 이해에 혁명을 일으켰다. 갈릴레이는 목성의 위성을 발견함으로써 우주는 지구를 중심으로 돈다는 아리스토텔레스의 우주관에 종지부를 찍는 데 기여했다. 만약 목성에 위성이 있다면 목성 역시 행성이어야 했다. 그로 인해 지구는 태양 주위를 도는 여러 개의 행성 중 하나임이 밝혀졌으며, 머지않아 태양 역시 우주의 수많은 항성 중 하나라는 것을 이해하게 되었다. 갈릴레이 이후 수세기 동안 물리학 법칙에 대한 인간의 이해는 지구를 넘어 그 이상의 세계와 불가사의한 영역으로 확대되었다. 또한 분광기와 행성탐사선의 출현으로 화학과 지질학에 대한 인간의 이해 역시 지구를 벗어난 세계와 경이로운 영역으로 확대되었다.

그러나 생물학은 아직 그러한 도약을 하지 못한 상태다. 우리는 이제 다가오는 대양 탐험의 시대를 맞아 이러한 혁명에 촉매 역할을 할 수 있는 발견의 신천지에 서 있다. HMS 챌린저호가 깊은 대양의 비밀을 밝혀내기 시작한 지 거의 140년이 지났다. 앞으로 수십 년 안에, 태양계 도처의 먼 대양에 파견된 로봇 탐험대들이 다시 한번 우리가 사는 우주에 대한 인간의 이해에 혁명을 일으킬 놀라운 발견의 소식을 담은 신호를 보내올지 모른다.

1. S. Vance 외, "Hydrothermal Systems in Small Ocean Planets", *Astrobiology* 7, 2007, pp. 987-1005.
2. W. Martin, J. Baross, D. Kelly, M. J. Russell, "Hydrothermal Vents and the Origin of Life", *Nature Reviews: Microbiology* 7, 2008, pp. 805-814 참조.

아이들이
내미는
도움의 손길

펠릭스 바르네켄 Felix Warneken

펠릭스 바르네켄은 막스 플랑크 진화인류학연구소Max Planck Institute for Evolutionary Anthropology에서 연구를 진행하는 동안 라이프치히 대학에서 박사 학위를 받았다. 현재 바르네켄은 하버드 대학 심리학과 조교수로 재직하며 이 대학 발달연구실험실Laboratory for Developmental Studies의 사회인지발달연구팀Social Cognitive Development Group을 이끌고 있다. 바르네켄의 연구는 인간과 침팬지에게서 관찰되는 협동의 근원에 초점을 맞추고 있다.

인간의 가장 중요한 특징 중 하나는 돈이나 음식과 같은 자원을 도움을 필요로 하는 사람과 나누거나 고통을 겪고 있는 사람을 위로하는 등 타인을 위해 행동하는 경향이다. 성인으로서 우리는 일상적으로 이러한 행동을 하며, 자신에게 직접적인 이득이 없는 경우에도 이타적인 행동을 하는 경우가 적지 않고, 때로는 심지어 손해를 보면서까지 다른 사람을 돕는다. 이러한 이타적인 행동은 문화적인 배경에서 비롯한다고 추정하는 경우가 많다. 부모가 우리에게 도덕적인 규범을 가르쳤다거나, 다른 사람에게 친절하게 대했을 때 보상을 주는 식으로 이타적인 행동을 길러주었다는 주장이 이에 해당한다. 뿐만 아니라 이타적인 행동은 인간의 고유한 특징이라고 생각하는 사람이 적지 않다. 이기적인 본능에 따라서만 움직이며 부모가 이타적으로 행동하는 방법을 가르쳐주지 않는 다른 동물들은 남을 위하는 행동을 하지 않는다고 간주하는 것이다.

그러나 몇 가지 새로운 실증적인 발견을 통해 인간의 이타주의는 이전에 생각했던 것보다 더욱 깊은 뿌리를 가지고 있다는 주장이 제기되었다. 특히 나와 동료들은, 문화적인 규범을 학습하는 등의 특정한 사회적 경험이 발달에 커다란 영향을 미치기 전인 매우 어린 시기부터 아이들이 이타적으로 행동한다는 사실을 보여주는 연구를 진행했다. 뿐만 아니라 심지어 침팬지도 가끔 다른 침팬지에게 도움이 되는 행동을 보여주었기 때문에, 어쩌면 우리가 생각하는 것처럼 이타주의가 인간만의 독특한 특징이 아닐지도 모른다는 가능성이 대두되었다. 어린아이들을 연구함으로써 우리는 인간이 어린 시절에 어떠한 이타적인 행동을 할 수 있는지를 파악하고, 이러한 성향이 문화적 규범 및 윤리적 교육과 상호작용을 하면서 발달해나가는 과정을 추적할 수 있다. 또한 진화론적으로 인간과 가장 가까운 두 종 중 하나인 침팬지를 대상으로 실험을 실시함으로써, 진화를 거슬러 과거로 시간여행을 하며 영장류의 공통된 조상이 보여주는 이타적인 행동과 인간의 혈통에서만 나타나는 이타적인 행동을 구별할 수 있다. 따라서 어린아이들의 행동과 침팬지의 행동을 비교하면 철학자 토머스 홉스와 장 자크 루소의 시대부터 이어져온 논쟁, 즉 '사회적 규범에서 발견할 수 있는 이타주의는 우리 자신의 이기적인 본성을 견제하기 위해 채택되었는가?'(홉스), 아니면 '인간은 천성적으로 타인을 배려하는 성향을 지녔는가?'(루소) 하는 물음에 대한 답을 제시할 수 있다.

아이들은 어릴 때 사람들이 왜, 그리고 어떻게 특정한 행동을 하는지 알아내기를 갈망한다. 그리고 아이들은 놀라울 정도로 세심하게 만사를 받아들인다. 예를 하나 들어보자. 누군가 새로운 도구를 사용하거나 깜짝 놀랄 만한 효과를 내는 신기한 장치의 버튼을 누르는 모습을 한 살짜리 아기가 본다면, 아기는 그 사람이 일부러 그렇게 했는지, 아니면 우연이었는지를 구별해낼 수 있다(우연의 경우에는 "어이쿠" 하는 소리를 동반하는 경우가 많다). 이제 아기의 차례가 되어 도구를 사용하거나 버튼을 누르게 하면 아기는 자신이 관찰한 사람이 했던 행동을 모두 그대로 따라 하지 않고 그 사람이 실제로 의도했던 행동만을 따라 한다. 무조건 행동만 따라 하는 것이 아니라 의도를 읽는 것이다. 의도를 파악하는 아이들의 능력은 편리하게 작용한다. 아이들은 다른 사람을 관찰하면서 무언가를 배울 때, 껍질을 벗겨 밀알만 끄집어내듯 다른 사람의 행동에서 따라 할 만한 가치가 있는 부분만 모방한다.

의도를 파악하는 능력이 중요한 역할을 하는 또하나의 영역은 바로 남을 돕는 일이라는 생각이 내 머릿속을 스쳤다. 어려움을 겪고 있는 누군가를 돕기 위해, 도움을 제공하는 사람은 상대방이 하려고 노력했지만 결국 성취하지 못한 것이 무엇인지를 파악할 수 있어야 한다. 어린아이들은 의도를 파악하는 능력을 자신의 목적(이 도구는 어떻게 작동할까? 어떤 버튼을 누르면 텔레비전이 켜질까?)을 위해서뿐만 아니라 다른 사람을 돕는 데에도 사용할까? 예를 들어 누군가가 무언가를 떨어뜨리고 그것을 줍기 위해 손을 뻗는다면, 아이들은 물건을 떨어뜨린 것이 사고였으며 그 사람이 이제 그 물건을 주워올리려고 한다는 점을 이해하게 될까? 아이들은 과연 물건을 주우려는 사람을 도울 것인가? 사회적 놀이를 연구하면서 한 살짜리 남자아이를 대상으로 실험을 하고 있을 때 자연스럽게 이 점을 확인해볼 기회가 찾아왔다. 나는 아이의 눈높이에 맞는 놀이 상대가 되기 위해 바닥에 엎드려 기어다니고 있었다(내 키는 198센티미터다). 어느 순간 우연히 내 손이 닿지 않는 곳으로 공이 굴러갔고, 나는 그 공을 다시 잡을 수 없는 척하며 어설프게 저쪽 바닥을 향해 손을 쭉 뻗었다. 그러자 남자아이는 실제로 일어나 공을 주워올린 다음 내 손에 쥐여주었다.

이 우연한 발견에서 영감을 얻어, 어린아이들의 이타적인 행동을 조사하기 위한 일련의 연구를 진행했다. 이러한 연구에서 분명하게 드러난 것은 아이들이 다양한 방법으로 타인을 도우며, 매우 어린 나이부터 이타적인 행동을 하기 시작한다는 점이었다. 나는 라이프치히에 위치한 막스 플랑크 진화인류학연구소의 마이클 토마셀로Michael Tomasello와 함께, 18개월 된 아기들이 지켜보는 가운데 실험자가 어떤 행동을 하다가 갑자기 문제가 발생하여 목표를 달성하지 못하는 몇 가지 상황을 구성했다.[1] 이 실험을 통해 우리는, 도와달라는 요청이나 보상, 남을 도우려는 노력에 대한 칭찬이 없는 경우에도 아기들이 자발적으로 남을 도와준다는 사실을 발견했다. 아기들은 실험자의 손이 바닥에 떨어뜨린 빨래집게에 좀처럼 닿지 않자 그것을 집어주었다. 실험자가 잡지 더미를 정리하려고 들고 가다가 보관함 앞에 서자 보관함의 문을 열어주었다. 책더미의 제일 위에 있던 책이 미끄러져 떨어지자 다시 그것을 맨 위에 올려놓을 수 있도록 도와주었다. 아이들은 덮개를 들어올리면 상자가 열린다는 사실을 배우고 난 뒤, 실험자가 실수로 그 상자에 뚫린 구멍 속으로 숟가락을 떨어뜨리고 그 속으로 손을 넣어 꺼내려고 시도하지만 좀처럼 잘되지 않는 모습을 보자, 새롭게 배운 기술을 사용하여 상자를 열고 숟가락을 꺼내주었다.

여기서 주목할 점은, 우리가 실험 대상으로 삼은 18개월짜리 아기들이 대조 조건에서는 이러한 행동을 하지 않았다는 사실이다. 대조 조건이란 기본적으로 같은 상황이지만 실험자가 어려움을 겪는 기색을 보이지 않는 경우다(일부러 빨래집게를 바닥에 던졌다거나, 보관함 문은 닫혀 있었지만 보관함 속이 아니라 위에 잡지를 놓으려고 하는 경우). 이로써 아기들이 단순히 어른에게 물건을 건네주고 싶었거나 보관함 문을 열고 싶었기 때문에 다른 사람이 도움을 필요로 하는지 여부에 관계없이 행동했으리라는 가능성은 배제된다. 우리 실험에 참가한 아기들은 다양한 상황에서 실제로 도움이 필요한지 아닌지 판단할 수 있는 것 같았고, 이른 유년기부터 나타나는 정교한 의도 파악 능력을 보여주었다.

아기들은 또한 타인을 돕기 위해 기꺼이 어느 정도의 노력을 기울였다. 추가적인 연구를 통해, 아기들이 심지어 떨어진 물건을 줍기 위해 일련의 장애물을 극복해야 하거나 재미있는 장난감을 가지고 노는 일을 중단해야 하는 경우에도 여러 차례 반복해서 실험자를 돕는다는 사실이 증명되었다. 우리는 아기들의 타인을 도우려는 성향을 줄일 수 있을까 하여 불이 켜지면서 음악이 흘러나오는 신기한 장치, 장난감 큐브를 던져 반대쪽이 불쑥 튀어나오게 하면 짤랑짤랑 소리를 내는 알록달록한 상자 등 아기들의 주의를 다른 곳으로 돌릴 수 있는 독특한 장난감까지 만들어야 했다. 우리는 이 실험 결과가 과학계에서 먹혀들지 못하더라도 최소한 장난감 업계로는 진출할 수 있을 것이라고 판단했다.

앞에서 언급했던 것처럼 우리의 어린 실험 참가자들은 칭찬이나 물질적인 보상을 받으리라는 기대 때문에 그런 행동을 하는 것 같지는 않았다. 수차례의 연구에서 아이들의 부모는 한방에 있지 않았기 때문에, 그들이 엄마 앞에서 잘 보이려는 욕심에 남을 돕는 행동을 했다고 볼 수도 없었다. 한 연구에서 보상으로 장난감을 받은 아이들과 그렇지 않은 아이들을 비교했지만 남을 돕는 성향에는 별다른 차이가 없었다. 사실 물질적인 보상은 타인을 돕는 데 오히려 부정적인 영향을 미치기도 했다. 다른 실험에서, 처음에 실험 대상 아이들의 반수에게 타인을 도와주었을 때 보상을 주었고, 나머지 반수에게는 아무것도 주지 않았다. 그후 아이들에게 다시 한번 타인을 도울 기회를 주되 이번에는 두 집단 모두에게 보상을 주지 않자, 처음에 보상을 받았던 아이들은 그렇지 않았던 아이들보다 자발적으로 도움의 손길을 내밀 가능성이 줄어들었다.[2] 다소 놀라운 이 결과를 통해, 남을 도우려는 아이들의 행동은 물질적인 보상을 기대해서라기보다는 본질적인 동기에서 기인한 것임을 알 수 있다. 실험의 경우와 같이 어떤 보상이 주어지면 아이들의 원래 동기부여 체계가 바뀌어 무언가를 받을 수 있을 때만 남을 돕게 되고 만다.

이러한 연구는 첫돌이 지난 지 얼마 되지 않은 시점부터 어린아이들은 이타적으로 행동하기 시작하며, 타인의 충족되지 않은 의도를 추론하여 이를 실현할 수 있도록 돕는 행동을 한다는 것을 보여준다. 우리는 이러한 행동에 '수단적 도움instrumental helping'이라는 이름을 붙였다. 이러한 연구 결과는 아이들이 대략 비슷한 나이에 다양한 방법으로 타인을 위해 행동하기 시작한다는 다른 연구 결과들과 일치한다. 예를 들어 한두 살짜리 아이들은 괴로워하고 있는 사람을 위로함으로써 다른 사람의 감정적인 상태에 공감할 수 있는 능력을 보여주었다. 뿐만 아니라 한 살 정도부터 무언가를 가리키기 시작하면, 아이들은 새로 습득한 이 비언어적 수단을 다른 사람에게 사물을 요구하는 데(반드시 거쳐야 하는 소위 "저거 줘!" 단계)만 사용하는 것이 아니라, 무언가를 찾고 있는 누군가를 돕는 데("저기 있어!")에도 사용한다.[3] 두 살짜리 아이들은 때때로 사물을 다른 사람과 공유하기도 한다. 물론 이것은 대개 상대방이 확실하게 자신의 희망사항을 밝힌 경우의 일이다. 아이들이 자기 소유물의 경우 가치가 덜한 다른 물건보

다 나누기를 더욱 꺼리는 것은 당연한 일이다.[4]

발달심리학 분야의 이러한 연구를 종합해보면, 어린아이들이 다른 사람들이 도움을 필요로 한다는 사실을 의식한다는 것을 알 수 있다. 아이들은 스스로에게만 초점을 맞춘 이기적인 행동뿐만 아니라, 기회가 생긴다면 다른 사람을 위한 행동도 할 수 있다. 이러한 이타적인 행동이 아주 어릴 때 나타난다는 사실은 매우 중요한데, 이는 인간에게서 나타나는 이타적인 행동의 근원이 특정한 문화의 사회적, 도덕적 규범이 아니라는 점을 시사하기 때문이다. 그래도 어린아이들은 사회적 행동을 특히 빨리 학습한다거나, 자녀를 이타적으로 키우기 위해 각별히 의욕을 불태우는 부모는 발달심리학자들이 아직 감지해내지 못한 섬세한 사회화 기술을 사용하리라는 반론이 여전히 제기될 수도 있다. 그러나 또하나의 유익한 실증적 접근 방식이 있으니, 바로 인간의 아이와 침팬지 새끼의 행동을 비교하는 것이다.

아동 발달을 이해하기 위해 침팬지를 연구하는 것이 다소 억지스럽게 보일지 모르겠다. 따라서 잠시 한 걸음 뒤로 물러나서 이런 질문을 던져보자. 우리는 침팬지를 통해 인간의 행동에 대해 무엇을 배울 수 있을까? 그 한 가지는, 특정한 인지적 능력이나 사회적 관습이 다른 종류의 행동을 하는 데 꼭 필요한 전제 조건인가 하는 점이다. 예를 들어 침팬지는 하나와 둘 또는 셋과 넷 등 작은 수량 사이의 차이를 구별하고 기억할 수 있다. 포도 알 세 개와 포도 알 네 개를 침팬지에게 보여주고 이를 각각 컵에 담아 감추면 침팬지는 반복하여 포도 알이 네 개 든 컵을 선택한다. 침팬지는 언어 능력을 지니지 못했고 기호를 사용하는 교육을 받지 않았는데도 이런 행동을 하는 것이다. 기본적인 셈을 하는 데에는 하나, 둘, 셋이라는 단어를 알거나 1, 2, 3이라는 숫자를 습득할 필요가 없다(수학 수업을 들을 필요가 없음은 물론이다). 침팬지를 통해 알 수 있는 다른 한 가지는, 인간의 진화적 조상이 어떠한 모습을 하고 있었는가 하는 점이다. 인간, 침팬지, 보노보는 모두 공통된 조상으로부터 진화했는데, 이는 이들의 유전형질 중 약 98퍼센트가 동일하다는 사실에서 확인된다. 700만 년 전에서 500만 년 전 사이에 몇몇 개체가 가지를 친 후 독자적인 길을 걸었고, 이들의 후손이 결국 현대의 인간이 되었다(침팬지와 보노보가 서로 다른 종으로 갈라진 시기는 고작 약 100만 년 전이다). 따라서 이 세 종이 공유하는 행동은 공통된 조상이 가지고 있었던 특징인 반면, 인간만이 보이는 행동은 진화의 거대한 가지치기가 일어난 후에 발달한 인간 고유의 행동이라고 가정할 수 있다.

그렇다면 이타적인 성향은 인간만의 고유한 특징인가, 아니면 침팬지들도 약간이나마 그런 성향을 보이는가? 인간이 이타적 행동을 보이는 주요 원인이 사회적 규범의 내면화나 올바른 행동 방식을 교육받는 등의 문화적 관행에서 비롯된 것이라면, 침팬지는 이타적인 행동을 보이지 않으리라 예상할 수 있다. 우리가 아는 한, 침팬지는 다른 침팬지에게 어떻게 행동해야 한다고 새끼들에게 가르치지 않으며, 공동체가 공유하는 문화적 규범을 강요하지도 않기 때문이다. 이렇듯 침팬지가 별도의 사회화 과정을 거치지 않는다는 사실은, 타인을 위해 행동하려는 동기가 부여되는 것은 인간뿐이고, 침팬지의 행동은 오직 자신의 이익을 위한 이기적인 목적에 따라서만 좌우된다는 가정의 성립을 가능케 한다.

침팬지를 대상으로 한 몇 가지 실험은 이러한 가정을 그대로 보여주었다. 캘리포니아 대학 로스앤젤레스 캠퍼스에 재직하고 있는 인류학자 조앤 실크Joan Silk가 이끄는 연구팀은 다음과 같은 효과적인 실험을 실시했다. 실험 대상인 침팬지에게 먹이가 담긴 그릇을 자기 쪽으로 움직이는 동시에 빈 그릇을 다른 침팬지 쪽으로 움직이는 손잡이를 당길 기회를 주었다(한쪽은 먹이를 먹고 다른 쪽은 먹이를 먹지 못하는 경우). 그 대신 침팬지는 자신과 상대방 모두에게 먹이가 움직이는 손잡이를 잡아당길 수도 있었다(양쪽 다 먹이를 먹는 경우). 실크의 연구에서 실험 대상이 된 침팬지는 수혜자 침팬지에게도 함께 먹이를 제공하는 손잡이를 우선적으로 잡아당기지 않았다. 그렇게 해도 자신은 아무런 손해를 입지 않는데 말이다. 적어도 이러한 상황에서 침팬지는 자신의 행동이 다른 침팬지에게 어떤 결과를 가져오는지에 대해 무관심한 것으로 보였고, 이는 침팬지가 일반적으로 다른 침팬지가 필요로 하는 것에 대해 무심하다는 결론으로 이어졌다.[5]

그러나 앞에서 설명했던 인간의 아이들을 대상으로 한 실험과 마찬가지로 수단적 도움을 필요로 하는 상황을 구성하여 침팬지를 대상으로 실험하자 그들 역시 때때로 도움을 준다는 사실을 발견하고 우리는 놀라움을 금할 수 없었다. 우리는 라이프치히 동물원에서 인간이 양육한 침팬지를 대상으로, 자신을 돌보아주는 사람이 실수로 물건을 떨어뜨리고 주우려고 하지만 좀처럼 손이 닿지 않는 광경을 관찰하도록 하는 실험을 실시했다(인간의 아이들을 대상으로 한 빨래집게 떨어뜨리기 실험과 마찬가지다). 침팬지는 그 사람이 물건을 주우려고 시도할 경우에는 떨어뜨린 물건을 주워 그에게 가져다주었지만, 대조 조건, 즉 사람이 떨어진 물건에 전혀 관심을 보이지 않는 경우에는 그렇게 하지 않았다. 침팬지는 자신의 도움에 대해 사람이 보상을 주지 않는데도 이런 행동을 했다. 이것은 침팬지도 이타적인 행동을 한다는 사실

을 보여주는 최초의 실험적 증거였다.[6]

물론 여기서 중요한 고려 사항은, 이러한 종류의 이타적인 행동이 인간의 손에서 자라나 자신을 주로 돌봐주는 사람과 상호작용을 하는 침팬지에 한해서만 나타날지도 모른다는 것이다. 어쩌면 침팬지가 자신을 돌보는 사람을 기쁘게 해주려고 그런 행동을 했을지도 모른다. 이미 그 사람은 자신의 명령에 따라 다양한 종류의 일을 하도록 침팬지를 훈련시켰기 때문이다. 그래서 동료인 브라이언 헤어Brian Hare와 얼리샤 멜리스Alicia Melis는 우간다의 침팬지 보호구역을 찾아가 양육 환경이 다를 뿐만 아니라 두 학자와 전혀 상호작용을 해본 적이 없는 침팬지들을 상대로 실험을 실시했다. 우리는 이러한 침팬지들도 실험자가 잡으려고 손을 뻗는 물건을 건네줌으로써 이타적인 행동을 한다는 것을 발견했고, 그 빈도는 실험자가 손을 뻗은 경우가 그렇지 않은 경우에 비해 현저히 높았다.[7] 더욱 놀라운 사실은 보상의 제공이 이 이타적인 행동에 아무런 영향을 미치지 않았다는 점이다. 침팬지들은 해당 물건을 가지고 싶어하는 실험자를 위해 물건을 주워준 것이지, 무언가 보상을 받고 싶어서 그런 행동을 한 것이 아니었다. 여기까지는 순조롭게 진행되었지만, 역시 가장 중요한 항목은 침팬지가 과연 다른 침팬지를 돕는지 보여주는 실험이었다.

이 실험을 위해 우리는 침팬지들에게 다음과 같은 상황을 조성해주었다. 수혜자 침팬지가 미닫이문을 열고 먹이가 놓여 있는 방으로 들어가려고 한다. 그러나 그 미닫이문은 옆방의 막대기에 연결된 사슬로 잠겨 있다. 이제 실험 대상 침팬지를 옆방에 배치하자 사슬을 풀어 다른 침팬지가 먹이를 먹을 수 있도록 도와주는 경우가 적지 않았다. 이렇게 사슬을 푸는 행동은 대조 조건일 때, 즉 도움을 받는 침팬지가 다른 문으로 들어가려 하거나 아예 도움을 받는 침팬지가 없을 때는 그만큼 자주 발생하지 않았다. 따라서 이들 침팬지는 다른 침팬지에게 도움이 필요한지 아닌지 판단할 수 있고, 그에 따라 반응할 수 있는 것으로 보인다.

앞으로 풀어야 할 커다란 숙제는 앞에서 설명한 상황 이외에 어떤 환경에서 침팬지가 이타적인 경향을 보이는지, 그리고 어떤 환경에서 이타적인 행동을 보이지 않는지를 알아내는 것이다. 몇 차례의 연구에서 침팬지들은 자신에게 전혀 손해가 되지 않는데도 다른 침팬지에게 적극적으로 먹이를 건네기를 다소 꺼리는 모습을 보이기도 했다. 한편 우리의 연구는 침팬지도 수단적 도움이 필요한 상황에서는 다른 침팬지를 위해 개입한다는 것을 보여주었다. 이러한 불일치는 어떻게 설명할 수 있을까? 여기서 한 가지 드러나는 패턴은, 원하는 물건을 집으려고 손을 뻗거나, 문을 열려고 하거나, 자신을 도와줄 수 있는 침팬지를 향해 몸짓을 하는 등 도움을 받는 대상이 도움이 필요하다는 사실을 확실하게 표현했을 때만 침팬지가 도와준다는 것이었다. 이렇게 도움이 필요하다는 신호가 없는 경우 침팬지는 적극적으로 이타적인 행동을 보이지 않았다. 이는 침팬지가 상대방의 의도를 파악하는 데 한계가 있다는 의미일 수도 있고, 이타적 행동에 대한 침팬지의 동기부여는 전반적으로 인간보다 약하다는 사실을 나타내는 것일 수도 있다. 즉, 한 침팬지가 다른 침팬지를 설득하여 자신을 돕게 하려면 많은 노력을 기울여야 한다는 뜻이다. 침팬지가 이타적인 행동(다른 침팬지의 목표를 달성하는 데 개입했다는 의미에서)을 보여준 우리의 실험에서는, 도와주는 침팬지의 입장에서 무언가를 희생해야 하거나 상당한 노력이 필요한 경우는 없었다. 따라서 손해를 보는 경우에도 침팬지들이 이타적인 행동을 할지는 여전히 미지수다. 침팬지들은 비교적 적은 노력이나 희생이 필요한 경우에는 기꺼이 이타적인 행동을 하지만 그렇지 않은 경우에는 이타적인 행동을 꺼릴 가능성도 있다. 현시점에서 우리가 말할 수 있는 것은 침팬지도 이타적인 성향을 가지고 있다는 것이다. 또한 이타적인 행동을 하기 위한 기본적인 인지 및 동기부여 능력도 보유하고 있는 것으로 보인다. 이는 인간의 이타주의가 최소한 인간과 침팬지의 마지막 공통 조상으로까지 거슬러 올라가는 진화적 뿌리를 가지고 있을지도 모른다는 점을 시사한다.

또한 이러한 발견은 어떠한 요인이 인간 아이들의 이타적인 행동에 영향을 미치는지를 더욱 잘 이해하는 데 도움이 되기도 한다. 이타적인 행동은 순전히 문화적 규범과 사회화의 결과로 나타나는 것만은 아니다. 물론 사회화 관습이 아이들의 발달에 깊은 영향을 미치고, 문화적인 규범이 생물학적 유전으로 촉발된 성향을 촉진하고 지탱해주는 것은 분명하다. 아주 어릴 때부터 이타적인 성향이 나타나기는 하지만, 아이들은 여전히 누구를 어떻게 도와야 하는지에 대해 많은 것을 배워야 한다. 예를 들어 우리는 맹목적으로 모든 사람(특히 나쁜 의도를 가진 사람)을 도와서는 안 된다. 따라서 어떤 때에 다른 사람을 도와야 하고, 어떤 때에 도우면 안 되는지 학습하는 것은 매우 중요하다. 뿐만 아니라 인간의 이타적인 성향은 매우 중요한 자산이 된다. 남을 잘 도와주면 평판이 좋아지는 반면 도와주지 않으면 평판이 나빠질 수 있다. 당신의 행동이 당신을 바라보는 다른 사람의 시각에 어떤 영향을 미치는지 파악하려면 정교한 관점 전환 능력이 필요하다. 어린아이들에게는 이러한 전략적 기술이 부족하지만, 나이가 들어가면서 이 기술은 중요한 역할을 한다. 발달의 어떤 단계에서 아이들이 인간의 사회생활, 특히 인간 이타주의의 특징인 복잡한 맥락과 규범을 고려하기 시작하는지에 대해서는 아직 추가적인 연구가 필요하다. 그러나 문화적 규범에 대한 견지가 이타적 행동의 원초적 근원으로 보이지는 않는다. 그보다는 인간이 진화적으로 가장 가까운 종들과 공유하는 생물학적 소인이 문화적 요인을 통해 발달하는 것으로 보인다. 문화는 인간의 마음에 이타주의적인 성향을 심는다기보다 가꾸는 역할을 하는 셈이다.

---

1. F. Warneken, M. Tomasello, "Altruistic Helping in Human Infants and Young Chimpanzees", *Science 311*, 2006, pp. 1301-1303.
2. F. Warneken, M. Tomasello, "Extrinsic Rewards Undermine Altruistic Tendencies in 20-Month-Olds", *Developmental Psychology 44*, 2008, pp. 1785-1788.
3. U. Liszkowski 외, "Twelve- and Eight-Month-Olds Point to Provide Information for Others", *Journal of Cognition and Development 7*, 2006, pp. 173-187.
4. M. Svetlova 외, "Toddlers' Prosocial Behavior: From Instrumental to Empathic to Altruistic Helping", *Child Development 81(6)*, 2010, pp. 1814-1827.
5. J. Silk 외, "Chimpanzees Are Indifferent to the Welfare of Unrelated Group Members", *Nature 437*, 2005, 1337-1359; K. Jensen 외, "What's in It for Me? Self-regard Precludes Altruism and Spite in Chimpanzees", *Proceedings of the Royal Society of London B 273*, 2006, pp. 1013-1021.
6. F. Warneken, M. Tomasello, "Extrinsic Rewards Undermine Altruistic Tendencies in 20-Month-Olds", *Developmental Psychology 44*, 2008, pp. 1785-1788.
7. F. Warneken, B. Hare, A. P. Melis, D. Hanus, M. Tomasello, "Spontaneous Altruism by Chimpanzees and Young Children", *PLoS Biology 5*, 2007, pp. 1414-1420.

분자를 잘라서 붙여넣기: 차세대 생물학 도구

윌리엄 매큐언 William McEwan

윌리엄 매큐언은 바이러스의 세포내면역을 연구하는 바이러스학자다. 그는 바이러스 감염을 적극적으로 극복하는 포유류 세포의 특정한 메커니즘을 집중적으로 연구하고 있다. 2005년 런던 대학에서 유전학 학사 학위를, 글래스고 대학에서 고양이와 사자의 렌티바이러스 lentivirus 면역을 연구하여 석사와 박사 학위를 받았다. 현재 영국 케임브리지에 소재한 MRC 분자생물학연구소Laboratory of Molecular Biology에서 박사 후 연구원으로 재직하고 있으며, 지속적으로 항바이러스 면역 생물학을 탐구하고 있다.

오늘 오후에 나는 네 개의 작은 DNA 유리병이 들어 있는 납작한 페덱스FedEx 봉투를 우편으로 받았다. DNA는 내가 주문한 대로 3주 내에 합성되었고, 비용은 염기쌍(DNA 사다리*에 있는 아데닌-타이민, 구아닌-사이토신 등의 가로단) 하나당 39센트였다. 내가 주문한 10마이크로그램은 건조된 상태의 매우 얇은 막이며 육안으로는 거의 보이지 않지만, 일단 물에 담가서 복원한 다음 견본의 RNA 복사본을 만들고 나면 내가 설계한 바이러스를 조합해낸다.

내가 만든 바이러스는 특정한 조직배양 세포 내에서만 자가복제를 한다. 이 바이러스는 감염된 세포를 모두 밝은 녹색으로 빛나게 하며, 항바이러스 면역과 관련된 의문에 대한 해답을 찾아내려는 나를 도와줄 연구 도구로 활약할 것이다. 나는 박테리아, 박테리오파지bacteriophage**, 해파리, 일반적인 감기 바이러스에서 가져온 염기배열을 사용하여 여러 가지 조각을 결합해 이 바이러스를 설계했다. 일부 조

* DNA를 전기영동 방법에 따라 분리했을 때 DNA 쌍들이 마치 사다리처럼 보인다 하여 이렇게 부른다.

** 세균에 감염하여 증식하는 바이러스.

각은 널리 사용되는 표준이며, 일부는 이 바이러스에만 사용되는 특수한 조각이다. 단순히 이러한 조각을 한데 모아놓음으로써 나는 이 DNA 조각의 활용성을 무한대로 늘렸다. 특히 놀라운 점은, 내가 이 실험을 불과 8년 전에만 실시했더라도 세계 최초의 사례가 되었을 것이며 일반적인 연구 보조금으로는 상상조차 할 수 없는 비용이 들었으리라는 점이다. 저렴한 DNA 합성, 마음대로 이용할 수 있는 데이터베이스, 끝없이 확장하는 단백질 과학에 대한 지식이 결합하여, 강력한 분자 도구를 만드는 작업에 혁명을 일으킨 것이다.

자연은 원래부터 기존에 가지고 있는 목록을 이어붙여 새로운 기능을 가진 단백질을 생성하는 데 전문가다. 자연의 작업 단위는 단백질 영역protein domain으로, 이는 진화적으로 독립되어 있으며 효소 활동이나 다른 단백질을 인식하는 등 특수한 기능을 전문으로 하는 단백질 구조다. 우리는 염기배열을 조사하고 이를 가계도로 묶음으로써 이 단백질 영역의 진화적 기원을 추적할 수 있다. 우리는 진화가 일어나는 영겁의 시간 동안 단백질 영역을 암호화하는 DNA가 드물게 일어나는 유전적 사건을 통해 무수히 많은 방식으로 복제되고 결합되어왔으며, 이러한 유전자 혼합이 단백질 진화의 주된 동력 중 하나였다는 사실을 발견했다. 그 결과 유기체의 단백질 유전정보를 구성하는 단일, 다중 영역의 단백질 배열이 나타났다. 이제 우리는 단백질 영역을 하나의 기능적인 모듈로 간주하며, 잘라서 새로운 다중 영역 환경에 붙여넣어도 똑같은 기능을 수행할 수 있는 단위로 본다. 이러한 모듈식 기능은 그 자체로 공학적 작업 가능성을 열어준다. 이제 굳이 선택한 기능을 수행할 단백질을 찾아내거나 인공적으로 진화시킬 필요가 없다. 단순히 함께 모아놓으면 각 부분의 합보다 더 커지는 부품들을 조합하기만 하면 되는 것이다.

나는 세포 내에 침입한 병원체를 감지하고 무력화하는 세포 내의 방어 메커니즘에 관심을 가지고 있다. 이러한 종류의 방어는, 보다 폭넓게 연구된 두 가지 면역, 즉 진화적으로 역사가 깊은 '내재innate' 면역 체계와 척추동물 고유의 '적응adaptive' 면역 체계와는 별개로 간주된다. 내재 면역은 병원체의 보호된 특징을 감지하는 것이다. 예를 들어 대식세포처럼 특수화된 세포가, 많은 박테리아를 둘러싸고 있는 당질의 캡슐을 감지해내는 것을 말한다. 적응 면역은 항체와 같이 매우 다양한 면역 감지 분자를 배포한 다음, 병원체로 인해 생긴 비자기非自己 목표물을 인식할 수 있는 물질을 다량 생산하는 것이다. 내가 연구하는 이 새로 발견된 종류의 면역은 '본질적intrinsic 면역'이라는 용어로도 불리는데, 내재 면역과 비슷한 특징을 가지고 있지만 '전문적' 면역 세포 내에서만 작용하는 것이 아니라 보다 폭넓게 발현되며 언제나 '대기 상태'다. 다른 말로 하면, 유기체 내의 모든 조직이 침입하는 병원체에 민감하게 반응하며 이를 무력화하기 위해 만반의 준비를 갖춘다는 뜻이다. 이 본질적 면역 체계는 공략 대상이 대부분 감지를 피하기 위해 신속하게 돌연변이를 할 수 있는 급진적인 바이러스이기 때문에 전략적으로 불리함을 안고 있다. 거의 무한대로 다양한 대상에 신속하게 대응할 수 있는 적응 면역 체계와는 달리, 본질적 면역 체계는 목표물과 겨루기 위해 희귀한 돌연변이가 일어나거나 오랜 시간 진화를 거치며 무작위 선택이 일어나기를 기대할 수밖에 없다.

이제까지 본질적 면역 체계에 대한 연구는 레트로바이러스retrovirus*

---

* RNA로부터 DNA가 합성되는 역전사가 일어나는 바이러스.

와의 상호작용에 주로 초점을 맞춰왔다. 척추동물을 오랫동안 괴롭혀 왔던 레트로바이러스는 DNA가 RNA를 만들고, RNA가 단백질을 만든다는 생물학의 중심 원리를 위반한다.[1] 레트로바이러스는 RNA를 바탕으로 하여 DNA를 생성하고 이 트로이 목마와 같은 암호를 숙주의 게놈에 끼워넣는다. 인간 게놈 중에서도 이러한 종류의 감염으로 인해 더이상 사용되지 않는 유물이 거의 10분의 1에 달한다.

비교적 최근인 과거 700만 년 전에서 1200만 년 전 사이에 레트로바이러스과에 속하는 렌티바이러스lentivirus*가 등장하여 포유류 계통의 여러 줄기를 따라 서서히 퍼져나가기 시작했다. 알려진 렌티바이러스의 가장 오래된 흔적은 토끼의 게놈에서 발견되었으나, 현재는 말, 고양이, 반추동물, 영장류에서 감염이 발생한다. 렌티바이러스는 다른 영장류로부터 몇 차례에 걸친 이종 전이를 통해 HIV라는 형태로 인간에게 나타나기 시작했다. 이러한 바이러스 전이 중 오직 한 종류, 즉 침팬지에게서 인간으로 전이된 바이러스가 19세기 말 또는 20세기 초 즈음에 새로운 숙주인 인간에게 그토록 치명적인 형태로 적응했다. HIV-1M 집단이라고 부르는 이 바이러스는 에이즈를 일으키며, 현재 전 세계에서 3300만 명이 감염된 상태다.

본질적 면역에 관여하는 주요 요소 중 하나는 네 가지 영역으로 구성된 단백질인 TRIM5로, 이 단백질은 사실상 인간 신체의 모든 세포에서 발현된다. 이 네 가지 영역 중 하나인 RING(매우 흥미로운 새 유전자Really Interesting New Gene를 나타낸다) 영역 덕분에 TRIM5는 교체율이 엄청나게 높다. 즉 TRIM5의 모든 분자는 세포가 분자를 합성한 후 1시간

---

* 느리게 작용하는 바이러스군을 가리키는 말로, 에이즈를 일으키는 HIV도 이에 속한다.

내에 파괴된다는 뜻이다. 또한 다른 하나의 영역 덕분에 이 단백질은 레트로바이러스가 세포 안으로 들어온 직후 이를 감지하고 결합할 수 있다. 그 결과 세포 안으로 침투한 바이러스는 TRIM5와 함께 파괴되므로 전염성이 사라진다. 전형적인 힘겨루기 상황이 벌어지는 와중에 TRIM5는 빠르게 진화하는 레트로바이러스를 감지하는 능력을 유지하려고 노력하면서 전체 영장류 게놈에서 가장 확실한 자연선택을 받아왔다. 그러나 현시점에서는 HIV-1 바이러스가 우세를 점하고 있는 것 같다. 인간의 TRIM5 변종은 HIV-1의 복제를 아주 미미한 수준밖에 제한하지 못한다. 이 병원체가 그토록 대대적인 침공을 할 수 있게 된 것은 인간 면역체계의 실수 때문이었을까? 그리고 인간 TRIM5가 우위를 점하기 위해서는 어떻게 해야 할까? 아니, 보다 과감한 질문을 던져보자면, 이 질병에 대한 저항력을 기르기 위해 우리는 TRIM5에 어떤 조치를 취할 수 있을까?

이에 대한 놀라운 해답은 다른 영장류 종의 단백질 영역 융합에서 나왔다. 남아메리카의 올빼미원숭이들에게 매우 흥미로운 일이 일어났던 것이다. HIV-1이 최적의 복제를 위해 사용하는 작은 단백질과 TRIM5가 융합한 것이다. 융합한 결과로 생성된 단백질은 TRIMCyp라고 부르는데, 이것은 렌티바이러스의 복제를 크게 감소시켜 사실상 올빼미원숭이의 세포가 이 바이러스에 면역되도록 했다. 거의 믿을 수 없게도(그리고 지적 설계론Intelligent Design*의 신봉자들이 이에 주목하지 않는다는 사실이 놀라울 정도로), 유전자 적응성의 이 놀라운 업적은 두 차례나 일어났다. 전혀 관련이 없는 짧은꼬리원숭이의 계통에서도

* 우주 만물이 우연이 아니라 지능적인 존재에 의해 고안되고 창조되었다는 이론.

TRIMCyp의 여러 버전이 나타났던 것이다. 렌티바이러스를 가지고 있는 야생 올빼미원숭이와 짧은꼬리원숭이는 발견된 바가 없는 만큼 TRIMCyp가 렌티바이러스를 퇴치하기 위해 특별히 선택되었는지는 단정하기 어렵지만, 현재와 같이 이 두 원숭이 종 또는 적어도 한 종에서 렌티바이러스가 발을 붙이지 못하도록 하는 데 TRIMCyp가 어떤 역할을 담당했을지도 모른다는 흥미로운 가능성은 여전히 존재한다.

그렇다면 다른 종에서 일어나는 유전자 융합을 어떻게 활용할 수 있을까? 첫번째 교훈은 언뜻 전혀 관련이 없는 것처럼 보이는 단백질 영역을 이어붙임으로써 기대하지 않았던 유용한 물질이 생성될 수 있다는 것이다. 학자들은 이미 올빼미원숭이의 유전자를 사용할 때 나타나는 면역계 거부반응을 피할 수 있는 인간 TRIMCyp를 만들어내기도 했다. 또한 나는 동료들과 함께 조직배양 시스템에서 고양이면역결핍바이러스의 복제를 막는 고양이 TRIMCyp를 만들어내기도 했다. 그러나 임상 환경에서 TRIMCyp가 항바이러스로서 유용한 역할을 하기 위해서는 반드시 세포 내에서 구현되어야 하며, 이를 달성하는 효과적 방법으로는 대상 세포의 유전물질을 바꾸는 유전자 치료가 유일하다. 현 상황에서 가장 효율적인 방법은 레트로바이러스를 역으로 이용하여 조작한 레트로바이러스 매개체를 통해 인간이 만든 DNA 가닥을 게놈에 끼워넣는 것이다.

2년 전에 역사상 처음으로 HIV에 감염된 사람이 완치된 사례가 있었다. 이 환자는 백혈병을 함께 앓는 특수한 상황이었고, 골수이식이 필요했다. 일반적인 기증자 대신, HIV가 세포 속으로 들어가는 것을 막는 매우 드물지만 자연적으로 일어나는 돌연변이 유전자('델타-32')를 가진 기증자가 선택되었다. 이 기증자의 돌연변이는 HIV가 세포

안으로 들어가는 데 필요한 세포 표면 수용기인 CCR5 단백질을 손상시킨다. 이 돌연변이는 가장 최근에 사용되는 일부 항레트로바이러스 약품인 CCR5 억제제를 개발하는 데 단서를 제공하기도 했다. 이 '델타-32' 돌연변이 CCR5 골수를 이식받은 환자는 항레트로바이러스 치료를 중단했는데도 이식 후 18개월이 지나도록 HIV 복제의 조짐을 보이지 않았다. 이 사례를 원리 증명으로 삼아, 향후 5년 내에 항바이러스 역할을 하는 인간 TRIMCyp를 이용하여 백혈병 및 HIV 환자에게 유사한 치료법을 적용할 가능성도 상당하다. 사실 이미 자연적으로 일어난 올빼미원숭이와 짧은꼬리원숭이의 동물 사례에서 이 융합이 상대적으로 무해하다는 점이 확인된 바 있다. 더 나아가, 골수이식 없이도 대상 세포의 유전자 구성을 바꿀 수 있게 됨으로써 일반 백신과 마찬가지로 쉽게 적용할 수 있는 예방 유전자 치료법이 탄생할지도 모른다. 유전자변형작물, 심지어 어떤 경우에는 전통적인 예방접종을 두고도 벌어지는 일반 대중의 수용 여부를 둘러싼 논란을 고려할 때, 이러한 치료가 윤리적으로, 그리고 사회적으로 용인 가능할지는 확실하지 않다. 그러나 기술은 이런 가능성에 빠르게 접근해가고 있으며, 우리는 이러한 기술을 활용할지 말지 결정을 내려야 할 것이다.

물론 단백질 영역을 융합하는 기술의 영향력은 항바이러스에만 국한되지 않는다. 이 기술의 활용 범위는 거의 무한한데다, 1세대 단백질 융합 치료법은 이미 우리 곁에 와 있다. 최근에 개발된 항암 약품의 상당수는 단백질 영역 융합을 활용하고 있으며, 대부분은 목표로 삼는 암의 특정한 변이 경로를 막는 쥐와 인간의 항체를 융합한 것이다. 융합이 필요한 이유는 이종 단백질에 일어나는 면역반응을 막기 위해 쥐의 항체를 '인간화'해야 하기 때문이다. 최근에 널리 알려진 또

하나의 기술은, 호흡관의 상부에 침입하는 아데노바이러스adenovirus를 기반으로 한 유전자요법 매개체로, 이는 흥미진진한 가능성을 품고 있다. 연구자들은 DNA가 들어 있는 '카세트cassette'를 집어넣어 바이러스가 특정한 암세포로 목표물을 바꾸도록 하는 융합단백질을 간단히 만들 수 있고, 이 바이러스는 복제를 통해 목표물인 암세포를 죽이게 된다. 또한 융합단백질을 비의학적 생명공학에도 활용할 수 있다. 예를 들어 수소 또는 생물연료biofuel 생성과 같은 특정한 작업을 하도록 효소를 변경할 수 있다. 심지어 이보다 더 믿기 어려운 활용도 가능할지 모른다. 최근에 참석한 한 오찬 세미나에서는 단백질 영역을 융합한 일련의 바이러스를 미래의 전기 부품이라며 홍보하고 있었다.

전통적인 기술(참고로 분자생물학에서 '전통적'이라는 것은 지난 20년간 사용된 기술을 의미한다)을 사용할 경우, 일단 이어붙이고자 하는 모든 유전자의 물리적 복제본과 필요한 작업을 수행할 학생 또는 나 같은 박사 학위 소지자만 있으면 이러한 융합체를 만들어낼 수 있다. 운이 좋다면 일주일에 1~2개의 융합체를 완성할 수 있다. 운이 나쁘다면(또는 숙련도가 부족하다면) 한 달이 걸릴 수도 있다. 원하는 DNA를 얻기 위해서는 보통 법적인 물질 이전 승인을 얻어야 하는 경우가 많기 때문에 추가적으로 몇 주가 더 소요될 수 있다. 그리고 시간이 곧 돈이기 때문에, 우리는 수작업으로 직접 융합체를 생성하는 것보다 더욱 저렴하게 융합을 전문으로 하는 시설에서 유전자를 합성할 수 있는 시대에 빠르게 접근하고 있다. 내가 바이러스를 주문한 이후, 작은 유전자를 합성하기 위한 가장 저렴한 견적은 염기쌍 하나당 39센트에서 35센트로 떨어졌다. 그러나 이러한 경제적 효과는 유전자 합성이 분자생물학에 미칠 영향에 비한다면 아주 미미한 것에 불과하다. 우리에게 필요한 것은 물리적인 DNA 견본 자체가 아니라 염기쌍 정보일 뿐이고, 연구자들은 공개된 영역에서 어떠한 염기쌍이든 선택할 수 있다. 당장 인터넷만 연결되어 있으면 바다에 서식하는 고세균의 수소화 효소도 사자의 TRIM5처럼 쉽게 얻을 수 있다. 그렇다면 생물학의 새로운 중심 원칙은 '규소로 DNA를 만들고, DNA로 무언가 유용한 것을 만든다'가 될 것이다.

단백질 영역 융합 과학이라는 독자적인 연구 분야가 나타나지는 않을 것이다. 연구자, 임상의, 공학자 들이 각자의 일을 하다가 기존 영역의 기능을 여러 개 가진 단백질이 필요하면 융합 작업을 할 것이다. 이러한 융합 작업 중 일부는 자연히 이어지는 다음 단계에 해당할 것이고, 일부는 영감을 받아 크게 도약하는 과정이 될 것이며, 일부는 심지어 임의로 모아놓은 거대한 단백질 융합 집단에서 뽑아낸 융합이 될 것이다. 역할 자체만 놓고 보면 '단백질 영역 융합 과학'과 가장 비슷한 분야는 합성생물학synthetic biology으로, 이는 유용한 생물학적 체계를 만들어내는 데 필요한 요소들을 체계적으로 분류하고 정의하려는 학문이다. 합성생물학에는 단백질 영역 융합이 포함되지만 여기에 국한되지는 않는다. 합성생물학에서 다루는 요소에는 조촉매promotor, 증폭자enhancer, 억제인자repressor 등 유전자를 통제하는 '조절 스위치'뿐만 아니라, 추적 가능하고 예상할 수 있는 방식으로 행동하도록 설계된 유전자 집단 등이 있다. 한마디로 합성생물학은 복잡한 대상을 세부 모듈 단위로 단순화하여 다시 복잡한 결과물을 만들어내는 것을 말한다. 많은 연구자들에게 단백질 영역 융합의 존재를 언급한다면 너무나 당연한 말로 치부할 것이다. 하지만 최근 몇십 년간 개발된 가장 혁신적인 치료 및 분자 도구는 바로 단백질 영역 융합을 활용한 것이며, 이러한 성과의 영향은 앞으로 더욱 절실하게 느껴질 것이다. 나는 단백질 영역 융합을 면역에 응용할 수 있다는 점에 큰 관심을 가지고 있다. 면역을 위해서는 병원체를 감지한 다음, 그것을 무력화한다는 두 가지 요소가 항상 필요하다. 침입자에게 즉시 결합하여 세포가 이해할 수 있는 방식으로 위협을 표시하는 치료법을 만들어낼 수 있다면, 인간은 레트로바이러스를 상대로 다시 우위를 점하고 현대의 다른 여러 가지 질병도 물리칠 수 있을 것이다. 내가 설계한 합성 바이러스를 언급하자면, 이제 제대로 작동하는지 확인하는 일만 남았다.

---

1. 생물학의 중심 원칙을 간략하게 나타낼 때 일반적으로 사용되는 이 정의는, 사실 엄밀하게 말하면 프랜시스 크릭(Francis Crick)이 의도했던 것과 다르다. 크릭이 주장하고자 했던 바는, 일단 정보가 단백질로 전달되면 다시 핵산으로 되돌아갈 수 없다는 것이었다. 이처럼 핵심 원칙의 좀더 정확한 버전을 고려하면, 레트로바이러스는 이 원칙을 위반하지 않는 셈이다.

다음 단계: 무한대

앤서니 아기레 Anthony Aguirre

앤서니 아기레는 브라운 대학에서 수학 및 물리학 학사 학위(1995년)를 받았고, 하버드 대학에서 천문학 박사 학위(2000년)를 받았다. 현재 캘리포니아 대학 샌타크루즈 캠퍼스 물리학과 부교수로 재직하며 초기 우주와 팽창, 중력물리학, 최초의 별, 은하 간 매질媒質, 은하계 형성, 블랙홀 등을 포함한 이론우주학의 다양한 주제를 연구하고 있다.

세계가 유한한가, 아니면 무한한가 하는 문제는 오랫동안 인류를 괴롭혀왔다. 고대 인도 철학의 대표적인 문제도 바로 이것이었다. 아리스토텔레스는 무한대를 '가능성'이라는 측면에서는 생각해볼 수 있을지 모르지만 세상이 '실제로' 무한할 수는 없다고 설득력 있게 주장했다. 조르다노 브루노Giordano Bruno는 세계가 무한하다고 선언했다가 화형에 처해졌다. 보다 신중했던 갈릴레이는 그의 영리한 분신인 살비아티Salviati의 입을 빌려, 무한대가 얼마나 역설적이며 종잡을 수 없는지 주장함으로써 심플리치오Simplcio를 혼란에 빠뜨렸다.* 이마누엘 칸트는 무한한 세계와 유한한 세계가 모두 논리적으로 불가능하다고 주장함으로써 그야말로 정면으로 도전장을 내밀었다. 무한한 우주가 '합성'되기 위해서는 무한한 시간이 필요할 것이므로 어떤 시점에서도 결코 무한하다고 말할 수는 없다. 한편, 유한한 우주는 의미가 없어 보이는 '공허' 속에 어떻게든 존재해야 하는데, 이러한 공허는 우주

* 살비아티와 심플리치오는 갈릴레이의 저서 『두 우주 체계에 대한 대화』(『천문 대화』라고도 불린다)에 등장하는 두 인물. 작품 속에서 지동설을 주장하는 살비아티는 사실상 갈릴레이 자신으로 볼 수 있으며, 천동설을 주장하는 심플리치오는 아리스토텔레스학파를 대변한다.

의 일부가 아니라는 것이다.

유한한 공간과 무한한 공간이 모두 공간에 대한 인간의 개념을 혼란스럽게 만들고, 인간은 유한한 생명체로서 무한한 체계를 측정하거나 직접 관찰할 수 없기 때문에, 무한과 유한에 대한 의문은 콧대 센 과학자들이 주저 없이 무시한 채 순수한 철학적 탐구의 영역으로 간단하게 밀어내버릴 수 있는 주제처럼 보일지도 모른다.

그러나 알베르트 아인슈타인의 공간과 시간에 대한 이론은 유한한 시공간과 무한한 시공간에 대한 의문을 근본적으로 뒤바꿔놓았고, 그의 뒤를 이어 우주론이 발달함으로써 무한이라는 개념이 실험 가능한 자연과학의 영역 안으로 들어왔다. 예를 들어 균등한 공간uniform space은 구부려서 구체球體로 만들 수 있고, 이를 통해 부피가 유한하면서도 '모서리'가 없거나 바깥쪽에 빈 공간이 없는 우주를 구성할 수 있다. 더욱 인상적인 부분은 상대성이 유한한 공간에 야기할 수 있는 혼란으로, 이는 현대 우주론의 핵심적인 부분으로 자리잡았다. 이에 대해 이야기하기 위해 이 글에서는 다음과 같은 네 가지 영역으로 나누어 설명을 해보고자 한다.

첫째, 유한한 공간적 영역spatial region이 균등하면서도 공간적으로 무한한 공간으로 진화하는 것은 논리적으로 가능하다.

둘째, 아주 초기의 우주를 이해하는 데 충분히 증명되고 폭넓게 인정되는 우주 팽창inflation 이론은, 이를 가능하게 하는 물리학적 근거와 환경을 제시해준다.

셋째, 현재의 우주론과 일반물리학이 제공하는 가장 확실한 방법을 조합해볼 때 팽창은 무한하게 많은 '소우주subuniverse'를 생성하게 되며, 이 각각의 소우주는 균등하고 무한하다.

넷째, 이렇게 되면 물리학, 우주론, 심지어 개인의 정체성이라는 측면에서 우리가 결코 무시할 수 없는 심오한 문제를 야기한다.

1. 공간적 영역은 무한하면서도 균등한 공간으로 진화할 수 있다.

이 명제가 터무니없는 소리로 들릴 텐데, 이처럼 명백한 부조리로 보이는 것은 우리가 가지고 있는 공간과 시간에 대한 직관 때문이다. 그러나 1905년에 발표된 아인슈타인의 특수상대성이론은 이러한 직관에 엄청난 타격을 입혔다.

상대성이론의 기본적인 개념은 넓은 지역에 걸쳐 어떤 사건이 '지금' 일어나고 있는지에 대한 단일한 객관적 정의가 존재하지 않는다는 것이다. 사건이 가까이서 일어나고 있다면 관찰자는 이를 과거에 일어난 사건, '지금' 일어나고 있는 사건, 미래에 일어날지도 모르는 사건으로 쉽게 분류할 수 있다. 그러나 멀리 떨어진 사건들은 바로 관찰할 수가 없다. 이러한 사건들에 대한 정보는 아무리 빨라도 빛의 속도 이상으로 전달될 수는 없기 때문에 멀리 떨어진 물체를 실제로 관찰할 때 즈음에는 이미 과거에 일어난 사건으로 보인다. 따라서 관찰자는 신중한 절차를 따라, 자신에게 일어나고 있는 특정한 사건과 동시에 일어나는 것이 어떤 사건인지를 추론해야 한다. 아인슈타인은 두 관찰자가 이런 추론 작업을 할 때 각각 서로를 기준으로 움직이고 있다면, 두 관찰자는 서로 다르게 추론할 것임을 보여주었다. 한 관찰자는 두 가지의 멀리 떨어진 사건이 동시에 일어나는 것이라 추론하는 반면 다른 관찰자는 서로 다른 시간에 일어난다고 볼 수도 있으며, 이

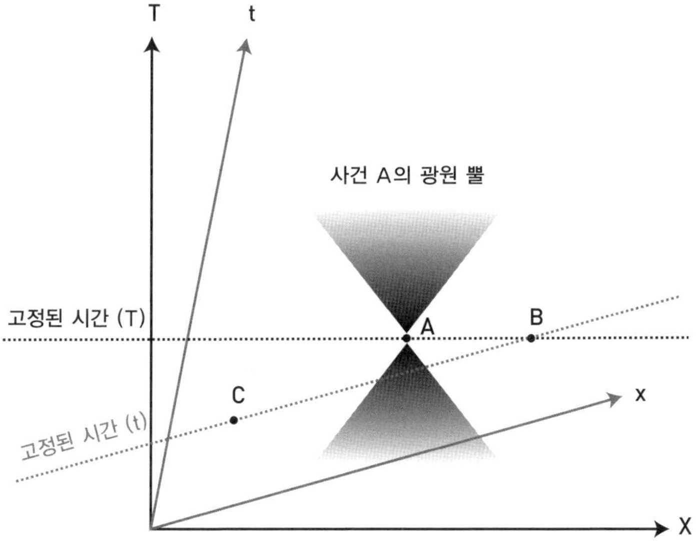

그림 1: 한 공간 및 한 시간 차원의 시공space-time 다이어그램. 빛은 대각선 경로를 따라 이동한다. 특정한 관찰자는 공간 좌표 X와 시간 좌표 T를 사용하여 사건을 명명할 수 있으며 모든 사건이 특정 시간 X에 동시에 일어나는 것으로 묘사하게 된다('고정된 시간(T)' 선으로 나타나 있으며 사건 A와 B가 포함된다). 그러나 첫번째 관찰자와 상대적으로 움직이는 두번째 관찰자는 같은 사건이라도 다른 공간 좌표 x와 시간 좌표 t를 사용하여 명명할 것이며, 모든 사건이 특정 시간 t에 동시에 일어나는 것으로 묘사할 것이다('고정된 시간(t)' 선으로 나타낸다). 같은 시간 t에 일어나는 사건(예를 들어 A와 C)이 반드시 같은 시간 T에 일어나는 것은 아니다. 즉 한 관찰자가 동시라고 표현하는 사건 A와 B도 다른 관찰자는 서로 다른 시간에 일어난다고 묘사할 것이다. 이 두 가지 묘사는 모두 타당성을 지닌다. 그러나 모든 관찰자가 동의하는 것은 빛의 속도다. 따라서 특정한 사건 A의 경우, 빛보다 느린 속도로 A와 통신할 수 있는 모든 시공의 영역을 고려한다면 이는 모든 관찰자가 동의하는 '광원 뿔'(짙은 색으로 나타낸 영역)을 구성하게 된다. A의 광원 뿔 안에 있는 사건은 A의 과거나 미래가 될 수는 있지만 A와 동시에 일어날 수는 없다.

두 관찰자의 의견 모두 타당성을 지닌다. 보다 일반적으로 말하자면, 특정한 두 가지 사건을 두고 각 관찰자는 두 사건 사이에 서로 다른 공간적 거리, 서로 다른 시간적 간격이 존재한다고 여길 것이다(그림 1 참조). 상대성에 따르면 모든 관찰자가 동의하는 것은 빛의 속도다. 이는 특정한 사건이 다른 사건의 광원 뿔light cone* 안에 존재하는지(즉 한 사건이 빛의 속도보다 더 빨리 정보를 전달하지 않고도 다른 사건에 영향을 미칠 수 있다는 뜻) 여부에 모든 관찰자가 동의하게 된다는 의미다.

그렇다면 상대성에서 시간과 공간은 상호 전환이 가능하며, 실제로는 '시공'으로 통합되어야 한다. '공간'에 대한 질문을 던지는 것은 사실상 특정한 시간에 시공이 어떻게 보이는지 물어보는 것과 같다. 그러나 특수상대성에서는 시공이 똑같이 유효한 여러 가지 방식으로 분해될 수 있다고 한다. 아인슈타인의 일반상대성이론(1915년)에 따르면, 사실 신호(또는 기타 일반적인 인과관계의 영향)를 한쪽에서 다른 한쪽으로 보낼 수 없는 한, 즉 한 사건이 다른 사건의 광원 뿔 내에 존재하지 않는 한 두 사건은 동시에 일어난다고 말할 수 있다. 특수상대성에서는 이러한 영향이 빛보다 빠른 속도로 이동하는 것을 금지하므로, 이러한 기준은 두 사건이 상대편의 광원 뿔 밖에 있다고 말하는 것과 같다.

이러한 자유에 대한 놀랍고도 적합한 사례로, 안이 비어 있는 평범한 시공을 생각해보자. 우리가 직감적으로 상상하는 무한하고, 균질하고, 구부러져 있지 않으며 모든 시간, 모든 방향에서 똑같이 보이는

---

* 특수상대성이론을 잘 설명해주는 '민코프스키의 시공간(4차원 시공)'에서, 원점에서 나오는 빛의 사선(射線)이 만드는 곡면.

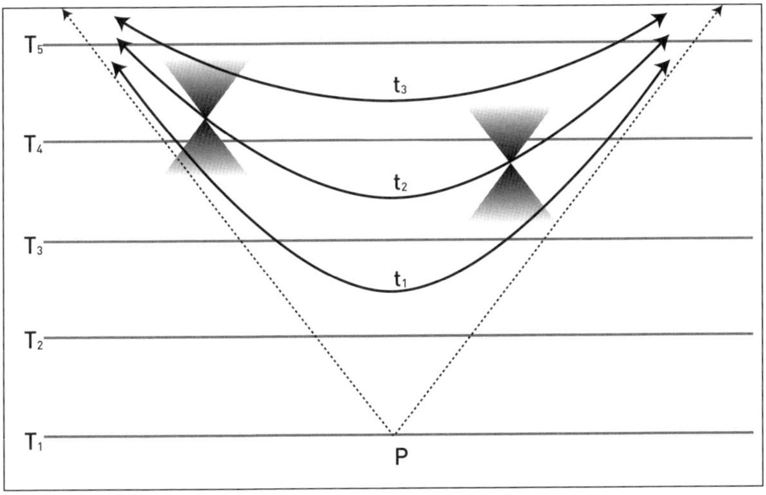

그림 2: 전통적인 시공의 한 공간 차원(+시간)을 잘라본 단면으로, 시간은 회색 선으로 나타냈으며 T의 서로 다른 값으로 표시되어 있다. T_1, T_2 등의 각 시간에서 공간은 무한하고, 균질하고, 구부러져 있지 않다. 그러나 이러한 시공은 똑같이 유효한 방식으로 여러 개의 공간, 즉 동시에 일어나는 여러 개의 사건들로 분리할 수 있으며, 이는 그림에서 검은색 쌍곡선으로 나타냈듯이 쌍곡면으로 이루어져 있다. 이러한 쌍곡선 중 하나의 어느 점에 있는 광원 뿔도 같은 쌍곡선 위의 다른 점과 교차하지 않는다는 점에 주목하자. t_1, t_2 등의 각 시간에서 공간은 무한하고 균일하지만 구부러져 있다. 뿐만 아니라 이러한 구부러진 공간은 모두 단일 점 P의 미래 광원 뿔 내에 들어간다.

종류의 공간 말이다. 하지만 우리는 이 시공을 또다른 매우 흥미로운 방식으로 분배할 수 있다. 우리는 모든 사건을 쌍곡면(그림 2 참조)상에서 동시에 일어나는 것으로 정의할 수 있다(여기에는 일반적인 관점에서 보면 서로 다른 시간에 일어난다고 간주되는 사건들도 포함되지만 말이다). 이렇게 할 수 있는 이유는, 그림 2의 광원 뿔로 나타냈듯이 이 표면상에서는 어떠한 사건도 같은 표면상의 다른 사건에 신호를 보낼 수 없기 때문이다. 뿐만 아니라 각 쌍곡면은 이러한 제약을 전혀 위반하지 않고 영원히 이어질 수 있으므로 각각 무한한 공간을 구성한다. 여기서 분명하게 드러나지는 않으나 수학적으로 사실인 것은 이러한 각각의 공간이 균질하다는 점이다. 0의 단일 곡률을 가진 평평한 공간이나, 양의 상수 곡률을 가진 구, 또는 음의 상수 곡률을 가진 쌍곡선 공간과 마찬가지로 말이다. 마지막으로 이러한 구조의 진짜 흥미로운 점은 이 구조 전체가 단일 점의 미래 광원 뿔 안에 들어 있다는 것이다. 따라서 이 점은 광속을 초과하지 않고서도 이 무한한 공간 내의 어디로든 신호를 보낼 수 있다.

이러한 구조는 칸트의 주장을 정면으로 반박한다. 비록 임의의 시간 t에서 공간이 무한하더라도, 공간이 어떠한 속성을 가져야 하는지를 지정해주는 '조립 지시'를 전체 공간에 전송하는 것을 상상해볼 수 있다. 그리고 앞으로 살펴보겠지만 이러한 추측은 쓸모없지 않다.

2. 우리가 알고 있는 최고의 우주 이론은 물리적인 과정을 통해 무한 공간이 탄생하는 데 적합한 물리학적 근거와 환경을 제공해준다.

일반상대성이론을 우주에 적용하기 위해 아인슈타인은 매우 거대한 규모에서 보면 사실상 우주는 균질하다는 과감한 가정을 했고, 이 가정은 그후 멋지게 증명되었다. 이렇게 되면 가능한 기하학적 구조는 앞에서 언급했던 균일하게 구부러진 평평한 공간, 구형 공간, 또는 쌍곡선 공간 세 가지뿐이다. 이를 에드윈 허블Edwin Hubble의 우주 팽창에 대한 관찰과 통합하면 단일 곡률의 팽창하는 공간이라는 프리드먼Friedmann의 우주 모델로 이어진다. 이 모델은 빅뱅Big Bang* 우주론의 기초이며, (대부분) 수소, 헬륨, 암흑 물질로 이루어진 뜨겁고 거의 아무런 특징이 없는 매질이라는 단순한 초기 상태로부터 우주가 진화하는 자세한 과정을(137억 년쯤 되었으리라고 추정된다) 올바르게 예측게 한다.

하지만 이러한 초기 상태 자체도 몇 가지 측면에서 혼란스럽다. 아마도 가장 이해하기 어려운 부분은 균질성일 것이다. 자연에서의 균질성은 보통 다양한 변이가 서로 상쇄되어가는 일종의 다듬질 과정을 거쳐 완성된다. 그러나 초기의 우주를 관찰하면, 최대 광속까지만 진행될 수 있는 이러한 다듬질 과정의 작용 가능 범위보다 훨씬 큰 규모에 걸쳐 균질성이 발견된다는 사실을 알 수 있다. 빅뱅 모델을 '시간의 시작'이라고 추정되는 시기까지 거슬러올라가 적용하기가 어려운 이유다.

따라서 수정안이 제기되었다. 1980년대에 우주학자들은 팽창inflation이라는 이론을 개발해냈다. 이 이론은 아주 초기의 우주가 순식간에, 그리고 기하급수적으로 확장되었고, 1초도 안 되는 지극히 짧은 시간 동안 수십 차례에 걸쳐 갑절로 증가했다고 주장했다. 이러한 종류의

* 작은 점과 같은 상태였던 우주가 대폭발로 인해 팽창하여 현재에 이르렀다는 이론.

팽창은 빈 공간에 들어 있는 소위 진공 에너지를 통해 진행될 수 있으며 몇 가지 중요한 특징을 가진다. 첫째, 공간이 너무나 빠른 속도로 팽창하기 때문에 그 안에 존재하는 어떠한 물질이든 아주 낮은 농도로 희석되고 어떠한 파장이든 넓게 늘어나 균질한 장場을 형성하므로 우주의 내용물이 균일하게 보인다. 둘째, 작고 균질한 영역이 너무나 빠르게 확장되므로 영역 크기의 변화 속도가 광속을 초과한다. (특수상대성이론은 시공 자체와 관련하여 신호가 빛보다 빠르게 이동하는 것을 금지하지만 객체들이 빛보다 빠른 속도로 서로 멀어지는 것은 금지하지 않으므로 이 현상은 특수상대성이론을 위배하지 않는다.) 셋째, 팽창하는 공간에서 충분히 멀리 떨어져 있는 위치는 서로 접촉할 수 없다. 사이에 있는 공간이 너무나 빠르게 팽창하기 때문에, 심지어 한 위치에서 다른 위치로 직접 보낸 빛 신호조차 팽창이 지속되는 한 결코 목적지에 도달하지 못한다. 이로써 주어진 위치에 대한 '지평선'이 정의되며, 이 지평선 너머로는 아무런 영향도 느낄 수 없다.

이러한 세 가지 측면 때문에 팽창 이론이 빅뱅 초기 상태의 특이한 부분을 보완해줄 수 있다. 초기에는 균질하지 않았던 영역이 팽창을 통해 균일화되고 정리된 다음 우리가 관찰 가능한 우주보다 더 큰 균질한 영역으로 확장되고, 이러한 균질한 영역의 지평선 너머에 있는 그 무엇도 혼란을 야기할 수 없다. 이는 또한 유한한 공간에서 무한한 공간을 생성하기 위해 필요한 바로 그 효과이기도 하다.

이 개념이 특히 분명하게 드러나는 팽창의 한 종류는 '개방형 팽창open inflation'이다. 이 모델에서는 우주에 '팽창'이라고 알려진 스칼라scalar* 영역이 끼어든 것으로 보며, 이 영역은 각 시공의 점에서 진공 에너지의 농도를 결정한다. 이 영역의 값이 높으면 진공 에너지가 크고 빠른 팽창이 일어난다. 값이 낮으면 에너지도 작고 팽창이 일어나지 않는다. 이러한 체계의 일반적인 성향은 높은 에너지에서 낮은 에너지로 진화하는 것이므로 팽창은 한동안 진행되다가 끝나야 한다. 그러나 이러한 진화에 에너지 장벽이 존재한다고 상상해보라. 그렇다면 영역은 높은 값에서 '갇혀'버릴 것이고, 결국 가끔씩만 소규모의 거품을 형성한다. 이러한 물리학적 현상은 콜라 상태로 '갇혀' 있지만 때때로 '거품' 상태에서 작은 방울을 형성하는 탄산음료와 비슷하다. 핵심적인 차이는, 개방형 팽창에서는 거품이 사실상 광속으로 팽창하고 거품 사이의 공간 역시 팽창하는데, 심지어는 이 공간이 거품 자체보다 더 빠른 속도로 팽창하기도 한다는 점이다.

그림 3은 이러한 상황을 표시한 그림이다. 초기에는 유한한 영역이 팽창하기 시작한다. 얼마 지나지 않아 그 안에서 거품이 형성되고, 광속에 빠르게 접근하는 속도로 팽창하기 시작한다. 그러나 이 거품의 팽창은 초기 유한 영역의 멀어지는 가장자리를 따라잡을 수 없다. 거품의 벽 내에서는 팽창 영역이 안정화되어 연속적으로 곡률이 낮은 값에서 더 낮은 상수값으로 변한다. 사실 그림 3에 있는 각 표면은, 전통적인 공간을 독특한 방식으로 분해한 그림 2와 같은 종류의 쌍곡선이다. 그림 2의 구성과 마찬가지로 각 표면은 무한하고 균질한 공간을 구성한다. 따라서 이러한 표면을 고정된 시간에 마치 팽창하는 것처럼 점점 더 평평해지는 공간으로 자연스럽게 구분할 수 있다. 간단히 말하면 시공을 시간과 공간으로 나누는 여러 방법 중 하나에서는 거품이 유한한 크기이며 내부가 균질하지 않다. 그러나 다른 방식에서

* 방향이 없이 크기만을 나타내는 양.

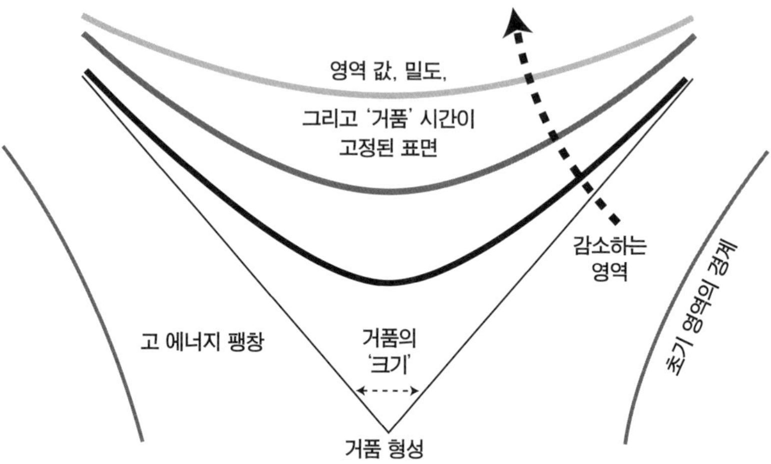

그림 3: 팽창하는 '거품'의 구조. 가장 바깥쪽에 '초기 영역의 경계'라는 이름의 회색 선으로 나타낸 것과 같이 지속적으로 확장되는 초기 팽창 영역을 생각해보자. 이 영역 내에서 거품이 형성될 수 있으며 거품의 경계는 빛의 속도로 팽창하므로 대각선으로 나타낸 것과 같이 시공 광원 뿔의 윤곽을 그리게 된다. 이 광원 뿔 안에서는 영역이 상수값을 갖게 되는 표면이 쌍곡선으로 표시되어 있다. 그림 2의 경우와 마찬가지로 이 쌍곡선들은 일정한 '거품' 시간이 발생할 수 있는 표면이지만 여기서는 그와 동시에 일정한 밀도를 가진 표면이기도 하므로 이 경우 공간의 밀도는 균질해진다. 이 '거품' 시간이 증가함에 따라 영역은 높은 에너지에서 낮은 에너지로 진화하며, (가능하다면) 팽창이 끝나고 빅뱅이라고 이름 지을 수 있는 물질과 에너지가 생성될 때까지 밀도가 감소한다.

는 거품의 내부가 무한하고, 균질하며, 확장되고 있다.

그림 3에서 묘사한 시나리오는 아마도 '우리가 관찰할 수 있는 우주가 어떻게 형성되었는가'에 대해 현대 우주학이 내놓을 수 있는 최고의 추론일 것이므로 충분히 연구할 가치가 있다.

3. 무한한 공간의 형성은 어쩌면 실제로 일어나는지도 모른다. 사실 무한한 횟수로 일어날 수도 있다.

높은 값의 팽창 영역이 퍼져 있는 작고 균질한 영역을 생각해보자. 이 영역은 팽창하기 시작하여 결국에는 하나의 거품을 만들어내고, 그다음 또 하나, 다시 하나를 만들어낼 것이다. 거품은 자신이 태어난 영역보다 빨리 성장할 수 없으므로 팽창하는 공간은 영원히 지속된다는 것을 확인할 수 있다. 거품이 공간의 '일부'를 앗아간다 해도, 공간의 물리적인 부피는 영원히 기하급수적으로 증가한다. 이러한 과정에는 '끊임없는' 또는 '영원한' 팽창이라는 이름이 붙어 사뭇 다른 우주의 모습을 제시해준다. 빅뱅은 '우주의 시작'이 아니며, 우리가 속해 있는 특정한 우주가 팽창을 마친 시점일 뿐이다. 또한 비록 거품의 내부라는 측면에서는 빅뱅이 동시에 여기저기서 일어나는 것처럼 보이지만, 외부에서는 빅뱅과 그로부터 진화한 모든 것은 광활하고 영원히 지속되며 팽창하는 배경 속에서 일종의 '안정 상태'를 형성한 수많은 거품 중 하나로 보일 뿐이다.

이것은 단순히 우리가 이해하는 물리학이 허용하는 추정상의 가능성일 뿐인가, 아니면 실제로 이러한 현상이 일어난다고 생각할 만한 이유가 있는가? 사실 여기에는 상당히 그럴듯한 이유가 존재한다.

여기서는 '거품'과 관련된 영원한 팽창에 대해서만 설명했지만, 서로 다른 속성 및 다른 기초 이론과 다양한 연관성을 가진 별개의 팽창 시나리오가 여럿 존재한다. 이들 대부분은 영구적이다. 팽창 이론은 표준 빅뱅 모델의 혼란스러운 점(예를 들어 공간의 균질성)을 설명하는 것을 넘어 특정한 예측을 하는데, 이러한 예측이 어느 정도 적중했음이 이미 검증된 바 있다. 최근의 인상적인 사례로, 윌킨슨 초단파 비등방 탐사선Wilkinson Microwave Anisotropy Probe으로부터 얻은 7년간의 데이터를 통해, 초기 우주에서 발견되는 특정한 종류의 비균질성에 대한 팽창 이론의 예상이 매우 세세한 부분까지 확인한 일을 들 수 있다. 이 탐사선은 우주배경복사라고 알려져 있는, 빅뱅의 어디에나 존재하는 잔여 방사선을 조사했다. 뿐만 아니라 현재로서는 진정한 기반 이론으로 자리잡을 가능성이 가장 높은 끈 이론string theory*이 성립하기 위해서는 영원한 팽창이 필요한 것으로 보인다. 이제 끈 이론을 지지하고 주장하는 대부분의 학자들은, 에너지가 아주 높을 때는 자연의 네 가지 기본적인 힘(전자기, 강한 핵력, 약한 핵력, 중력)이 융합되지만 에너지가 낮은 상태에서는 서로 분리될 수 있으며 한 가지가 아니라 여러 가지 다양한 방식으로 분리가 가능하다고 믿는다. 거품 모델의 팽창 및 비팽창 단계와 마찬가지로, 이러한 융합-분리 단계도 서로 공존할 수 있다. 일부는 팽창을 주도할 것이고 일부는 그렇지 않을 것이며, 서로 다른 단계 사이의 과도기도 존재할 수 있는데 이는 다름 아닌 거품의 형성으로 구현되는 경우가 많다.

---

* 만물의 최소 단위가 점 입자가 아니라 '진동하는 끈'이라고 보는 물리이론.

끈 이론 '풍경'이라고 부르는 이 현상에서 팽창은 다양한 특징을 가진 무한 개의 소우주를 낳는다. 이 소우주들은 높은 에너지 융합으로부터 낮은 에너지 물리학이 출현할 수 있는 여러 가지 방법의 조합에 해당하는 다양한 속성을 가지고 있다. 팽창은 내부가 팽창되는 거품을 낳고, 그 거품 내부의 팽창이 다시 거품을 낳는 식이다. 그리고 이 '다중우주'라는 놀랍도록 풍부한 구조는 무한대로 반복되고 있으며, 각각 무한대로 많은 소우주를 형성하고, 이 소우주 역시 각각 무한하다.

4. 이렇게 되면 우리가 결코 무시할 수 없는 심오한 문제가 제기된다.

무한함은 유한한 체제에 기반을 둔 인간의 직관을 위배할 수 있으며, 혼란스러운 철학적 문제를 낳는다. 수학자 데이비드 힐버트David Hilbert는 이러한 혼란의 전형적인 사례를 고안해냈다. 무한한 우주가 아닌, 모든 방이 꽉 차 있는 무한한 호텔을 상상해보자. 비록 이 호텔은 꽉 차 있지만 각 투숙객을 현재 묵고 있는 방 번호에 2를 곱한 방으로 옮기고, 홀수 방에 다른 투숙객을 채워넣음으로써 무한대로 많은 추가 투숙객을 수용할 수 있다. 또한 투숙객의 숫자를 배로 늘린다 하더라도 호텔은 완전히 똑같은 모습을 유지한다. 이러한 개념을 영원히 팽창하는 우주에 적용하여 거품을 만들어내는 우주가 어느 시점에서 무한하다고 가정해보자. 이 일정한 시간 내에 무한하게 많은 거품이 형성되지만, 그 시간이 지난 다음 우주가 실제로 커졌는지 여부는 확실하지 않다!

똑같은 사례를 통해 '무작위로 선택한 투숙객이 짝수 방에 묵고 있을 확률은 얼마인가?'와 같이 순진한 질문에 내재된 문제점을 파악할 수 있다. 언뜻 보기에 이 문제의 답은 당연히 50퍼센트인 것 같다. 그러나 짝수 방의 개수는 호텔에 있는 전체 방 개수만큼 많고(각 투숙객에게 짝수 방을 배정했기 때문에), 그 결과 홀수 방 개수의 두 배가 되는 셈이다(홀수 방은 전체 방 개수의 딱 절반을 구성한다는 것을 기억하는가?). 이는 무작위로 선택한 투숙객이 짝수 방에 들어가 있을 가능성이 홀수 방보다 두 배나 높다는 것을 의미한다. 그러나 완전히 똑같은 추론을 적용하면 홀수 방 역시 전체 방 개수만큼 많고, 짝수 방 개수의 두 배가 된다! 우리가 직관적으로 대답은 '당연히' 50퍼센트라고 생각하는 이유는, 우선 N개 방을 생각한 다음 그 N을 무한대로 접근시키기 때문이다. 그러나 이는 짝수 방의 개수와 홀수 방의 개수를 비교하는 여러 방법 중 하나일 뿐이고, 다른 선택, 즉 다른 측정 방법을 사용하면 전혀 다른 결과가 나온다.

이 '숫자 세기' 또는 '측정'의 모호성은 무한대 체제에 극심한 영향을 미치고 우주학에서 악몽과 같은 상황을 만들어낸다. 팽창 후 영역이 서로 다른 속성을 가질 수 있고 가능한 각 속성 집합이 무한대의 영역에서 구현되는 경우 두 가지 문제가 발생한다. 첫째로 이러한 기초 이론의 관점에서 본다면 우리가 관찰할 수 있는 것에 대해 고유한 예측이란 존재할 수 없다. 이는 실망스러운 일이기는 하나 그래도 여전히 확률적 예측을 해볼 수 있는 희망이 있기 때문에 치명적인 문제는 아니다. 그러나 측정의 모호함은 상대적인 확률 자체가 우리가 선택하는 특정한 측정 방법에 따라 달라지고, 주어진 하나의 측정 결과를 믿을 타당한 이유가 없음을 의미한다. 이러한 측정상의 문제는 최근 팽창 우주학에서 수많은 연구로 이어졌고 분명 진척이 있기는 하지만, 이러한 진척이 특정한 해결책을 향해 나아가고 있는지는 확실하지 않다.

무한대의 또다른 중요한 측면은 무한대가 유한한 그 어떤 것보다 훨씬 더 크다는 점이다. 특히 약간의 무작위성을 내재한 무한한 체제는 해당 체제의 속성과 호환되는 유한한 소체제의 무한히 많은 구현을 포함하게 된다. 이것이 의미하는 바는, 만약 우리가 무한한 거품 안에 살고 있다면 그 같은 거품 내부의 (놀랄 만큼 멀리 떨어져 있는) 어딘가에 모든 세부 사항까지 완벽하게 일치하는 지구 전체의 복사본이 또하나 존재한다는 것이다. 보다 개인적인 수준에서 생각해보면, 당신과 똑같은 복사판 인간이 무한대로 많은 숫자만큼 존재할 뿐만 아니라, 그 무한대로 많은 당신의 작거나 큰 변형도 존재하며, 일부 변형은 다른 변형보다 더 빈번하게 나타난다는 것이다. 이는 무슨 의미인가? 그러한 다른 사람이 당신과 똑같다면 그들은 당신인가? 당신과 그들의 관계는 무엇인가? 만약 당신이 갑자기 세상에서 사라지려 한다면, 어디선가 '당신'이 계속 즐겁게 살아가리라는 사실에서 용기를 얻어야 할까? 아니면 '당신'은 단순히 자신이 그들 중 하나라고 생각하게 될까? (경고: 이러한 가능성을 더욱 자세히 생각해볼수록 점점 더 두려워진다.)

우리가 사는 세계가 진정으로 무한하다는 개념을 수용해야 할까, 아니면 이론 속에서 이러한 무한성을 다스리고 통제하는 어떤 방식을 찾아야 할까? 선불리 대답하기 어려운 문제다. 그러나 확실한 것은 무한대를 더이상 간단히 무시할 수는 없다는 사실이다. 무한대는 멋지게 구성되고, 실증적으로 뒷받침되며, 일관성 있는 이론들을 통해, 한가로운 흥밋거리가 아닌 현대 우주학의 중심 주제로 대두되었다. 그리고 만약 이들이 맞는다면 이러한 이론들이 제시하는 세계관은 유래가 없을 만한 관점 변화를 가져올 것이다. 우주와 비교한다면 우리는 단순히 작을 뿐만 아니라 엄밀히 말해 무無라고 할 수 있다. 하지만 그래도 우리는 모든 우주에 대해 생각하고 있다. 비록 완전히 이해하지는 못할지라도.

환경과 유전 그리고 인생이라는 스트레스

대니얼라 코퍼 Daniela Kaufer

대니얼라 코퍼는 캘리포니아 대학 버클리 캠퍼스의 통합생물학과 조교수다. 또한 줄기세포 센터Stem Cell Center와 신경과학연구소Neuroscience Institute에서도 연구 활동을 펼치고 있다. 그의 연구는 스트레스와 신경학상 손상에 직면했을 때 유연한 두뇌의 기저에서 일어나는 분자 수준의 사건에 초점을 맞추어, 생리학적 효과와 그 저변에 있는 분자 및 세포 수준 사건 사이의 간극을 좁히는 데 주력한다. 또한 스트레스가 두뇌에 영향을 미치는 새로운 메커니즘을 발견하기도 했다.

달린 프랜시스 Darlene Francis

달린 프랜시스는 캘리포니아 대학 버클리 캠퍼스의 공중보건대학 공중보건 및 인간개발학과 조교수이며, 심리학과와 신경과학연구소에도 몸담고 있다. 학문 분야의 경계를 넘나드는 프랜시스의 연구는 사회적 경험이 어떻게 생물학적으로 굳어져 건강과 안녕에 영향을 미치는지에 초점을 맞추고 있다. 스트레스에 대한 연구는 프랜시스가 진행하는 연구 프로그램의 핵심이다.

사람은 다른 동물들과 다르다. 뿐만 아니라 보다 흥미로운 사실은 사람들 모두가 제각기 서로 다르다는 점일 것이다. 사람들이 각자 다르게 가지고 있는 중요한 특징 중 하나는 스트레스에 대응하는 방식이다. 똑같은 어려움에 봉착했다 하더라도 왜 어떤 사람은 무너지고, 어떤 사람은 살아남고, 어떤 사람은 심지어 더욱 성장하기까지 하는가? 우리가 스트레스에 대응하는 방법은 질병에 대한 취약도나 병리적 측면뿐만 아니라 우리의 전반적인 건강 및 안녕과 밀접하게 연관되어 있기 때문에 매우 중요하다.

만약 무작위로 설문 조사를 하여 "인간의 행동 및 생물학적 차이는 어디서 올까?"라는 질문을 던진다면 출신 배경, 교육, 또는 직업에 관계없이 대부분의 응답자가 "사람들 사이의 차이는 유전자와 자라난 환경 때문에 생겨난다"는 식의 대답을 내놓을 것이다. 즉 대부분의 사람들이 이 질문에 대한 올바른 대답은 유전자나 환경 중 어느 한쪽이 아니라 이 둘의 어떤 조합 때문이라는 사실을 알 정도로 상식이 있다는 의미다. 그런데도 아직까지 과학자와 일반인 모두 유전과 환경의 상대적인 중요성을 수치화하기 위해 너무나 많은 시간과 노력을 소비하고 있다. 한 기자가 행동심리학자 도널드 헤브Donald Hebb에게 둘 중 어느 쪽이 성격에 더 중요한 영향을 미치는지 물어본 적이 있다. 헤브는 그 질문이 직사각형의 길이와 너비 중에서 어느 쪽이 더 중요한지 물어보는 것과 같다고 대답했다.

스트레스를 연구하는 신경생물학자로서, 우리는 이 영역의 연구가 인간 본성에 대한 연구를 재편하는 데 도움이 되리라 믿는다. 최근 스트레스 연구 분야에서 일어난 여러 가지 발전을 통해, 마침내 유전 대 환경에 대한 논란을 버리고 유전자와 환경이 개인의 일생에 걸쳐 지속적으로 서로 뒤얽혀가는 메커니즘을 이해하는 데 초점을 맞추기 위한 설득력 있는 근거가 마련되었다.

스트레스의 신체적 징후

일반적으로 추상적, 심리적인 상태로 여기는 스트레스가 인간의 신체적인 건강에도 영향을 미친다는 주장을 처음으로 제기한 사람은 1950년대의 내분비학자 한스 셀리에Hans Selye다. 셀리에의 연구는 꽤 널리 알려져 그가 주창한 '좋은 스트레스eustress'와 '나쁜 스트레스distress'라는 개념을 고등학교와 대학교에서도 가르칠 정도다. 그후 분자생물학과 유전학 분야의 발전으로 스트레스의 '심리학'과 '생물학' 사이의 경계가 보다 모호해졌다. 이제 우리는 스트레스에 대응하여 두뇌가 유도하는 메커니즘을 매우 정교하게 관찰할 수 있는 도구를 갖추게 되었는데, 이 메커니즘은 몸 전체에 걸쳐 일시적, 지속적 신체 변화를 일으킨다.

스트레스가 심한 사건을 접한 후, 또는 심지어 스트레스에 대한 인식만으로도 두뇌는 신호를 보내 코르티솔과 에피네프린(아드레날린) 같은 스트레스 호르몬을 배출하도록 한다. 이러한 호르몬은 전신에 작용하는 메신저로, 몸 전체를 돌아다니면서 거의 모든 조직과 광범위한 세포 유형에 영향을 미칠 수 있는 조직적인 스트레스 대응을 통제함으로써 다양한 종류의 반응을 낳는다. 이러한 반응은 개인이 생리적으로 즉각적인 위협을 처리할 수 있도록 준비해주는 역할을 한다. 모든 대사적 노력은 장기臟器와 생존에 필수적인 과정(예를 들어 심장과 순환계, 근육, 두뇌 등)에 집중되며, 소화나 번식 등 즉각적인 생존과는 별 관련이 없는 체계로부터는 멀어지게 된다. 이렇게 생존에 중요한 필수적인 스트레스 적응 반응이 만성적으로 활성화되는 경우 부적응으로 이어질 수 있으며, 그 결과 스트레스와 관련된 수많은 질병으로 이어지기도 한다. 예를 들어 스트레스 호르몬은 면역 세포를 목표물로 삼아 그 기능을 변경하기 때문에 박테리아 또는 바이러스 감염과 암에 보다 취약하게 만든다. 또한 이러한 호르몬은 신체의 대사 방식을 바꿔 체중이 증가하고 당뇨병이 쉽게 발병할 수 있는 상태로 만들며, 위장관에 변화를 일으켜 궤양에 취약해지게 한다. 또한 몸 전체에 걸친 염증 반응을 일으켜 노화를 촉진하는가 하면 혈관과 대사를 선별적으로 조정함으로써 주요 심혈관계 질환을 촉발한다.

이러한 메커니즘을 고려할 때, 스트레스를 단순히 주관적 심리적 트라우마 또는 생리적 반응이라는 관점에서만 볼 수는 없다. 그보다 이 두 가지는 서로 뒤얽혀 있다고 보는 것이 옳다. 스트레스 요인을 심리학적으로 처리하면 두뇌와 신체의 분자 경로가 활성화되어 스트레스를 예측하고 그에 적응하게 된다. 이러한 경로가 극단적으로 활성화되거나 다른 문제점으로 인해 상황이 악화될 경우 병적으로 변하기도 한다. 심리적, 사회적, 감정적 트라우마의 영향은 감염이나 독소, 또는 영양 부족으로 인해 생긴 신체적 질병만큼이나 '실제적'이고 심각할 수 있다. 분자 및 생리학적 관점에서 볼 때, 신체적 스트레스 요인과 심리적 스트레스 요인 사이에는 그다지 큰 차이가 없다.

스트레스의 정신적 징후

앞에서 설명한 바와 같이 스트레스는 우리의 신체적 건강에 영향을 미친다. 그렇다면 스트레스가 정신적 건강에는 어떤 영향을 미칠까? 우울증, 불안, 기타 기분장애 등의 정신적 질병은 많은 경우 행동 패턴이자 순수한 정신적 현상으로 간주되어왔는데, 호르몬과 같은 신체적 메커니즘이 정신적 질병을 일으키는 데 모종의 역할을 하는 것일까? 보다 구체적으로, 스트레스는 두뇌에 어떤 영향을 미칠까? 여기서도 우리의 사고방식은 여전히 잘못된 이분법으로 점철되어 있다. 하지만 마음 대 몸, 본성 대 양육(또는 보다 현대적 버전으로 말하면 유전자 대 환경)과 같이 이분법적 요소를 한번 나열해보기만 해도 그러한 사고방식을 해체할 수 있다. 첫번째 이분법인 마음 대 몸의 사고방식에서는 정신의 작용을 추상적인 것으로 간주하므로 스트레스와 같은 감정적인 상태는 형태가 없는 마음의 질병으로 존재한다는 암시를 풍긴다. 두번째, 유전자 대 환경에서는 개인의 형성 과정을, 유기체가 게놈이라는 고정된 설계도를 바탕으로 창조된 후 일생에 걸친 경험을 통해 재형성되는 직선적인 관계로 상상한다. 게놈은 개인 발달의 신체적인 한계를 정의하는 결정적인 것으로 보고, 인생의 경험은 유동적인 것으로 본다. 우리 대부분은 유전자를 고정된 것으로 생각하고 인생의 경험을 선택, 변화, 가능성의 측면에서 생각하는 데 익숙하다.

그러나 유전자와 환경 사이의 상호작용을 재고해본 결과 스트레스가 어떻게 정신 건강에 영향을 미치는지에 대한 지배적인 이론이 도출되었다. '체질diathesis'*이라고 부르는 이 모델에서는 개인이 내재적인(유전적인 혹은 생물학적인) 취약성을 가지고 있으며, 그 취약성이 인생의 경험(스트레스) 때문에 악화되는지 여부에 따라 질병으로 발생할 수도, 그렇지 않을 수도 있다고 주장한다. 이 체질 모델이 실제 생활에서 어떻게 작용하는지 살펴보기 위해 부신피질자극호르몬방출호르몬(CRH)이라고 부르는 호르몬과 그 수용체를 생각해보자. 이 수용체는 뇌하수체에 있는 세포에 존재하며 스트레스 호르몬 반응을 촉발하는 데 핵심적인 역할을 한다. 스트레스를 받으면 두뇌는 CRH를 방출하여 뇌하수체를 활성화하고, 이는 다시 호르몬 연쇄 작용을 유발하여 궁극적으로 몸 전체에 스트레스 호르몬이 순환된다. 그러나 모든 CRH 수용체가 똑같은 것은 아니다. 사람의 경우 CRH 수용체를 암호화하는 유전자에는 수많은 다른 버전(혹은 대립유전자)이 존재하며, 대부분 단일 돌연변이로 인해 이러한 차이가 나타난다. 이러한 돌연변이로 인해 수용체의 표현형, 구조, 기능이 미세하게 변하며, 이러한 변화가 궁극적으로 스트레스와 관련된 질병에 대한 개인의 취약성에 영향을 미칠 수 있다. 중요한 것은 이러한 취약성이 스트레스가 심하지 않거나 '정상적인' 생활 조건에서는 나타나지 않을 수도 있다는 점

* 어떤 외적 자극에 대하여 독특한 방법으로 조직을 반응하게 하는 소질 또는 신체의 상태.

이다. 그보다는 인생의 경험이라는 요소를 고려할 때 돌연변이 CRH와 질병과의 관계가 가장 분명하게 드러난다. 여러 차례의 연구에서 CRH 수용체의 특정한 대립유전자가 우울증, 과잉 불안, 자살 및 스트레스 테스트에 대한 스트레스 호르몬 과잉 배출과 연관되어 있다는 사실이 밝혀지기도 했다. 그러나 이러한 연관성은 어린 시절에 받은 학대 등 극심한 수준의 스트레스를 경험한 사람이나 집단에서만 뚜렷하게 나타나는 경우가 많다. 이 대립유전자로 인한 스트레스 호르몬 배출의 방식 변화, 즉 이 대립유전자 때문에 발생하는 취약성의 정도가 너무나 미미하기 때문에 스트레스 체계에 상당한 부하가 가해져야만 비로소 병의 형태로 나타나는 것으로 보인다.

이뿐만이 아니라 세로토닌 및 도파민 수용체와 관련된 유전자에 돌연변이가 일어나도 우울증에 걸릴 위험이 높아지는 것으로 알려져 있다. 이러한 사례들은 질병에 대한 유전적인 영향이 이미 정해져 있어 인생에서 겪는 경험에 대한 개인의 반응에 영향을 미치는, 아니 심지어 반응을 좌우하는 근본적인 구조적 취약성을 만들어내는 것이라는 인상을 더욱 강화한다.

그러나 과연 유전자를 환경과 분리할 수 있을까? 다시 한번 분자적 관점에서 바라본다면 유전자와 환경이 분리되기보다는 끊임없이 상호작용을 하며 서로에게 영향을 미치는 훨씬 복잡한 광경이 눈앞에 펼쳐질지도 모른다. 단백질은 신체 내 수백만 세포 각각의 세포핵에 있는 유전자 설계도를 바탕으로 생성된다. 생성된 분자들은 해당 세포로, 그리고 그 주변 세포로 전달되어 몸 전체로 퍼져나간다. 신체 외부에서 오는 또하나의 영향은 환경적인 정보로, 감각계는 이 정보를 처리한 후 분자 신호로 만들어 세포 및 여러 조직, 나아가 몸 전체에 전달한다. 이 공유된 유기체라는 밑그림에서 유전자 및 환경에서 유래한 분자들은 서로 섞이고, 상호작용하고, 조정하고, 재편하는 등 다양한 종류의 일들을 한다. 일부는 일시적이고 가변적인 영향을 미치는 반면, 일부는 지속적이고 심지어 돌이킬 수 없는 변화를 일으킨다. 일부는 DNA에 붙어 유전자가 발현되는 방식을 변경하는가 하면, 일부는 감각 또는 호르몬 체계를 통제하여 환경을 인식하는 방법을 바꿈으로써 그에 따른 스트레스 대응을 바꿔놓는다. 그렇다면 핵심적인 질문은 분자의 근원이 유전자냐 환경이냐가 아니라, '해당 분자가 무엇을 하고 있는가?'가 된다. 이들 분자가 어떻게 영향력을 행사하고 있으며, 무엇을 바꿔놓고 있는가?

스트레스 연구 분야에서 최근 많은 진보가 일어나 유전자와 환경의 관계에 대한 암묵적인 가정이 역전되고 있다. 한때 우리는 결정적인 것은 유전자고 가변적인 것은 환경이라고 믿었지만, 가장 최근의 데이터를 살펴보면 환경도 유전자만큼이나 고정적일 수 있고, 게놈 역시 환경만큼이나 유연할 수 있다는 사실이 드러난다. 정신적인 현상이 신체적 증상과도 상관관계가 있으며, 이러한 신체적 메커니즘을 이해하면 스트레스 및 건강과 관련된 연구, 교육, 정책에 대한 새로운 접근 방식을 도출할 수 있다는 사실을 깨닫게 되면서 마음과 몸 사이의 구분도 사라지고 있다. 다음 세대 학자들이 직면하게 될 커다란 도전은, 인간의 추상화 욕구에서 나온 암묵적인 편견을 비롯한 단순화된 이분법식 개념을 타파하여 미묘한 차이, 예외, 그리고 융통성이 중요한 역할을 하는 복잡한 생물학적 체계를 전적으로 수용하는 일일 것이다.

스트레스가 두뇌에 미치는 장기적인 영향

예전에는 인생의 궤도를 결정할 수 있는 것은 유전자형뿐이라고 믿었지만, 환경적 경험도 유전자형과 같은 방식으로 인생의 궤도를 구체화할 수 있음을 보여주는 증거가 하나 둘씩 쌓여가고 있다. 인간의 경우 이러한 데이터 대부분은, 신체와 감정을 막론하고 어린 시절 부정적인 스트레스 요인을 겪으면 우울증, 불안 장애, 외상 후 스트레스 장애 등을 포함한 더욱 심각한 정신적 질병을 앓을 가능성이 높다는 것을 보여주는 인구 조사에서 도출된다. 동물 모델에서도 역시 이러한 연구 결과를 볼 수 있으며, 근본적인 메커니즘을 더욱 심도 깊게 조사하기 위해 동물 모델을 사용할 수 있다. 예를 들어 우리 실험실에서는 어린 시절의 스트레스가 새끼 쥐의 발달에 미치는 영향을 연구하기 위해 어미 쥐의 핥기와 털 손질 행동에서 자연스럽게 나타나는 다양성을 관찰했다. 인간과 마찬가지로 출생 후에 어미 쥐의 적절한 보살핌을 받지 못한 새끼 쥐들은 평생에 걸쳐 지속되는 발달의 궤도를 따르는 경우가 많다. 이러한 궤적은 많은 경우 스트레스가 심한 환경에서의 과민 반응(다량의 스트레스 호르몬 분비), 공포와 관련된 실험에서 보여주는 과도한 불안, 인지능력 저하(과제 유형에 따라) 등의 부정적인 결과로 이어진다.

어린 시절 아주 짧은 기간 동안 받은 스트레스가 어떻게 그토록 지속적이고 항구적인 변화를 야기하는가? 이와 관련된 신체적인 메커니즘은 무엇인가? 가장 거시적인 수준의 관찰만 해보아도, 스트레스가 해마 부분을 포함하여 특정한 두뇌 구조의 크기를 급격히 감소시키는 영향을 미친다는 사실을 알 수 있다. 인지적인 차원에서 볼 때, 스트레스는 어린 시절 두뇌가 매우 가변적인 발달 단계를 거치는 시기에 신경 발달에 깊은 영향을 미칠 수 있다. 이 발달 기간 동안 뉴런은 자극을 바탕으로 하여 다른 뉴런을 탐색하고 연관성을 맺는 방식으로 평생에 걸쳐 인지 패턴에 영향을 미치는 기본적 신경 네트워크를 형성한다. 그러므로 이 시기에 스트레스 자극을 받으면 지나치게 활발한 스트레스 반응 네트워크가 형성되는 동시에, 스트레스 억제 체제가 제대로 갖추어지지 않아 영구적으로 과도한 공포 및 불안 반응을 일으켜 높은 수준의 스트레스 호르몬 배출이라는 결과를 불러올 수 있다. 분자 수준에서 보면 스트레스 반응을 조절하는 단백질은 매우 여러 가지가 있고, 그중 상당수는 스트레스 자극에 대한 반응을 통해 다시 조율될 수 있다. 예를 들어 글루코코르티코이드* 수용체는 뉴런이 순환하는 스트레스 호르몬을 감지한 후 부정적인 피드백 동작을 시작하여 스트레스 반응을 중단하도록 하는 역할을 담당하는데, 어미에게서 제대로 보살핌을 받지 못했거나 어린 시절 스트레스를 경험한 쥐의 두뇌에서는 이 글루코코르티코이드 수용체의 수가 훨씬 적게 발견된다.

이러한 종류의 단백질 변형은 발달 단계에서 커다란 변화를 유발할 뿐만 아니라 인생 전체에 걸쳐 구축되는 만성적 스트레스의 누적 효과로 이어지기도 한다. 우리는 현재 스트레스 호르몬이 쥐 두뇌 세포 중에서 어른 쥐의 새 뉴런 형성과 관련된 신경 줄기세포에 미치는 영향을 연구하고 있다. 이러한 줄기세포가 스트레스 호르몬을 감지하면

---

* 부신피질에서 분비되는 스테로이드 호르몬. 단백질, 탄수화물, 지질의 대사에 작용하고, 항염증 작용, 면역 억제 작용도 한다.

다양한 단백질의 발현을 바꾸는 방식으로 대응하는데, 그로 인해 줄기세포가 새로운 뉴런이 아닌 아교 지지 세포glial support cell가 되어버린다. 스트레스는 물리적으로 두뇌 세포의 운명을 바꾸어놓을 수 있다. 만성적인 스트레스 조건에서는 이러한 줄기세포 발달 변화의 누적된 효과가 두뇌의 세포 구조에 장기적인 구조적 불균형을 야기하여 인지, 기억, 그리고 정신 건강에 영향을 미칠 가능성이 크다.

스트레스가 게놈에 미치는 가변적인 영향

스트레스 호르몬이 두뇌 패턴에 야기하는 구조적인 변화 외에도 현재 가장 흥미롭게 진행되는 연구 중 하나는, 스트레스의 경험이 특정한 세포핵으로 직접 전달되어 게놈에 변화를 일으킬 수 있는 생리학적 신호로 변환되는 방식을 탐구하는 것이다. 환경적 정보에 따라 인간의 유전자가 발현되는 방식이 달라질 수 있다. 환경적 정보가 인간의 유전자에 영향을 미치는 방법 중 하나는, 특정한 유전자의 특정한 위치에 있는 DNA와 결합하여 메틸기methyl group라고 부르는 분자를 DNA 염기에 추가함으로써 구조를 바꾸는 단백질 상향조절Up-regulation 또는 하향조절Down-regulation*을 통한 것이다. 이 과정을 통해 DNA에 형태적, 물리적 변화가 일어나면 유전자 설계도를 바탕으로 단백질을 생산하는 기계가 더이상 변화가 일어난 부분을 읽지 못하게 될 수도

* 상향조절은 외부 자극의 영향을 받아 구성 요소의 개수가 증가하는 것이며 하향조절은 개수가 감소하는 것이다.

있다. 예를 들어 어린 시절 스트레스를 경험한 쥐의 해마에서 하향조절되는 글루코코르티코이드 수용체의 사례를 떠올려보자. 이러한 수용체 감소 현상은 글루코코르티코이드 수용체 유전자의 발현을 조절하는 DNA 영역의 메틸화 때문에 발생한다. 마찬가지로 신경 줄기세포의 운명에 대해 생각해보면, 이러한 세포의 정체성을 좌우하는 유전자 중 상당수 역시 메틸화의 영향을 받는다. 메틸화는 유전정보를 변경하지 않으면서도 대상이 되는 유전자를 사실상 무력화하는 것이다. 더욱 중요한 것은 유전자의 메틸화 프로파일이 게놈과는 관계없이 유전될 수도 있다는 점이다. 즉 우울증을 앓는 어머니에게서 태어난 아이는 스트레스와 관련된 정신질환과 질병에 훨씬 취약한 반응을 보일 수 있는데, 이는 유전자형 때문이 아니라 유전자 조절 프로파일의 변화 때문이다.[1] 메틸화는 '후성유전적epigenetic(유전학을 넘어선다는 뜻)' 변이라고 일컫는다. 메틸화는 유전자 돌연변이처럼 작용하기는 하지만 돌연변이는 아니다. DNA의 선형 염기서열이나 특정한 유전자형에는 아무런 변화도 일어나지 않으며, 유전자 발현 수준에서 변화가 뚜렷하게 드러난다.

스트레스 반응에 대한 연구는 인간의 게놈이 이미 고정되고 결정되어 있는 것이 아니라 인생의 경험에 따라 크게 좌우될 수 있는 대상임을 보여준다. 뿐만 아니라 일시적인 것이라고 생각하는 주관적이고 감정적인 경험도 때로는 유기체에 지속적이고 되돌릴 수 없는 구조적인 변화를 유도할 수 있다. 이러한 통찰력은 단정적, 이론적, 추상적인 접근 방식보다는 분자 및 메커니즘의 실질적인 영향에 대한 면밀한 조사를 통해 얻을 수 있다. 우리는 이러한 새로운 발견이 스트레스에 대한 향후의 연구 및 사회 정책의 구현이라는 두 가지 측면에서 흥미로운 영향을 미칠 것이라 믿는다.

과학에 미치는 영향

과학자들이 연구를 실시하거나 미래의 학자들을 양성할 때, 복잡성을 수용하는 것은 결코 쉽지 않은 일이다. 마음 대 몸, 유전자 대 환경과 같은 이분법이 매력적인 이유는 단 두 개의 개념, 즉 두 개의 반대되거나 상호작용하는 힘만 추적하면 되기 때문이다. 학생, 교사, 연구자 들, 특히 뇌를 고려할 때 단순화는 매우 편리한 방법이라 할 수 있다. 그러나 복잡한 생물학적 체계를 다룰 경우, 학생들이나 연구자들, 그리고 이들의 뇌가 어떻게 예닐곱 또는 그 이상의 개념을 동시에 추적하도록 할 것인가? 스트레스를 분자생물학적 관점에서 생각한다면 적절한 질문은 다음과 같다. "어떠한 유전자와 분자가 관여되어 있는가? 어떻게 이들의 동작이 통제되는가? 이들이 작용하는 대상은 무엇인가?" 심리학자라면 이렇게 물을지도 모르겠다. "스트레스는 행동과 정신 건강에 어떤 영향을 미치는가?" 공중 보건의 관점에서 보면 이런 질문이 나올 것이다. "스트레스는 질병과 어떠한 연관성이 있는가? 주요한 위험 요인은 무엇인가? 효과적인 개입 방법은 무엇인가?"

각 학문은 상당히 범위가 좁거나 제한된 몇 가지의 개념만을 다루고 있을지 모른다. 토머스 쿤Thomas Kuhn은 『과학 혁명의 구조*The Structure of Scientific Revolutions*』에서, 과학 공동체는 일련의 공유된 믿음 없이는 제 역할을 다할 수 없다고 했다. 학생들은 이러한 기본적인 교리를 학업의 바탕으로 활용한다. 쿤은 연구란 "자연을 전문 '교육'이 제공한 개념적 상자에 억지로 담으려는 매우 힘들고도 헌신적인 시도"라고 주장했다. 우리는 학자로서, 그리고 교육자로서, 이렇게 시대에 뒤떨어지고 부정확한 개념적 상자를 버려야 할 때가 왔다고 믿는다. 쿤의 주장과 일맥상통하는 관점에서 우리는 새로운 패러다임이 등장하기 위해서는 과거의 가정을 재구성하고 과거의 사실을 재평가하는 작업이 필요하다고 생각한다. 역사적으로 수많은 과학자들이 인간 본질의 차이점을 바라보았던 방식을 조롱한 도널드 헤브는 옳았다. 그러나 60년이 지난 지금까지도 사람들은 여전히 '본성 대 양육'이라는 개념적 상자를 포기하려 하지 않는다.

이러한 인위적 이분법의 양극단에서 스트레스를 연구하도록 교육받은 연구자로서, 우리는 학문 간, 그리고 학문의 경계를 넘어선 연구 프로그램 및 교육의 힘과 유용성을 인정하게 되었다. 이제 우리는 공유하는 연구 프로그램 전체에 걸쳐, 스트레스에 대한 개개인의 서로 다른 반응이라는 주제에 대해 가장 기계적이고 맥락 없는 세부적인 수준에서부터 다층적, 통합적 개념에 이르기까지 동시에 탐구할 수 있는 역량을 갖추게 되었다. 스트레스의 분자적 기반은 무엇인가? 어떻게 이러한 과정과 경로가 두뇌와 몸이라는 대규모 조직에 변화를 일으키는가? 어떻게 이러한 변화가 인지와 행동에 영향을 미치는가? 어떻게 이러한 변화가 질병으로 이어지며, 서로 다른 인구 집단에서 스트레스에 대한 반응을 형성하는 개인적, 사회적 힘은 무엇인가? 분자적(예를 들어 항우울제), 개인적(예를 들어 치료), 사회적(예를 들어 공공 정책) 측면에서 어떠한 개입이 가능할까? 우리가 몸담고 있는 연구 집단에서 교육을 받는 학생들은 기존에 가지고 있던 유전자 대 환경의 상호작용을 정량화한다는 개념을 금세 떨쳐버렸다. 그 결과 유전자와 환경이 어떻게 영속적으로 상호작용하며 표현형을 형성해나가는지에 대해 보다 자유롭게 마음껏 탐구할 수 있게 되었다.

정책에 미치는 영향

공중 보건 정책이라는 관점에서는 스트레스와 그 영향이 순수하게 정신적인 상태에 속한다는 잘못된 개념에 끊임없이 문제를 제기하고, 이러한 위험 요소들이 두뇌와 신체에 미치는 매우 실질적인 영향을 충분히 고려하는 것이 매우 중요하다. 대부분의 사람들이 흡연이나 비만과 같은 공중 보건 문제를 해결하기 위한 대대적인 노력에는 대체적으로 동의하고 익숙한 반면, 스트레스가 만성질환에 미치는 영향을 방지하려는 노력은 거의 전무하다시피 하다. 한 가지 예를 들어보자. 몇몇 연구에서 인종차별의 대상이 된 집단은 사망률이 높고 스트레스로 인해 악화되는 질병(심장병, 당뇨병, 우울증 등)에 걸릴 확률도 훨씬 높다는 사실이 드러난 바 있다.[2] 이러한 차이는 사회경제적 계층을 불문하고 나타나기 때문에 인종차별과 연관된 다른 사회경제적 위험 요소(예를 들어 빈곤)로는 설명할 수 없다. 소수 인종 중 높은 사회경제적 지위를 누리는 이들의 경우, 부와 재원을 갖추고 수준 높은 의료 서비스를 받을 수 있는데도, 여전히 같은 계층의 다수 인종보다 질병에 걸릴 확률이 높고 수명도 짧다. 이렇게 상대적으로 열악한 건강 상태는 인종차별에 대한 인식뿐만 아니라 실제로 인종차별을 당한 경험에서 오는 스트레스가 축적되어 나타난 결과라는 데 점점 더 많은 사람들이 뜻을 같이하고 있다. 차별로 인한 스트레스가 건강에 미치는 이러한 영향은, 마찬가지로 차별을 겪는 다른 집단, 즉 여성과 LGBT(여성 동성애자lesbian, 남성 동성애자gay, 양성애자bisexual, 성전환자transgendered)에게서도 똑같이 뚜렷하게 나타날 가능성이 크다. 이러한 종류의 스트레스 노출은 끊임없이 지속된다는 점도 주목할 만하다(예를 들어 소수집단이라는 '인식' 또는 보잘것없는 직업에 종사한다는 '기분'은 사라지지 않는다). 이러한 경우, 스트레스 체계의 만성적인 활성화가 건강에 미치는 영향은 다른 위험 요소(식사, 약물 및 알코올 사용 등)와 상호작용하거나 이들 위험 요소를 더욱 악화시킬 가능성이 크다. 뿐만 아니라 스트레스와 관련된 질병에는 후성유전적 요인이 있기 때문에 사회적 지위와 관련된 스트레스가 발생하는 집단에서는 질병의 위험이 특히 크게 나타날 수 있다. 후성유전적 지표와 사회환경적 조건은 둘 다 세대를 뛰어넘어 지속되기 때문이다.

어린 시절의 발달기는 일생 동안 지속될 스트레스 체계가 갖춰지는 데 가장 유동성이 큰(따라서 가장 위험성도 높은) 시기이기 때문에, 공중보건 측면에서 스트레스와 관련된 질병을 방지하기 위한 정책을 펼치기에는 가장 이상적인 기회라 할 수 있다. 이 시기의 장점 한 가지를 꼽자면, 발달의 유동성이 부정적인 자극뿐만 아니라 긍정적인 자극에도 잘 반응한다는 점이다. 따라서 어린 시절에 조금만 더 살갑게 보살펴주고 삶의 질을 약간만 풍요롭게 개선해주어도 평생의 건강에 긍정적인 영향을 미칠 수 있다. 이러한 접근 방식의 성공적인 사례 중 하나는, 할렘*의 100개 블록 지구 내에 있는 모든 아이들을 대상으로 한 할렘 아동 구역HCZ, Harlem Children's Zone이라는 야심찬 지역공동체 구축 프

* 미국 뉴욕 시 맨해튼 북부에 있는 지역. 소득이 낮은 흑인이 많이 산다.

로젝트다. 이 프로젝트의 주요 활동은 어린아이들에게 알맞은 보살핌을 제공하는 것이며, 모든 등록 아동의 부모를 대상으로 긍정적 강화positive reinforcement 및 보강enrichment에 대한 전략을 제공하는 강의를 펼치고 있다. 이러한 강의에서는 '아이에게 책을 읽어주는 데 매일 일정한 시간을 할애하기' 등을 가르친다. 이 '유아 대학' 프로그램을 졸업한 학생들은 교육적 기준에서 놀라운 성적 향상을 이루었을 뿐 아니라 (할렘 아동 구역 학교 두 곳의 3학년 학생 100퍼센트가 수학에서 평균 또는 그 이상의 성적을 기록했다), 아동 천식의 발생 빈도 저하 등 건강 증진이라는 측면에서도 엄청난 성과를 보여주었다.[3]

오바마 정부는 미국 전역에 걸친 20개 시범 도시에서 이와 유사한 '내일을 약속하는 공동체promise neighborhoods'를 설립하겠다고 다짐했다.[4] 다양한 학문 분야에서 수집한 데이터 역시 어린 시절 환경 개선에 집중적으로 힘쓰는 이러한 프로그램의 효과를 뒷받침하고 있다. 사회적 경험과 생물학적 취약성 사이의 상호작용을 조정하는 메커니즘을 더욱 상세하게 이해하고 파악한다면, 특히 그다지 유복하지 못한 환경에서 자라나는 아이들의 발달 과정에 더욱 효과적으로 조기 개입할 수 있게 될 것이다. 할렘 아동 구역과 같은 프로그램은 아동 발달에 영향을 미칠 뿐만 아니라 여러 대에 걸쳐 이어지는 역경과 불이익이라는 악순환의 고리를 끊을 수 있는 잠재력을 가지고 있다.

---

1. T. F. Oberlander 외, "Prenatal Exposure to Maternal Depression, Neonatal Methylation of Human Glucocorticoid Receptor Gene (NR3C1) and Infant Cortisol Stress Responses", *Epigenetics 3*, 2008, pp. 97-106.
2. D. R. Williams, "Race, Socioeconomic Status, and Health: The Added Effects of Racism and

Discrimination", *Annals of the New York Academy of Sciences 896*, 1999, pp. 173-188 참조.

3. 프로그램과 그 결과에 대한 자세한 설명과 요약은 www.hcz.org 참조.

4. www.promiseneighborhoodsinstitute.org 참조.

방대한 데이터가 사회와 우리 자신에 대해 무엇을 가르쳐줄 수 있는가?

존 클라인버그 Jon Kleinberg

존 클라인버그는 코넬 대학의 컴퓨터과학 교수다. 그는 네트워크와 정보의 접점에서 발생하는 문제들에 초점을 맞추어 연구를 진행하고 있으며, 특히 웹과 다른 온라인 미디어를 지탱하는 사회 및 정보 네트워크에 주안점을 두고 있다. 미국 국립과학재단 커리어 상NSF Career Award, 미국 해군연구소의 젊은 연구자 상ONR Young Investigator Award, 맥아더 재단 펠로십MacArthur Foundation Fellowship, 패커드 재단 펠로십Packard Foundation Fellowship, 슬론 재단 펠로십Sloan Foundation Fellowship으로 연구 업적을 인정받았으며, 구글, 야후!, 미국 국립과학재단의 연구 지원금을 받았다. 미 국립공학학술원National Academy of Engineering과 미국예술과학아카데미American Academy of Arts and Sciences 회원이다.

1993년, 코넬 대학을 졸업하기 몇 달 전에 나는 '지구에 생명은 존재하는가?Is There Life on Earth?'라는 칼 세이건Carl Sagan의 강의를 들었다. 그후 같은 해에 『네이처*Nature*』에서는 이 질문을 커버스토리로 다루면서 세이건이 강의 중에 설명했던 연구를 발표했다. 과학 탐구는 단 하나의 질문에서 시작되는 경우가 많지만, 표면적으로 이 질문은 그다지 대답하기 어려워 보이지 않았다.

세이건이 코넬에서 그 강의를 하게 된 계기는 1990년 12월 갈릴레오 우주선이 목성으로 향하는 도중 지구에 가깝게 접근한 사건이었다. 외태양계로 향하는 길에 지구를 스쳐간 갈릴레오는 측정 역량을 지구로 돌려 지구의 표면에서 배출되는 복잡한 데이터 배열을 생성해 냈다. 따라서 우리가 살고 있는 바로 이 행성이 향후에 진행될 분석에 대한 일종의 시범 사례가 된 셈이다. 강의에서 세이건 교수는 학생들에게, 자신이 이러한 관찰 결과를 연구하는 화성의 과학자라는 상상을 해보라고 요구했다. 이 데이터에 생명, 심지어 지능이 높은 생명체의 징후를 파악할 만한 충분한 정보가 들어 있었는가? 다른 말로 하자면, 이는 직접 경험 대신 복잡한 간접 관찰에 의존해야 하는 다양한 상황에서 자연스럽게 발생하는 일종의 사고실험思考實驗*이었다. 과연 우리의 화성인 동료들이 올바른 대답을 도출해낼 수 있을까?

15년 후, 나는 화성인 과학자들, 그리고 그들이 우리 지구인에 대해 무엇을 알아낼 수 있었을지에 대해 많은 생각을 해보게 되었다. 그런데 내가 상상하는 화성인들의 연구 대상은 물리적, 화학적 결과물이 아니라 디지털 결과물이다. 지난 15년간 월드와이드웹www이 폭발적으로 성장하면서, 전 세계 인구의 상당수가 메시지, 질문, 링크, 사진, 블로그 포스트, 리뷰, 추천, 트윗과 기타 텍스트, 이미지, 동영상 등을 웹에 올림으로써 집단적 표현체의 무한 팽창에 기여해왔다. 이중 대부분은 공개되어 있고, 그보다 더 많은 양이 기록되어 있으며, 그 전체는 역사상 유래를 찾아볼 수 없는 생각, 의견, 의사소통의 범세계적 보고라는 역할을 수행하고 있다.

데이터를 통해 인간의 지식과 행동을 거대한 규모에서 연구할 수 있는 새로운 기회를 얻을 수 있지만, 그런 연구를 하는 데에는 엄청난 어려움이 따르기도 한다. 과거의 연구자들과는 달리, 우리는 나와 있는 자료 전체를 그저 '읽어냄'으로써 결론을 도출해낼 수 없는 상황에 처했다. 주요 소셜 미디어 사이트에서 생성해내는 데이터의 양에 비하면 미국 국회도서관의 방대한 전체 문서 목록도 초라해 보일 정도다. 관찰자인 우리는 정보의 어느 특정한 부분만을 불러내 재생할 수 있지만, 정보를 전체적으로 완전히 이해하기 위해서는 정보를 이해할 수 있는 차원으로 정제하는 새로운 방법이 필요하다.

그래서 우리는 다시 화성인이 되어보는 것이다. 코넬 대학의 컴퓨

* 머릿속 생각으로 진행하는 실험.

터과학과 동료들과 함께 컴퓨터를 사용하여 인간 활동의 데이터 세트에서 유의미한 정보를 추출하는 방법을 연구하고 있을 때, 우리는 가끔 강력한 외계인 방문자들에 상응하는 알고리즘 개발을 생각해보기도 했다. 이들 외계인은 지구인의 세계나 언어, 우리가 소중히 여기는 것에 대해 전혀 모르는 상태에서 우리가 이해할 수 없는 규모로 데이터를 관찰하고, 기록하고, 분석할 수 있다. 외계인이 할 수 있는 것은 흘러가는 데이터에서 패턴을 파악하는 것뿐이다. 왜 www.nytimes.com이라는 페이지로 링크되는 정보가 그렇게 많으며, 왜 그중 상당수 사이트가 online.wsj.com과 www.washingtonpost.com이라는 페이지로도 링크되는 것일까? 왜 '2009년 6월 25일'에 'MJ'라는 정보가 폭발적으로 나타나는 것일까?* 왜 매년 '3월'마다 '농구'와 '광란'이라는 단어가 갑자기 동시에 등장하는 것일까?** 까다로운 부분은, 단순히 패턴을 파악하는 데에서 멈추지 않고 한 걸음 더 나아가는 일이다. 즉, 이러한 패턴을 생성하는 보다 높은 차원의 구조를 일부 추론하기 시작하여, 궁극적으로는 인간에게 익숙한 원칙뿐만 아니라 인간의 한정된 관찰 및 분석력을 비켜나간 원칙까지 발견해내는 것이다.

세부 사항으로부터 정보를 합성하기

1년 전에 우리는 플리커Flickr라는 온라인 사진 공유 사이트를 활용

* 'MJ'는 마이클 잭슨의 이니셜로, 그는 2009년 6월 25일에 사망했다.

** 미국에서는 매년 3월에 대학농구선수권 토너먼트가 진행되면서 전국이 뜨겁게 달아오르는데, 이를 '3월의 광란'이라 부른다.

하여 지구 위의 생명체에 대한 나름의 실험을 시도했다.[1] 전 세계에 퍼져 있는 인터넷 사용자가 플리커에 수십억 장의 사진을 업로드했다. 이 사이트는 사용자가 자신이 올린 사진에 짧은(일반적으로 한 단어) 설명을 붙이고 촬영 장소를 태그로 추가할 수 있도록 되어 있다. 우리는 스스로에게 이런 질문을 던졌다. 원原 데이터 자체에, 다른 정보원을 이용하지 않고도 세계 곳곳의 중요한 상징물을 식별할 수 있는 설명을 재구성하기에 충분한 정보가 들어 있을까?

우리는 다음과 같은 방식으로 실험을 진행했다. 지구 크기의 비어 있는 구형체를 상상하고, 플리커 사진에 태그로 달려 있는 촬영 장소의 위도와 경도에 해당하는 지점을 그 위에 점으로 표시한다. 이 점들은 일반적으로 드문드문 분포되어 있지만, 일부 위치, 즉 사진이 많이 촬영된 장소에는 높은 밀도로 점들이 겹쳐 쌓이게 된다. 이렇게 밀도가 높은 지역을 찾아내기 위해, 점들이 많이 찍힌 구체 영역에 반경 100킬로미터의 원반을 무작위로 놓고 계산을 하면서 점이 가장 많이 쌓여 있는 지점을 향해 원반을 움직여나간다. 이 원반들은 점이 유난히 많이 집중되어 있는 여러 개의 현지 '핫 스폿hot spot' 위에 놓이게 된다. 직경 200킬로미터의 원반이 놓인 이 각각의 지역에서, 이번에는 반경이 100미터에 불과한 작은 원반을 사용하여 똑같은 작업을 수행하는데, 점들이 특히 극도로 많이 집중된 지역 위에 놓일 때까지 원반을 움직인다. 이 원반이 놓인 곳은 오랜 시간에 걸쳐 직경 200미터 내에서 엄청난 수의 사람들이 거듭하여 사진을 찍은 장소에 해당한다. 그렇다면 우리 눈에 보이는 원반 영역은 보다 범위가 넓은 인구 밀집 지역 중에서도 주요 상징물에 해당할 것이다.

이 점을 염두에 둔 우리는 발견한 사실을 요약하기 위해 다시 한번 계산 방법을 활용하여 데이터 자체에서 자연스럽게 결과가 도출되도록 했다. 그러나 이 작업은 쉽지 않았다. 심지어 원반의 정중앙에서조차 다양한 언어로 적힌 '친구들' '파티' '방문' 등의 단순한 단어 태그가 사진마다 넘쳐나고 있었다. 이렇게 아우성치는 배경 소음 안에서 어떻게 해당 장소의 이름 자체가 눈에 띄도록 할 수 있을까? 원반이 정지한 각 지점에서 우리는 가장 빈번하게 나타나는 태그 대신 일반적인 사용 패턴에서 벗어난, 가장 눈에 띄는 태그를 찾았다. 즉, 다른 지역과 비교해볼 때 해당 원반 내에서 나타나는 빈도가 유독 높은 태그를 찾은 것이다. 이는 마치 동식물학자가 좁은 열대우림 지역에서, 타 지역의 일반적인 출현 빈도와 비교할 때 해당 지역에서 유독 많이 발견되는 종을 찾아내기 위해 할 법한 작업과 유사하다.

이 방법을 우리 데이터에 적용하면서 전체 실험은 진정으로 시험대에 놓이게 된다. 화성인들에게 플리커는 원자료의 출처 중 하나일 뿐이겠지만, 인간인 우리는 이 세상에 대한 지식과 그에 따른 직관력을 가지고 있기 때문에 어떤 결과를 기대해야 할지 알고 있다. 따라서 가장 중요한 의문은 다음과 같다. 우리는 과연 도시와 상징물의 이름을 발견할 수 있을까? 인간이 생각하는 장소의 '의미', 즉 각 도시와 상징물의 이름을 발견할 수 있을까? 아니면 이름이 데이터 안에 있는 잡다한 태그 더미에 묻혀버릴까? 분석 결과, 의미는 즉시 쏟아져나왔다. 데이터 중 가장 밀도가 높은 100킬로미터 반경의 원반을 찾아 각 원반에서 가장 눈에 띄는 태그를 선택하자 태그 목록은 다음과 같이 시작했다.

뉴욕 시, 런던, 샌프란시스코, 파리……

그중에서 '뉴욕 시'라는 첫번째 원반을 골라, 그 안에 들어 있는 가장 높은 밀도의 100미터 반경 원반들을 살펴보았다. 각 원반에서 가장 눈에 띄는 태그를 확인해보니 다음과 같았다.

엠파이어스테이트 빌딩, 타임스스퀘어, 록펠러, 그랜드센트럴역……

'런던'이라는 두번째 100킬로미터 반경 원반을 보다 자세히 살펴보고, 그 안에 있는 핫 스폿에서 가장 눈에 띄는 태그를 살펴보았더니 다음과 같은 결과를 얻었다.

트래펄가 광장, 테이트모던, 빅벤, 런던아이……

심지어 상대적으로 목록의 꽤 아래쪽에 위치한 원반에서도 이해할 수 있는 단어들이 나왔다. 예를 들어 22번 원반은 필라델피아라는 이름이었고, 여기에는 다음과 같은 작은 원반이 포함되어 있었다.

자유의 종, 미술관, 시청, 로건서클……

심지어 갈라파고스galapagos라는 이름이 붙은 800번 원반, 비알리스토크Bialystok*라는 이름이 붙은 1000번 원반, 그 이상까지도 이런 식으로 이어졌다.

---

* 폴란드 동부의 도시.

이 실험은 여러 가지 원칙을 보여준다. 우선 풍부한 직관적 의미, 즉 이 세계에 대한 인간의 이해에 상응하는 유명한 장소와 상징물의 이름이 모두 처음부터 데이터에 들어 있었다는 점이다. 도시와 상징물의 이름을 알아내기 위해 별다른 정보를 따로 찾아볼 필요는 없었다. 그저 통계와 계산이라는 올바른 렌즈를 사용하기만 하면 직접적으로 볼 수 있었던 것이다. 또한 이러한 정보는 보편적인 방법으로 생성되었기 때문에, '핫 스폿'이 어떤 의미를 가지리라 기대할 수 있는 모든 정보 단위에 응용할 수 있다. 지리적으로 분류한 사진의 이차원적 지도 대신 시간에 따라 정리한 뉴스 기사의 일차원적 흐름에 비슷한 방법을 적용하면 각 시점의 주요 뉴스 요약을 얻을 수 있다. 트위터와 같은 소셜 미디어 사이트의 시간에 따른 일차원적 콘텐츠에 이와 비슷한 방법을 적용하면 매분 업데이트되는 '인기 화제'의 목록을 얻을 수 있다.

뿐만 아니라 정보는 전적으로 상향 방식Bottom-up*을 통해 구체화되었다. 이 정보는 헤아릴 수 없이 많은 개별 트위터 또는 플리커 사용자의 자그맣고 사소한 결정을 모두 합친 것이며, 이렇게 방대한 데이터가 결국 인식 가능하며 간결한 도시 및 상징물의 목록으로 응축된 것이다. 바로 이 지점에서 화성인들의 관점은 우리 인간 역시 이해할 수 있는 관점으로 바뀐다. 수많은 외계인 침공 영화의 도입부에서 보았듯, 거대한 원반이 퍼져나가 세계 모든 주요 도시와 유명한 상징물 위를 떠다닌다. 결국 이는 여러분이 상상하는 것만큼 어렵지 않다는 점이 밝혀진 셈이다. 외계인들은 심지어 인간이 이러한 장소들을 무

* 개별 사실들에서 출발하여 점점 일반화해가는 방식.

엇이라 부르는지까지 알아낼 수 있으니 말이다.

소셜 월드social world로부터의 신호

궁극적으로 우리는 이러한 방법을, 단순히 유명한 장소의 이름처럼 우리가 이미 예상하고 있는 사실을 발견하는 용도뿐만 아니라 집단적인 인간 행동에서 나타나는 훨씬 미묘한 효과를 파악하는 데 사용하고자 한다. 이러한 과제에는 역설적인 모순이 내재한다. 무언가를 측정하는 능력이 향상되면서 인간은 화학 용액 속 분자, 배양 접시에 담긴 박테리아, 은하계의 별 등과 같이 엄청난 수효 속에서 일어나는 현상은 더 잘 파악하게 되었지만, 인간 집단 안에서 일어나는 일상적인 사회적 과정을 측정하고 분석하는 문제에 대해서는 상당한 어려움을 겪어왔다. 이는 당연한 일이다. 전통적으로 사회적 삶은 순식간에 일어나며 기록이 남지 않는 상호작용으로 구성되어왔다. 이를 연구하는 데에 우리는 보통, 발생 순간에도 딱히 주의를 끌지 않는 일상적인 일에 대한 사람들의 기억에 의존해왔다.

그러나 이제 상황이 변하고 있다. 온라인 상호작용의 중요한 특징은, 우리가 거대한 플리커 데이터 모음을 분석한 것과 같은 방식으로 분석할 수 있는 형식의 흔적을 기록으로 남긴다는 점이다. 사회적 상호작용의 방대한 디지털 흔적을 통해, 100년 또는 그 이상의 세월 동안 이론적인 조사 및 소규모 분석의 대상이 되어온 문제들을 탐구할 수 있게 되었다. 과학은 언제나 예전에는 눈에 보이지 않던 것을 보이게 하는 방향으로 나아간다는, 보다 일반적인 원칙을 증명하는 셈이다.

이러한 데이터 모음에 대한 최근의 연구에서 한 가지 초점이 되는 것은 사회적 영향에 대한 탐구다. 사회적 영향이란 시간이 흐름에 따라 개인의 믿음, 의견, 행동이 친구들의 믿음, 의견, 행동에 보다 가깝게 변해가는 경향을 말한다. 사회적 영향은 앞에서 설명했던 대규모 분석 방법을 활용하기에 이상적인 사례인데, 그 이유는 어디에나 존재하고, 측정하기 까다로운 사회적 삶의 측면이며, 디지털 데이터를 사용하여 사회적 상호작용의 네트워크 전체에 걸쳐 변하는 행동의 패턴을 추적함으로써 분석이 가능하기 때문이다. 디지털 기록을 사용하면, 온라인 그룹에 가입하겠다는 결정, 대규모 온라인 프로젝트 과제에 기여하겠다는 결정, 온라인 리뷰와 토론장에서 의견을 표현하겠다는 결정, 또는 소셜 미디어 사이트의 새로운 기능을 채택하겠다는 결정 등 개인의 결정이, 그에 대한 친구들의 결정 여부에 어느 정도 영향을 받는지 파악할 수 있다.

이러한 과정은 생물학적 전염과 비슷하게 사회적 네트워크를 통해 한 사람에게서 다른 사람으로 전파되기 때문에 '사회적 전염'이라고 부르는 경우가 많다. 그러나 사회적 전염과 생물학적 전염 사이에는 분명한 차이가 있다. 사회적 맥락에서 새로운 행동을 받아들이기 위해서는 의사 결정이 필요하다. 단순히 친구로부터 '옮는' 것이 아니라는 뜻이다. 사람들은 일반적으로 자신이 처한 사회적 맥락을 고려하여 어떻게 행동할지를 가늠하는 데에, 적어도 내부적으로는 복잡한 법칙을 사용한다. 우리가 데이터에서 추론해내고자 시도할 수 있는 것이 바로 이러한 법칙의 구조다.

인과관계와 예측 가능성

우리는 사회적 영향이라는 문제를 탐구하면서 특히 흥미를 끄는 두 가지 어려움에 부딪혔는데, 이는 바로 인과관계와 예측 가능성이다. 친구들은 일반적으로 이미 많은 측면에서 서로 비슷하다. 친구들이 처음에 서로 가까워지는 이유 자체가 바로 이러한 유사성 때문인 경우가 많다. 따라서 두 명의 친구가 보이는 공통된 행동은, 어느 한쪽이 눈에 띄는 영향을 미쳤다기보다는, 단순히 원래부터 두 사람이 가지고 있던 유사성이 드러난 결과일 수도 있다. 따라서 원인과 결과의 방향을 판단하기가 어려워진다. 두 사람이 친구가 되는 데 유사성이 어느 정도 영향을 미쳤는지, 그리고 두 사람이 친구라는 사실이 유사성에 얼마나 영향을 미쳤는지 어떻게 측정한단 말인가? 일단 이 양면성을 이해하고 나면 전염이라는 비유 자체가 그다지 적절하지 않게 느껴지기 시작한다. 코넬 대학 동료인 사회학자 마이클 메이시Michael Macy는 이 문제를 독감과 건초열*의 차이에 비유한다. 두 가지 모두 사람들 사이에서 증상이 퍼져나가는 비슷한 패턴이 관찰되지만, 독감은 진짜 전염에 의한 것인 반면 건초열은 단순히 유사한 근본 조건에 대한 공통적인 반응일 뿐이다.

온라인 데이터가 동시에 작용하는 두 가지 서로 다른 영향을 분리하는 데 도움을 줄 수 있는 영역 중 하나가 바로 이 인과관계에 대한 의문이다. 예를 들어 인스턴트 메시지 시스템에서 새로운 기능을 채택하는 것에 대한 최근의 연구는 개인 정보가 충분히 확보된 수백만

* 봄철에서 여름에 걸친 식물의 개화기에 나타나는 알레르기. 꽃가루가 점막을 자극하여 일어난다.

명의 사용자를 대상으로 진행되었다. 따라서 신중하게 사용자들 사이의 유사성을 정량화하고 조절할 수 있게 되었으며, 이에 따라 새로운 기능을 채택하는 것이 관찰되면, 그중 어느 정도가 이 기본적인 유사성을 초월하여 작용하는 영향력에 따른 결정인지 추정할 수 있게 된다.[2] 위키피디어를 대상으로 실시한 또다른 연구에서, 우리는 항목이 매번 편집되는 정확한 시간과 두 명의 편집자 사이에서 각 커뮤니케이션이 발생하는 정확한 시간을 분석했고, 이 상세한 정보를 사용하여 처음으로 사회적 상호작용을 하기 전에 두 편집자의 행동이 얼마나 유사했는지, 상호작용을 한 후에는 행동의 유사성이 얼마나 발생했는지를 조사했다.[3] 이러한 연구 결과는 일관되게 유사성과 영향력이 공존하는 복잡다단한 구조를 그려냈다. 처음에 우리가 영향이라 생각했던 영역의 상당 부분도 사실은 친구들 사이의 근본적인 유사성으로 설명할 수 있다는 사실이 밝혀졌으며, 영향력의 역할을 뒷받침하는 증거도 여전히 존재한다.

이렇게 새로운 차원의 연구를 통해, 결국 이러한 연구 결과를 예측의 목적으로 사용할 수 있게 될지도 모른다는 희망이 생겨났다. 즉, 사회적 영향 모델을 응용하여 어느 노래, 영화, 책이 인기를 끌지, 선거에서 어떤 후보가 폭넓은 지지를 얻을지, 심지어는 보다 장기적인 관점에서, 어떤 도시 지역이 플리커 데이터에서 발견된 것과 같은 대표적 상징물이 될지를 예측하는 것이다. 그러나 컬럼비아 대학의 맷 살가닉Matt Salganik, 피터 도즈Peter Dodds, 덩컨 와츠Duncan Watts는 최근 연구를 통해, 시간에 따른 사회적 영향의 결과는 적어도 부분적으로는 본래 예측 불가능한 것일 수도 있다고 주장하며 보다 신중한 입장을 취했다.[4] 이 학자들은 다음과 같은 흥미로운 사고실험을 고안해냈다.

만약 우리가 역사를 20년 전으로 되돌렸다가 다시 현재로 돌아온다면 지금과 같은 창작물이나 유명인이 다시 등장할 것인가? 예를 들어 해리 포터 시리즈가 다시금 수억 부나 팔려나갈 것인가, 아니면 새로운 초대형 베스트셀러가 나타날 것인가?

당연한 이야기겠지만, 실제로 이런 실험을 하는 것은 불가능하다. 그러나 온라인 영역에서는 이와 비슷한 시나리오를 만들어낼 수 있기 때문에 살가닉, 도즈, 와츠는 온라인에서 실험을 진행했다. 이들은 가수의 노래를 내려받을 수 있는 음악 다운로드 사이트를 만들었다. 모두 실제로 존재하기는 하지만 이 사이트를 방문하기 전에는 대부분의 사람들이 들어보지 못한 무명 음악 그룹의 곡들이었다. 사용자들은 노래를 듣고 마음에 드는 곡을 다운로드했고, 웹사이트의 눈에 잘 띄는 곳에는 계속 업데이트되는 '순위표'를 설치하여 가장 많이 다운로드되는 노래의 목록을 보여주었다. 예상한 대로 순위표 덕분에 사람들은 이미 가장 많은 인기를 얻고 있는 곡 쪽으로 몰렸고, '부익부' 현상이 일어났다. 그러나 여기에는 함정이 있었다. 학자들은 사실 여덟 개의 똑같은 사이트를 동시에 운영하고, 각 사용자는 무작위로 이 여덟 개의 '평행 우주' 중 하나에 할당된다는 사실이었다. 서로 다른 여덟 개의 사이트는 모두 완전히 똑같은 조건하에 운영되었고 사이트들 사이에 의도적으로 차이를 둔 것은 전혀 없었지만, 각 사이트는 독립적으로 진화할 수 있도록 되어 있었다. 그 결과, 초기에 서로 다른 웹사이트에서 각기 다른 곡이 상위권으로 뛰어올랐고, 초기에 유리한 고지를 점령한 곡들은 시간이 지나도 선두에 머무르는 경향을 보였다. 아홉번째 웹사이트는 대조군 역할을 하는 것으로, 이 사이트에는 순위표를 비롯하여 어떠한 형태의 사회적 피드백도 존재하지 않았기 때문에 이 아홉번째 사이트에서 각 노래의 성공 여부는 대부분 얼마나 많은 청취자들이 실제로 그 노래를 좋아하느냐에 따라 결정되었으리라 짐작할 수 있다. 이 대조 사이트와 비교해보았을 때, 다른 여덟 개의 사이트는 놀라울 정도로 다양한 모습을 보였다. 물론 9번 사이트에서 가장 높은 평가를 받은 곡들이 다른 여덟 개 사이트에서 최하위권에 머무는 경우는 없었고, 마찬가지로 9번 사이트에서 가장 좋지 않은 평가를 받은 곡은 다른 어디에서도 최상위에 오르지 않았지만 말이다. 여기서 암시하는 바는 분명하다. 상위에 오르는 곡에는 중요한 '우연적' 요소가 있는 것으로 보인다. 가장 먼저 곡을 들은 사람들의 취향에 맞았다는 등의 사소한 이유 때문에 특정한 곡이 초기에 선두로 나설 수는 있지만, 이유를 불문하고 일단 곡이 이렇게 선두권에 자리를 잡으면 사회적인 피드백을 통해 끝까지 선두권에 머무를 확률이 상당히 높다. 그리고 온라인에서 이렇게 거울처럼 똑같은 여러 개의 세계를 구성하여 진행한 실험을 통해 우리는 이와 비슷한 효과가 실제 세계에서도 일어나고 있을지 모른다는 가능성에 대해 보다 신중하게 고찰해볼 수 있다.

온라인과 오프라인의 융합

이렇게 되면 우리가 관찰한 효과 중 어느 정도가 온라인 상호작용의 디지털적 본질로 인한 결과인지, 그리고 어느 정도가 오프라인의 사회생활에도 적용되는지에 대한 의문이 솟아나는 것이 당연하다. 예를 들어 우리가 첫번째 사진 연구를 진행하기 위해 엄청난 양의 데이터를 수집했음에도 불구하고, 이 데이터는 플리커에 업로드된 사진에 한정되므로 사진을 찍는 전체 인구의 특정 일부분만 반영하게 된다. '샌프란시스코'가 세번째로 인구 밀도가 높은 지역으로 나타난 것도 아마 이러한 이유 때문일지 모른다.

온라인과 오프라인의 관계에 대한 이 의문에 확실한 대답은 없지만, 현재 연구의 대상이 되는 몇 가지 가능성 있는 대답은 있다. 그중 한 가지는, 온라인 상호작용이란 그 특징적인 과시성에도 불구하고 여전히 오프라인의 상호작용을 형성하는 여러 가지 사회적 힘에 의해 통제되고 있다는 주장이다. 예를 들어 페이스북을 대상으로 한 최근의 연구에서는, 비록 사용자들이 엄청나게 긴 '친구'의 목록을 만들고 보여주기는 하지만 정기적으로 교류하는 친구는 그에 비해 턱없이 적고, 오히려 정기적 교류는 오프라인에서 관찰되는 것에 더 가까운 패턴을 보여준다는 사실이 드러났다. 뿐만 아니라 인터넷은 지리적 위치에 전혀 구애되지 않음에도 불구하고, 페이스북을 통한 교류는 상대적으로 근거리에 있는 사람들 사이에서 일어나는 경향이 있다.[5] 그러나 그렇다고 해서 사회적 상호작용의 일상적인 리듬이 변하지 않고 그대로 남아 있다는 의미는 아니다. 그보다는 거시적인 관점에서 온라인과 오프라인이라는 두 가지 상호작용 형태가 꾸준히 융합되고 있다는 뜻이며, 이러한 경향은 어디까지가 기술이고 어디부터가 '보통의 삶'인지 구분하는 데 당연히 어려움을 겪을 수밖에 없는 새로운 세대가 등장하면서 더욱 심화되기만 할 것이다. 만약 내가 언젠가 버스에서 네 명의 십 대 친구들이 서로에게는 눈길도 주지 않은 채 각자 자그마한 쿼티QWERTY 자판으로 멀리 떨어져 있는 상대방과 맹렬히 문자메시지를 주고받는 모습을 보게 될 것이라 예언했다면, 과연 초기의 타자기 판매원이 어떤 생각을 했을지 상상해보자. 디지털 세상의 사회 활동이 물리적 세상의 사회 활동과 부딪치고 맞물려 사실상 그 둘이 더이상 분리되어 있지 않은 새로운 평형 상태로 나아가려는 것이다.

이것이 인간의 현대 정보 시스템이 채택한 방향이다. 이 시스템에 사회적 상호작용을 통해 서로 연결되어 있는 엄청난 수의 청중이 편입되면서, 시스템의 기본 설계 사항인 계산상의 효율성, 네트워크 대역폭, 처리 역량뿐만 아니라 배려, 참여, 유사성, 영향 등 집합적인 인간 행동에 본질적으로 내재하는 여러 가지 사항들도 영향을 미치게 되었다. 또한 시간이 흐르면서 이러한 시스템이 계속 디지털 흔적을 축적해나가게 되는데, 우리는 이를 단순히 집합적인 그림에 대한 기록으로 생각해서는 안 된다. 당황스러울 정도로 정확한 각 개인의 초상이 뚜렷하게 모습을 드러내게 되는 것이다. 그 결과 사생활보호에 대한 심각한 우려가 제기되며, 이는 다시 온라인상에서 사생활 정보를 보호하는 방법에 대한 활발한 연구로 이어진다.

그러나 이어지는 결과는 이뿐만이 아니다. 미래를 내다보면서 제시하는 마지막 고찰점은 바로 당신의 행동에 대해 너무나 자세한 통계적 정보를 취합한 나머지 결과적으로 당신보다 당신에 대해 더 잘 아는 소프트웨어가 등장할 가능성이 있다는 점이다. 당신이 보내는 모든 메시지, 구매하는 모든 것, 듣는 모든 노래에서 정보를 얻을 수 있는 강력한 디지털 비서를 거느리게 된다면 여러 가지 측면에서 유용할 것이다. 개인의 입맛에 맞게 정보를 체계화하고 적절한 권고를 해주는 비서를 생각해보자. 하지만 비록 이러한 조언이 당신만을 위해 마련된 것이라 해도, 과연 당신은 항상 이들의 조언에 귀를 기울일 것인가?

나는 상당 부분 우연히 일을 통해 주기적으로 이러한 의문에 부딪히게 되는데, 그때마다 내가 예상한 것보다 더욱 큰 충격을 받는다. 몇 년 전 나는 10년 치 이메일이 보관되어 있는 내 개인 메일함을 훑어보며 훗날 플리커 연구의 일부가 된 몇 가지 아이디어를 테스트하고 있었다. 당시 나는 갑자기 집중적으로 자주 등장했다가 다시 사라져간 단어들, 즉 내 인생에서 등장했던 일종의 '인기 주제'를 찾아냄으로써 이메일 모음의 연대표를 만들고 있었다. 놀랍게도(이런 결과가 나올 줄은 정말 몰랐다), 연대표의 첫 부분에 자주 등장하는 초기 인기 단어 목록에는 내가 한때 자주 메일을 주고받다가 그후로 연락이 끊어진 사람들의 이름이 올라 있었다. 이들은 내가 계속 연락을 유지하려 마음먹었던 사람들이고 실제로도 아직까지 연락하는 사이라고 생각하고 있었지만, 타임라인이 적나라하게 보여주는 결과에 이의를 제기하기는 어려웠다. 이는 너무나 서서히 일어난 탓에 나조차도 미처 눈치채지 못한 내 삶의 변화에 대한 통찰이었으며, 이렇게 적나라하게 드러난 사실에 나는 적지 않은 충격을 받았다. 이런 지적을 받고 기분이 좋아질 사람은 없을 것이다. 더군다나 아무런 감정이 없는 외계인이 순전히 데이터만을 바탕으로 작업한 몇백 줄의 컴퓨터 코드를 통해 이런 결과를 도출해내리라고는 상상조차 하기 어렵다.

때로는 화성에서 바라보는 광경이 고통스러울 수도 있는 법이다.

---

1. D. Crandall 외, "Mapping the World's Photos", *Proceedings of the 18th International World Wide Web Conference*, 2009.
2. S. Aral, L. Muchnik, A. Sundararajan, "Distinguishing Influence-Based Contagion from Homophily-

Driven Diffusion in Dynamic Networks", *Proceedings of the National Academy of Sciences 106*, 2009, pp. 21544-21549.

3. D. Crandall 외, "Feedback Effects Between Similarity and Social Influence in On-line Communities", *Proceedings of the 14th ACM SIGKDD International Conference on Knowledge Discovery and Data Mining*, 2008.
4. M. Salganik, P. Dodds, D. Watts, "Experimental Study of Inequality and Unpredictability in an Artificial Cultural Market", *Science 311*, 2006, pp. 854-856.
5. L. Backstrom, E. Sun, C. Marlow, "Find Me If You Can: Improving Geographical Prediction with Social and Spatial Proximity", *Proceedings of the 19th International World Wide Web Conference*, 2010. 또한 D. Liben-Nowell 외, "Geographic Routing in Social Networks", *Proceedings of the National Academy of Sciences 102*, 2005, pp. 11623-11629; J. Kleinberg, "Complex Networks and Decentralized Search Algorithms", *Proceedings of the International Congress of Mathematicians*, 2006 참조.

매력의 보편성

코렌 아피셀라 Coren Apicella

코렌 아피셀라는 2001년 리버풀 대학에서 진화심리학 석사 학위를 받았고, 2009년 하버드 대학에서 생물인류학으로 박사 학위를 받았다. 현재 하버드 의과대학원 보건의료정책학과에서 박사 후 과정 연구원으로 재직하고 있다. 진화심리학, 행동경제학, 행동유전학 분야에서 다양한 연구를 발표했으며, 그의 연구는 CNN, 나이트라인Nightline, BBC, 뉴욕타임스를 비롯한 세계 여러 언론에서 다루어진 바 있다.

매력은 우리의 삶에 아주 강력하고 포괄적인 영향력을 미치기 때문에 학자들은 오랫동안 사람을 매력적으로 만드는 것은 무엇이고, 그 이유는 무엇인지에 대해 생각해왔다. 다른 사람에게 영향을 미치고, 영감을 주고, 타인을 흥분시키는 아름다움의 능력은 널리 믿어져 왔으며, 이는 인간 조건의 일부라 할 수 있다. 아름다움이 미치는 영향의 심오한 본질은 아마도 그리스신화에 최초로 기록되었을 것이다. 훗날 크리스토퍼 말로Christopher Marlowe가 트로이전쟁을 일으킨 제우스의 아름다운 딸 스파르타의 헬레네를 두고 '천 대의 배를 출격시킨 얼굴'이라고 칭송한 것은 유명하다. 아름다움을 추구하는 행동은 어디에나 존재한다. 아프리카 부족이 얼굴에 내는 상처, 고대 이탈리아와 스페인에서 동공 팽창을 위해 사용했던 독성이 있는 식물 벨라도나belladonna, 현재 서구에서 실시되고 있는 광범위한 종류의 미용 시술 등을 생각해보자. 많은 사람이 자신의 외모를 향상시키기 위해 엄청난 수고를 마다하지 않을 것이 분명하다.

최근에 과학은 "아름다움은 보는 사람의 눈에 달려 있다Beauty is in the eye of the beholder"는 오랜 격언에 의문을 제기했다. 어떤 사람이 매력적으로 보이는 것은 단순히 개인의 취향이나 문화적 특징의 문제라기보다는 진화된 선호도, 즉 선사시대를 살았던 조상으로부터 전해내려오는 선호도를 반영한 결과일지도 모른다는 주장이다. 수렵 채집인과 같이 외부로부터 고립되고 진화적으로 의미가 깊은 집단은 매력의 기원 근간에 자리잡고 있는 중요한 의문에 대한 열쇠를 쥐고 있을지도 모른다.

이러한 진화적 설명은, 건강이나 생식력과 같이 우월한 신체적 자질을 나타내는 특징을 갖춘 짝을 선호하는 개체가 별다른 선호도가 없는 개체보다 생식적 측면에서 더욱 큰 성공을 거둔다는 가정에 기반하고 있다. 진화생물학자들은 이러한 생식적 성공을 적합성이라고 부른다. 실제로 짝을 선택하는 문제를 해결하기 위해 적응을 하는 과정에서 아름다움에 대한 선호도가 생겨났는지 여부는 아직 해결되지 않은 실증적 의문이다. 이 이론을 시험해보는 방법 중 하나는 특정한 특징에 대한 선호도가 보편적인지, 그리고 진화적으로 중요한 의미가 있는지를 탐구하는 것이다.

매력에 대한 선호도의 본질적인 근원을 이해하기 위해 나는 탄자니아의 에야시 호수Lake Eyasi 근처에 있는 아프리카 초원으로 향했다. 에야시는 동아프리카 지구대Great Rift Valley*에 있는 건호乾湖로, 라에톨리Laetoli의 바로 남쪽에 위치하고 있다. 라에톨리는 1976년 마크 리키Mark Leakey가 화산재에 보존되어 있던 360만 년 전 인류 조상의 발자국을 발견한 고고학 유적지다. 이러한 과거 인류의 편린 사이에서 살고 있는 것이 하드자Hadza 부족으로, 이들은 아프리카에 남아 있는 마지막

* 아시아 남서부에서 아프리카 동남부까지 이어지는 세계 최대의 지구대.

수렵 채집 집단 중 하나다. 그렇기 때문에 하드자 부족은 우리의 인간성과 관련된 중요한 의문에 대한 열쇠를 쥐고 있을지도 모른다.

수렵 채집인에 대한 연구는 단순히 이들이 현대 생활과 가장 극단적으로 동떨어진 삶을 살고 있기 때문만이 아니라, 그들 삶의 방식 자체가 진화적으로 큰 의미를 가지고 있기 때문에 흥미롭다. 인류라는 종은 지구에서 살아온 대부분의 기간 동안 수렵 채집인이었다. 호모 사피엔스가 이 땅 위에서 살아온 20만 년의 세월 동안 농업을 기반으로 하여 산 기간은 고작 5퍼센트에 지나지 않는다. 기원후 1500년 무렵까지도 인류 거주 지역의 3분의 1에는 수렵 채집인들이 살고 있었다. 최적의 짝을 선택하는 것은 현대에 국한된 문제가 아니며, 인간만의 고유한 문제도 아니다. 동물들도 짝을 선택할 때 매력을 기반으로 차별을 한다. 따라서 인류의 수렵 채집 조상 역시 짝을 선택하는 데 선호도를 보였으리라 가정할 이유는 충분하다. 하드자 부족은 인류가 역사상 대부분의 기간 동안 살아온 환경과 비슷한 조건하에서 살고 있으며 인류의 조상들을 괴롭혔던 것과 같은 문제에 상당수 직면해 있을 가능성이 크므로, 우리 조상이 어떠한 특징을 매력적이라고 생각했으며 그 이유는 무엇인지에 대한 단서를 제공해줄 수 있을지 모른다.

하드자 부족은 이 외에도 몇 가지 다른 이유 때문에 매력을 연구하기에 이상적인 집단이다. 우선 이들은 서구의 언론과 이상형으로부터 상대적으로 고립되어 있다. 매력에 대한 연구는 대부분 서구 대학생들을 연구 대상으로 삼는다는 이유로 비판을 받아왔는데, 이렇게 연구 대상이 편중되면 인간의 아름다움에 대한 선호도에서 문화적으로 형성된 요소를 배제하기가 어렵기 때문이다. 매력에 대한 선호도가 생식의 성공률을 높이기 위한 적응의 결과라면, 어떤 특징을 매력적이라고 간주하느냐에 대한 일종의 보편적인 공감대가 형성되어 있을 것이다. 하드자 부족은 이러한 보편성을 확인하기에 가장 적합한 수렵 채집 집단 중 하나다. 최근 몇 년간 하드자 부족을 방문하는 문화 여행객이 늘어나 다소 서구 문명에 노출되기는 했지만, 100년 전에 기록된 민족지학적 설명을 보고 추론할 수 있듯이 하드자 부족의 문화와 전통은 상당히 굳건하게 보전되어왔다.

매력에 대한 선호도가 진화에 따른 적응의 결과인지 여부를 연구하기 위해서는 매력적이라고 간주되는 특징이 실제로 건강 및 번식 성공과 연관되어 있는지를 파악하는 것이 중요하다. 현대사회에서는 의학 및 성형 기술 발달과 피임의 보편화 때문에 이를 가늠하기가 쉽지 않다. 하드자 부족은 피임을 하지 않으며, 의료 서비스에 대한 접근 역시 매우 제한되어 있다. 뿐만 아니라 하드자 부족은 대표적으로 말라리아나 장내기생충 등과 같이 서구인이 좀처럼 접하지 않는 수많은 환경적 스트레스 요인을 감내하고 있다. 하드자 부족 사람들은 풀로 만든 오두막 바닥이나 땅바닥에서 잔다. 수렵과 채집을 하며 자급자족하는 생활 방식은 많은 에너지와 집중적인 노력을 필요로 한다. 유아 사망률은 극도로 높은 수준이고 전반적인 기대수명은 33세다. 이러한 모든 요소 덕분에 매력과 건강 및 생식 사이의 관계를 탐구하기에 이상적인 시험 환경이 조성된다.

서구 사람들과 마찬가지로 하드자 부족 사람들은 짝을 선택할 때 신체적 매력을 중시한다. 나에게 하드자 부족을 처음 소개해준 플로리다 주립대학의 인류학자 프랭크 말로Frank Marlowe는 하드자 부족의 남성과 여성에게 배우자를 선택할 때 가장 중요하게 생각하는 특징을 나열해달라고 부탁했다. 매력적인 외모는 배우자를 선택할 때 매우 중요한 기준이었으며, 이보다 더 중시되는 요소는 좋은 성격과 수렵 능력뿐이었다. 그러나 나는 하드자 부족이 생각하는 매력과 서구인들이 생각하는 매력이 과연 같은 것인지 궁금했다. 따라서 서구 사회에서 매력적으로 생각하는 얼굴, 신체, 음성적 특징에 연구의 초점을 맞추기로 했다.

아름다움을 구성하는 단 하나의 특징이란 없다. 그보다는 몇 가지 요소가 서로 어우러져 미적으로 아름다운 얼굴, 몸, 또는 목소리를 만들어내는 것이다. 얼굴의 매력에 영향을 미치는 특징으로는 대칭, 평균성, 성적 이형성*, 청결, 젊음 등이 있다. 신체의 매력과 관련된 요소에는 체질량 지수body mass index, 여성의 경우 허리-엉덩이 비율WHR, 남성의 경우 허리-어깨 비율WSR, 건장한 근육 등이 있다. 목소리의 매력은 억양, 최대 주파수, 기본 주파수(음높이) 등에 따라 결정될 수 있다. 여기서 나는 서구 문화에서 매력적이라고 받아들이는 얼굴, 신체, 목소리의 특성 유형 중 각각 한 가지 요소를 중심으로 살펴보고자 한다. 즉, 얼굴의 '평균성', 여성의 허리-엉덩이 비율, 음성의 높이를 집중적으로 살펴볼 것이다.

평균성

평균적인 얼굴, 즉 많은 사람들에게서 공통적으로 발견되는 특징을

* 수컷과 암컷의 차이.

골고루 갖춘 얼굴은 일반적으로 매력적이라는 평가를 받는다. 인류학 및 심리학적인 연구를 통해 여러 얼굴을 겹쳐 만든 합성 이미지는 대부분 실제 사람의 얼굴보다 더 매력적으로 인식된다는 점이 증명되기도 했다. 개개인의 얼굴 형태를 해당 성별의 평균 형태에 약간 더 가깝게 수정하면 보다 매력적인 얼굴로 보인다. 학자들은 자연선택 과정에서 특성을 평균으로부터 크게 멀어지게 하는 해로운 돌연변이는 도태될 것이기 때문에 평균성에 대한 선호도는 번식 성공 가능성과 연관되어 있다는 주장을 내세웠다. 즉 많은 사람들이 공통적으로 가진 특징은 실제로 그만한 장점이 있기 때문에 공통적으로 관찰된다는 것이다.

나는 하드자 부족 역시 평균적인 얼굴을 선호하는지에 대해 조사하기로 했다. 만약 그렇다면 이는 평균성에 대한 선호가 생물학적인 이유에 기반을 두고 있으며, 건강하고 다산할 수 있는 배우자를 선택하기 위한 적응의 결과일지도 모른다는 강력한 증거가 된다. 평균성에 대한 선호도를 시험하기 위해 공동 연구자 토니 리틀Tony Little과 나는 컴퓨터를 사용하여 각 성별별로 보다 평균에 가까운 얼굴과 평균에서 벗어난 얼굴로 구성된 쌍을 만들었다. 우리는 이렇게 대조되는 샘플을 두 쌍씩 만들었는데, 하나는 백인의 얼굴 모음을 바탕으로, 하나는 하드자 부족의 얼굴 모음을 바탕으로 했다. 그런 다음 실험에 참가한 하드자 사람들과 유럽인들에게 각 쌍에서 가장 매력적이라고 생각하는 이성의 얼굴을 선택하도록 했다. 서구 사람들은 백인 및 하드자 부족의 얼굴 두 경우 모두 보다 평균적인 얼굴을 선호한 반면, 하드자 사람들은 그들 부족의 얼굴에서는 평균적인 얼굴을 더 매력적이라고 꼽았지만 백인의 얼굴을 선택할 때는 평균성에 그다지 개의하지 않았다.

하드자 사람들이 그들 부족의 얼굴에서는 평균성을 선호하면서 서구인들의 얼굴에 대해서는 그러지 않았다는 사실은 그다지 놀랍지 않다. 두 집단의 서로 다른 시각적 체험에 따라 이런 선호도의 차이가 나타난다고 생각할 수 있다. 하드자 부족은 학자들이나 가끔 찾아오는 관광객들 외에는 백인의 얼굴을 접할 기회가 거의 없었다. 따라서 평균적인 백인의 얼굴이 어떻게 생겼는지에 대한 전반적인 심적 인상mental representation이 형성될 만큼 충분한 시각적 경험이 없는 것이다. 그러나 서구인들의 경우에는 백인 및 아프리카인의 얼굴에 대해 충분한 시각적 경험을 가지고 있다. 이 연구는 평균성에 대한 선호가 생물학적 요인에 근거를 두고 있다는 점을 강력히 시사하는 동시에, 한편으로는 경험의 중요성 역시 보여준다. 무엇이 평균인가, 또한 그에 따라 이성에게서 어떠한 점을 매력적이라고 느끼는가에 대한 우리의 심적 인상에 영향을 미치는 것은 바로 경험이다. 하드자 부족을 대상으로 한 앞으로의 연구에서는 백인에 대한 노출이 늘어날 경우, 보다 평균적인 백인의 얼굴을 선호하는 현상이 나타나는지를 탐구할 계획이다.

여성의 몸매

보편성이란 선호도에 어떤 규칙적인 패턴이 존재하며, 이러한 패턴은 문화를 막론하고 공통적으로 나타난다는 뜻이다. 그러나 그렇다고 해서 보편성이 지역적인 조건에 관계없이 획일적인 선호도로 나타난다는 의미는 아니다. 오히려 그와 반대로, 여러 가지 선호도가 문화에 따라 다양하게 나타난다는 사실은 어느 정도의 가변성이 존재한다는 점을 시사해준다. 지역 환경에 대한 조건적 선택에 따라 선호도가 형성될 수 있으며, 특수한 환경적 요인에 따라 특정한 특징에 부과되는 매력의 가치가 달라질 수도 있다. 예를 들어 뚱뚱한 체격에 대한 선호도는 사회 내 자원에 대한 접근성이라는 환경적 요인에 따라 크게 달라진다.[1]

이전에 하드자 부족을 대상으로 실시한 연구에서 하드자 부족 남성들은 허리-엉덩이 비율이 높은 여성을 선호한다는 사실이 드러났다. 이 결과는 서구 남성들이 허리-엉덩이 비율이 낮은 여성을 선호한다는 무수한 연구 결과와 대조되는 것이다. 하드자 부족에게서 이러한 선호도가 나타나는 것은 높은 허리-엉덩이 비율이 더 많은 지방 축적과 연관되어 있기 때문인지도 모른다. 가끔 식량 부족 문제를 겪는 하드자 사람들은 지방 축적을 매우 귀중한 신체적 특징으로 여길 가능성이 크다. 하지만 복부 지방은 여러 가지 대사 질환 및 생식기 암과 연관되어 있기 때문에 복부 지방이 많은 사람은 일반적으로 건강하지 않다고 여긴다. 나와 마찬가지로 하버드 연구실에서 공부한 생물인류학자 그라즈니아 야시엔스카Graznya Jasienska는 폴란드 여성의 경우 허리-엉덩이 비율이 낮을수록 안드로겐* 대비 에스트로겐** 비율이 높음을 시사하며, 이는 나아가 높은 생식력으로 이어질 가능성도 있다는 사실을 발견했다.

건강과 허리-엉덩이 비율 사이의 관계를 보여주는 연구에서는 여성의 허리 둘레를 엉덩이 둘레로 나누어 허리-엉덩이 비율을 구하는

* 남성호르몬.
** 여성호르몬.

데, 여기서 엉덩이 둘레는 엉덩이가 가장 뒤로 돌출된 부분, 즉 제일 둘레가 넓은 부분을 측정한다. 그러나 선호도에 대한 연구에서는 여성을 정면에서 바라본 이차원적 이미지를 사용하기 때문에 엉덩이 돌출 부분의 영향을 무시한다. 만약 여러 대륙에 걸쳐 여성의 엉덩이 옆부분과 뒤쪽 돌출부가 실제 허리-엉덩이 비율에 미치는 상대적인 영향이 그다지 다르지 않다면 정면 이미지만으로도 충분하겠지만, 어떤 여성들은 엉덩이 옆 부분이 더 펑퍼짐한 반면 어떤 여성들은 엉덩이 뒷부분이 더 튀어나왔다면 정면 이미지만으로는 충분하지 않을 것이다. 또한 정면 사진만으로 여성의 허리-엉덩이 비율과 관련된 남성의 선호도를 모두 설명할 수 있는 것도 아니다. 따라서 프랭크 말로와 나는 측면 이미지를 사용하여 허리-엉덩이 비율에 대한 선호도를 연구하기로 했다. 우리는 다양한 허리-엉덩이 비율을 보이는 여성들의 옆모습을 하드자 남성들과 미국 남성들에게 보여주었다. 그 결과 하드자 남성들은 측면 사진에서 낮은 허리-엉덩이 비율을 선호했다. 측면 이미지에서 허리-엉덩이 비율이 낮다는 것은 엉덩이가 뒤로 많이 돌출되었다는 의미다. 하드자 남성들이 정면 사진에서는 높은 허리-엉덩이 비율을 선호했지만 측면 사진에서는 낮은 허리-엉덩이 비율을 선호했다는 점, 그리고 이 두 가지 모두 여성의 실제 허리-엉덩이 비율에 영향을 미친다는 점을 고려하면, 우리의 실험 결과는 여성의 실제 허리-엉덩이 비율에 대한 미국 남성들과 하드자 남성들의 선호도 차이가 정면 사진만을 사용한 이전의 연구에서 드러났던 차이만큼 크지는 않음을 암시한다. 그러나 하드자 남성들이 미국 남성들보다 허리가 두껍고 엉덩이 뒷부분이 돌출된 여성들을 선호한다는 점은 변하지 않는다. 이는 아마도 하드자 부족이 지방 축적을 중요하게 생각한다는 사실의 방증일 것이다.

음성의 높이

목소리의 매력은 신체적 매력과 마찬가지로 배우자의 자질을 나타내는 하나의 특징이 될 수 있다. 성별 이형적 특성(즉 남성과 여성에서 서로 다르게 나타나는 특성)인 목소리 높이는 목소리의 기본적인 주파수에 대한 지각적 상관관계다. 서구에서 실시된 대부분의 연구에서는 여성이 낮은 목소리를 가진 남성을 매력적으로 생각한다는 결과가 나왔다. 낮은 목소리는 그 목소리의 주인공이 지배적이고, 나이가 많고, 좀더 건강하고, 보다 남성적이라는 인상을 준다. 이와 마찬가지로 남성은 높은 목소리를 가진 여성이 더 매력적이라 생각하고, 높은 목소리의 주인공은 보다 여성스럽고, 건강하고, 젊다고 인식한다.

남성의 목소리 높이는 테스토스테론과의 연관성 때문에(테스토스테론이 많이 분비될수록 목소리가 낮아진다) 유전적 자질의 지표일 수도 있다. 테스토스테론은 면역을 억제하는 역할을 하기 때문에 낮은 음성을 내기 위해서는 상당한 대가를 치러야 하는 것으로 생각된다. 낮은 음성을 내기 위해서는 테스토스테론의 해로운 영향을 견뎌낼 만큼 충분한 유전적 자질을 갖추고 있어야 한다는 의미다. 여성의 경우 목소리의 높이는 생식 능력, 즉 낮은 에스트로겐 대비 안드로겐 비율을 나타내는 것일지도 모른다. 학자들은 여성이 배란기에 가까워지면 목소리가 높아진다는 사실을 발견하기도 했다.[2]

목소리의 매력에 대한 전문가로서 맥마스터 대학McMaster University에 몸담고 있는 데이비드 파인버그David Feinberg의 도움을 받아, 나는 하드자 부족의 목소리 높이에 대한 선호도를 시험했다. 특히 목소리의 높이가 남성의 수렵 능력과 여성의 채집 능력에 대한 개인의 추정에 영향을 미치는지 여부에 관심이 많았다. 나는 하드자 부족 사람들에게 높이를 조절한 남녀의 목소리를 들려주었다. 실험 참가자들은 남성과 여성의 목소리가 낮은 경우 각각 수렵과 채집 능력이 뛰어날 것이라고 인식했다. 수렵과 채집은 모두 격렬하고 노동 집약적인 활동이므로 상당한 힘과 강건한 근육이 필요하다. 따라서 보다 뛰어난 수렵 및 채집 능력과 목소리의 높이를 지각적으로 연관짓는다는 사실은 테스토스테론이 목소리의 높이와 근육의 힘 모두에 미치는 영향을 반영하는 것인지도 모른다(근육의 힘 역시 높은 테스토스테론 수치와 관련이 있다).

우리는 또한 하드자 부족 사람들이 결혼 상대자를 선택할 때 목소리 높이에서 어떤 선호도를 보이는지도 시험했다. 하드자 남성들은 여성의 채집 능력을 중시하기는 하지만, 동시에 젊음과 생식 잠재력에도 상당한 중요성을 두었다. 이러한 선호도에 따라 하드자 남성은 일반적으로 목소리가 높은 여성을 배우자로 골랐다. 가장 채집 능력이 뛰어난 여성과 결혼하는 것보다는 가장 생식 잠재력이 뛰어난 여성과 결혼하는 것이 남성의 생식 성공 확률을 더욱 높일 수 있기 때문이다.

우리 실험에 참가한 하드자 여성들은 목소리가 낮은 남성들이 더욱 뛰어난 수렵 능력을 가지고 있다고 인식했지만, 결혼 상대자를 선택할 때는 목소리 높이라는 관점에서 특별한 선호도를 보이지 않았다. 실험 대상의 대략 반 정도가 모유 수유를 하는 여성으로 구성되어 있었기 때문에, 우리는 이렇게 목소리 높이에 대한 특별한 선호도가 나타나지 않는 이유가 여성 자신의 생식 상태에 따라 남성에 대한 선호도가 달라지기 때문인지를 시험해보았다. 그 결과 수유를 하고 있는 여성들은 목소리가 높은 남성을 결혼 상대자로 선호하는 반면, 수유를 하지 않는 여성들은 목소리가 낮은 남성을 결혼 상대자로 선호한다는 사실을 발견했다. 이러한 결과는, 여성은 테스토스테론 수치는 높지만(따라서 좋은 유전자를 가지고 있지만) 안정된 관계나 후손에 투자할 가능성이 적은 남성과, 테스토스테론 수치는 낮지만 충실한 남편과 아버지가 될 가능성이 높은 남성 사이에서 저울질을 하며 남성성에 대한 선호도에서 전략적인 변화를 보인다고 주장하는 수많은 연구 결과와 잘 맞아떨어진다.

여러 차례의 연구를 통해 일반적으로 여성은 목소리가 낮은 남성을 선호하고, 남성은 목소리가 높은 여성을 선호한다는 결과가 나왔다. 이는 아마도 목소리의 높낮이가 배우자로서의 뛰어난 자질을 나타내는 신호이기 때문일 것이다. 그러나 이러한 진화적 설명이 유효한지는 목소리의 높낮이라는 특징과 다산성 사이에 실제로 상관관계가 있는지 여부에 달려 있다. 우리는 목소리가 높은 하드자 여성과 목소리가 낮은 하드자 남성이 과연 더 많은 아이를 낳았는지를 조사해보기로 했다. 이를 위해 나는 하드자 거주지를 방문할 때마다 모든 성인 남성과 여성이 스와힐리어로 "후잠보Hujambo"("안녕" 정도로 번역할 수 있다)라고 말하는 소리를 녹음했다. 또한 이들이 각각 몇 명이나 아이를 낳았는지도 기록했다.

이 기록을 분석한 결과 여성의 경우 음성의 높이는 다산성과 관련이 없었지만, 남성의 경우에는 목소리가 낮은 남성이 아이를 더 많이 낳은 것으로 드러났다. 하드자 남성들은 어린 나이부터 아이를 낳거나, 여러 명의 배우자를 맞거나, 여러 차례에 걸쳐 보다 젊은 배우자와 일부일처 관계를 맺을 때 생식 성공률을 높일 수 있다. 비록 여성의 높은 목소리가 생식 잠재력을 나타낼 수 있을지는 몰라도, 목소리의 높이가 생식 능력과 직접적인 연관이 있다는 증거는 나오지 않았다. 실험 대상이 된 하드자 여성들 사이에서는 하드자 남성들만큼 생식적 결과에서 큰 편차가 나타나지 않았기 때문에 뚜렷한 연관성이 드러나지 않았다는 결과는 그리 놀랍지 않다. 하드자 여성들의 경우 목소리의 높이와 생식 능력 사이에 실제로 상관관계가 있다 하더라도, 그 연관성은 상당히 미묘하여 실험 대상의 규모가 작은 경우에는 쉽게 눈에 띄지 않을 수도 있다.

결론

여기서 설명한 연구는 진화적인 측면에서 매력에 대한 인간의 선호도를 이해하려는 광범위한 연구의 일부에 해당한다. 오랫동안 신체적인 매력에 대한 대부분의 저술에서는 암묵적으로 미의 기준은 임의적이며 문화에 따라 결정된다는 가정을 해왔다. 그러나 최근에는 학자들이 진화론을 사용하여 매력에 대한 선호도가 여러 문화권에 걸쳐 놀라울 정도로 일관성을 보여준다는 주장을 내놓으면서 이러한 견해에 의문이 제기되고 있다.

진화론은 매력에 대한 선호도를 연구하는 데 든든한 기반을 마련해준다. 이러한 기반을 바탕으로 볼 때, 건강상의 장점을 나타내는 특징에 대한 보편적인 선호 현상이 나타나리라 예상할 수 있다. 몇 가지 예외 사례를 빼놓고는, 매력에 대한 연구는 문화적으로 동질적인 집단(예를 들어 미국 대학생들) 또는 서구 문화에 비교적 많이 노출되어 있는 집단을 대상으로 진행되어왔다. 따라서 특정한 문화 또는 여러 문화에서 매력에 대한 선호도에 어떤 일관성이 발견된다 해도, 이는 매력을 평가하는 심리가 문화를 초월하여 공통적으로 진화해왔기 때문이 아니라 미에 대한 서구적 표준에 공통적으로 노출되어왔기 때문일지도 모른다. 하드자 부족을 대상으로 한 내 연구가 갖는 가장 중요한 의미는, 여러 문화에서 공통적으로 발견되었던 매력 판단의 기준 중 상당수가 진화적으로 의미가 깊은 집단에서도 유효하다는 점을 확인했다는 데 있다. 보편성에 대한 비교문화 실험에 쏟아지는 일반적인 비판은 하드자 집단에 그다지 적용되지 않으므로, 여기에서 소개한 결과는 현 상황에서 매력 선호도에 대한 인간의 보편성을 뒷받침하는 가장 강력한 증거라고 하겠다.

1. P. J. Brown, M. Konner, "An Anthropological Perspective on Obesity", *Annals of the New York Academy of Science 499*, 1987, pp. 29-46; L. Anderson 외, "Was the Duchess of Windsor Right?: A Cross-Cultural Review of the Socioecology of Ideals of Female Body Shape", *Ethology and Sociobiology 13*, 1992, pp. 197-227.
2. G. A. Bryant, M. G. Haselton, "Vocal Cues of Ovulation in Human Females", *Biology Letters 5*, 2009, pp. 12-15.

실수는 영장류의 특징

로리 R. 산토스 Laurie R. Santos

로리 R. 산토스는 예일 대학 심리학과 부교수 겸 비교인지연구실Comparative Cognition Laboratory 실장이다. 하버드 대학에서 심리학 및 생물학 학사 학위(1997년)와 심리학 박사 학위(2003년)를 받았으며, 비이성적인 의사 결정 및 친사회적 행동의 진화적 기원을 비롯하여 비교인지 분야에서 다양한 주제를 연구했다. 하버드 대학의 고설스 우수 지도 상Goethals Award for Teaching Excellence, 예일 대학의 뛰어난 젊은 교수에게 수여하는 그리어 기념 상Greer Memorial Prize for Outstanding Junior Faculty, 철학 및 심리학회Society for Philosophy and Psychology에서 학제간 연구에 뛰어난 기여를 한 학자에게 수여하는 스탠턴 상Stanton Award을 받았다.

세계 최고의 선수를 가리는 토너먼트의 마지막 샷이었다. 2009 바클레이스 토너먼트Barclays Tournament에서 치열한 3라운드를 치른 끝에, 타이거 우즈는 이제 또 한 차례의 토너먼트 우승을 위한 단 한 번의 퍼트만을 남겨두고 있었다. 페어웨이 샷은 거의 완벽에 가까워, 우즈가 친 공은 홀에서 고작 2미터쯤 떨어진 곳에 안착했다. 이번 퍼트를 성공하면 마지막 홀에서 버디를 잡는 동시에 엄청난 상금을 받게 되어 있었다. 우즈는 과거에 수천 번쯤 성공했던 퍼트를 하기 위해 걸어가면서 환한 웃음을 보이기까지 했다. 경기가 끝나면 바로 이 마지막 샷을 칠 때 평소와는 다르게 접근했는지에 대한 질문을 받을 터였다. "물론 아닙니다." 우즈는 이렇게 강조할 게 틀림없었다. "모든 퍼트를 칠 때마다 똑같은 과정을 밟습니다. 가까이 다가갑니다. 앞으로 하려는 일에 최대한 집중합니다. 그리고 공이 들어가기를 바라지요." 하지만 이번에는 그렇게 되지 않았다. 어안이 벙벙해진 관중들은 공이 아슬아슬하게 홀을 스치고 지나가는 광경을 믿을 수 없다는 듯이 바라보았다. 우즈의 샷은 약간 빗나갔을 뿐이지만 이 때문에 선두 자리를 내주고 말았다. 우즈는 또 한번 퍼트를 시도해서 파par*를 기록했고,

거의 100만 달러에 달하는 우승 상금을 놓쳤다.

프로 골프 선수들에게 모든 퍼트는 상당한 금전적 영향을 초래하는 위험천만한 선택이다. 퍼트는 특정한 목표를 향한 상당히 단순한 동작이지만 매번 퍼트를 칠 때마다 단순한 운동 능력 이상의 것이 요구된다. 뛰어난 골프 선수들은 의사 결정 능력 역시 뛰어나기 때문에 공을 홀 안으로 넣을 수 있는 것이다. 매번 퍼트를 할 때마다 여러 가지 어려운 선택을 해야 한다. 공이 어떤 궤도로 나아갈지를 예상하는 것 외에도, 안전하게 경기를 할 것인가(약하게 공을 치면 만약 잘못되더라도 다음 샷을 치기가 수월하다), 아니면 목표물을 지나쳐 갈 위험을 무릅쓰더라도 직접 홀을 겨냥할 것인가를 선택해야 한다. 앞에서 소개한 예가 보여주듯이, 세계에서 가장 뛰어난 골프 선수조차도 실수는 할 수 있다.

골프 선수가 아닌 우리 역시 위험한 선택을 하는 어려움에서 자유로울 수 없다. 우리는 (일반적으로) 타이거 우즈보다는 작은 이해관계가 걸려 있는 결정을 하지만, 우리 역시 며칠 동안이나 건강, 은행 잔고, 전반적인 안녕에 상당한 영향을 미칠 수 있는 위험한 선택지를 탐색한다. 최선의 선택을 하는 방법은 무엇인가 하는 문제는 몇 세기 동안이나 인류를 매료해왔다. 경제학자들에게 이 문제에 대한 해답은 항상 비교적 단순했다. 좋은 선택을 하기 위해서는 단순히 비교 선택을 하면 된다는 것이다. 현명하게 의사 결정을 내리는 사람은 일단 특정한 결정에 대해 모든 가능한 선택을 나열한 다음 각 개별 선택 안의 평균 이익을 추산한다. 일단 모든 정보를 확보하게 되면, 그다음에는

* 홀마다 정해놓은 기본 타수.

가장 큰 이익을 기대할 수 있는 안을 선택하기만 하면 된다. 간단하지 않은가? 그러나 안타깝게도 현실에서는 예상 이익을 최대화하는 전략이 여러 가지 까다로운 문제에 부딪히게 된다. 우선 대부분의 경우, 깔끔하게 나열된 몇 가지 선택 안을 놓고 결정을 할 수 있는 상태가 아니다. 배우자를 찾거나 직업을 선택하는 등 인생에서 가장 중요한 결정을 내릴 때, 자신에게 정확히 얼마나 많은 선택지가 있는지조차 가늠하기 어려운 경우가 대부분이다. 뿐만 아니라 설령 다양한 선택지를 파악할 수 있다 해도, 그것이 우리의 행복에 실제로 어떤 영향을 미칠지에 대한 정보를 충분히 확보하기 어려운 경우가 많다. 이러한 모든 이유 때문에 실제 상황에서의 의사 결정은 일반적으로 경제학자들의 높다란 기준을 충족하지 못한다. 이익을 최대화하는 일이 얼마나 어려운지를 고려할 때, 우리가 수없이 거듭하여 뼈아픈 실수를 저지르는 것은 그다지 놀라운 일이 아니다. 정작 놀라운 부분은, 우리가 단순히 무작위로 실수를 하는 것이 아니라 체계적으로 실수를 하는 것처럼 보인다는 점이다. 우리는 어려운 선택을 앞에 두고 단순히 재앙에 가까운 인식의 붕괴를 일으켜 실수를 하는 것이 아니라, 눈앞에 놓인 선택지들을 저울질하기 위해 일련의 단순한(그러나 대부분 비합리적인) 전략을 체계적으로 발동시킨다.

인간의 비합리적인 전략이 어떻게 발휘되는지 살펴보기 위해 다음 시나리오를 고려해보자. 여러분이 미국 대통령의 경제 고문이라고 상상해보자. 여러분의 목표는 현재 궁지에 몰려 있는 300만 명의 집주인들을 위해 주택 압류 비율을 낮출 수 있는 일련의 조치를 선택하는 것이다. 여러분 앞에는 두 가지의 계획이 놓여 있다. 계획 A가 추진되면 정부는 100만 채의 주택을 지킬 수 있을 것이다. 계획 B가 추진되면 정부가 300만 채의 주택을 구제할 가능성이 3분의 1이고, 전혀 효과를 거두지 못할 가능성이 3분의 2다. 당신은 어떤 조언을 하겠는가?

당신은 아마도 대통령에게 계획 A로 진행하라고 제안했을 것이다. 적어도 일부 집주인이나마 확실히 집을 지킬 수 있는 계획이 더 좋은 선택으로 보인다. 일리 있는 말이다. 하지만 두 계획의 성격이 약간 다를 때는 어떨까? 이번에는 계획 C와 D 사이에서 하나를 선택해야 하는 경우를 생각해보자. 만약 계획 C를 추진하면 200만 명이 확실히 집을 잃을 것이다. 계획 D를 채택하는 경우에는 300만 명이 집을 잃을 가능성이 3분의 2고, 아무도 집을 잃지 않을 가능성이 3분의 1이다. 이때는 대통령에게 계획 D를 선택하도록 조언할지 모른다. 보다 위험이 큰 선택지이지만, 동시에 아무도 집을 빼앗기지 않을 가능성이 존재하기 때문이다. 심리학자 대니얼 카너먼Daniel Kahneman과 에이머스 트버스키Amos Tversky가 대학생들에게 이와 유사한 시나리오를 제시하여 실험을 한 결과 대부분의 학생들이 비슷한 패턴을 보였다. 계획 B보다는 A를, 계획 C보다는 D를 선호했던 것이다.[1] 그러나 이 의사결정 패턴의 문제점은 양쪽 시나리오에서 제시된 계획들이 서로 똑같다는 데 있다. 계획 A와 C는 통계적으로 전혀 차이가 없다(모든 시나리오에서 300만 채의 주택을 대상으로 하고 있기 때문에 100만 명이 집을 지키게 되는 계획과 200만 명이 집을 잃게 되는 계획은 결과적으로 동일하다). 계획 B와 D도 마찬가지다. 카너먼과 트버스키가 관찰한 대로 문제를 설명하는 방식을 약간만 바꾸더라도 우리의 선호도에는 커다란 영향을 미치게 된다. 구제할 수 있는 집, 사람 수, 또는 절약할 수 있는 돈이라는 관점에서 계획을 제시하면 사람들은 안전한 쪽을 택하는 경향이 있지만, 잃어버리는 집이나 사람 수, 돈의 관점에서 생각하도록 계획을 제시하면 보다 위험성이 큰 전략 쪽으로 기울게 된다.

왜 단순한 표현의 변화가 우리의 선택에 그토록 결정적인 영향을 미치는가? 카너먼과 트버스키는 준거점 의존reference dependence과 손실 회피loss aversion라는 두 가지의 심리적 편향이 그 이유라는 사실을 발견했다. 준거점 의존이란 사물을 절대적 기준이 아닌 현재의 특정한 상황에 빗대어 상대적으로 바라보는 경향이다. 대부분의 사람들은 전반적인 행복이나 순가치라는 측면이 아니라 어떤 준거점과 비교했을 때의 상대적인 이득 또는 손실이라는 관점에서 결정에 대해 생각하는데, 이때 준거점은 보통 현시점의 상황이 된다. 20달러짜리 주차 위반 스티커를 받은 경우, 장기적인 노후 대비 저축액에는 별다른 영향을 미치지 않더라도 현재의 재산 수준에서 생각해볼 때는 부정적인 변화가 분명하기 때문에 우리는 이 사건을 중요하다고 여기는 경향이 있다. 또한 이 주차 위반 스티커의 사례는 손실 회피라는 두번째 심리적 편향 역시 잘 보여준다. 우리는 일반적으로 손실을 입을 수 있는 상황을 피한다. 실제로 카너먼과 트버스키는 사람들이 이득을 얻을 기회를 추구하는 경우보다 손해를 피하려는 경우에 두 배나 열심히 노력한다는 연구 결과를 제시하기도 했다.

이 준거점 의존과 손실 회피라는 심리적 편향은 다양한 실제 상황에서 큰 피해를 야기하는 것으로 보인다. 투자자들은 주식의 가치를 절대적인 기준이 아니라 자신이 해당 주식을 매입할 때 지불한 가격이라는 중요한 준거점에 비추어 상대적으로 보는 경향이 있다. 자신이 매입한 가격보다 싸게 주식을 팔아 손해 보는 것을 피하기 위해 주식의 가치가 계속 떨어지는데도 주식을 팔지 않고 보유하는 비이성적인 행동을 하는 투자자가 적지 않다.[2] 이러한 편향은 또한 주택 시장에서도 문제를 야기한다. 자신이 지불한 것보다 낮은 가격에 집을 팔지 않으려는 성향 때문에, 어떤 집주인들은 자기가 산 가격보다 낮은 가격으로 주택 매매 제안이 들어오면 거부하기도 한다.[3] 사실 이러한 편향은 너무나 만연하여 심지어 프로 골프 선수들의 점수에도 영향을 미친다. 골프 선수의 성공을 가늠하는 유일하고도 진정한 지표는 해당 선수의 최종 점수이지만, 각 홀에는 파라는 확실한 준거점이 있다. 경제학자 데빈 포프Devin Pope와 모리스 슈바이처Maurice Schweitzer는 PGA 투어에서 시도된 160만 개 이상의 퍼트를 분석하여, 과연 선수들이 파나 보기bogey를 목표로 퍼트를 할 때와 버디birdie나 이글eagle이 걸려 있는 비슷한 퍼트를 할 때 서로 다른 성과를 올리는 경향이 있는지를 조사했다. 선수들은 파와 보기를 노릴 때 더욱 정확한 퍼팅을 하여 손실 회피의 경향과 일치하는 모습을 보여주었고, 파보다 1~2타 더 치게 되는 '손실'을 최소화하기 위해 세심한 주의를 기울여 퍼팅을 시도했다. 이와는 대조적으로 다소 여유를 가지고 버디나 이글을 잡기 위해 퍼팅을 하는 선수들은 홀을 놓칠 가능성이 약 2퍼센트 더 높았다. 이러한 작은 실수율도 눈덩이처럼 불어날 수 있다. 타이거 우즈에게 물어보라. 우즈는 손실 회피 통계가 투어에서 가장 높은 선수 중 하나였다. 우즈는 파를 위해 퍼트를 칠 때보다 버디를 위해 퍼트를 칠 때 홀을 놓칠 확률이 3.6퍼센트나 더 높았다. 실제로 이러한 성향 때문에 우즈가 2009 바클레이스 토너먼트의 18번 홀에서 우승을 놓쳤는지도 모른다.[4]

주택을 파는 사람들, 프로 골프 선수들, 경험 많은 투자자들, 그리고 그 외의 사람들에 이르기까지, 왜 우리는 체계적으로 스스로를 잘못된 길로 이끌어갈 전략에 무릎을 꿇고 마는 것일까? 몇 년 전 나는 예일 대학 동료인 벤캣 락슈미나라야난Venkat Lakshminarayanan, 키스 첸 Keith Chen과 함께 이 문제의 원인을 밝혀보기로 결심했다. 사람들이 여러 차례 거듭하여 이러한 편향에 굴복하는 사례를 검토한 후, 우리는 준거점 의존과 손실 회피의 심리가 경제학자들이 이전에 생각했던 것보다 더욱 근본적인 곳에 깊숙이 자리잡고 있는지도 모른다는 생각을 하기 시작했다. 그 결과 이러한 편향은 우리가 눈앞에 놓인 선택지들을 바라보는 방식의 자연스러운 일부, 즉 오랜 진화적 유산의 결과일지도 모른다는 다소 극단적인 생각까지 하게 되었다. 또한 만약 그렇다면 이렇게 형편없는 의사 결정 전략을 사용하는 종은 인간만이 아닐지도 모른다는 가설을 세웠다. 따라서 인간을 실험 대상으로 삼아 편향을 조사하기보다는, 인류의 친척뻘 되는 영장류의 하나인 꼬리감는원숭이capuchin monkey의 의사 결정에서 비슷한 오류가 나타나는지 시험해보기로 했다. 꼬리감는원숭이와 인류가 공통의 조상으로부터 갈라져나온 시기는 대략 3500만 년 전이다.

우리가 제기한 의문은, 일반적으로 인간의 결정을 혼란에 빠뜨리는 경제적 문제에 대한 경험이 전혀 없는 꼬리감는원숭이가 과연 준거점 의존과 손실 회피라는, 인간의 편향과 비슷한 패턴을 보일 것이냐 하는 점이었다. 우리가 처음 직면한 어려움은 어떻게 원숭이들을 대상으로 손실 회피와 준거점 의존을 보여줄 것이냐 하는 문제였다. 꼬리감는원숭이가 주식 투자를 하거나 골프를 칠 리 만무하므로 어떤 방식으로 실험을 진행해야 하는지 불명확했다. 결국 우리는 원숭이들에게 약간의 돈을 준 다음, 그 사용법을 가르칠 만한지 살펴보기로 했다.[5]

원숭이들에게 돈 사용법을 가르친다는 것은 엄청난 일처럼 보일지 모르지만 그 과정은 몇 달밖에 걸리지 않았다. 우선 토큰 경제*를 가르쳐주는 것으로 시작했다. 꼬리감는원숭이에게 사용한 '토큰'은 동전 크기의 금속 원반으로, 원숭이들은 실험자에게 이 토큰을 주고 먹이와 교환할 수 있었다. 처음에 원숭이들은 이 토큰을 어떻게 사용해야 하는지 알지 못했지만, 몇 주가 지나자 토큰을 실험자에게 건네주면서 먹이를 받으려고 손을 내밀었다. 그다음에는 꼬리감는원숭이가 실물경제에서 토큰을 사용할 수 있도록 했다. 각 원숭이가 '시장'에 들어가기 전에 토큰이 담긴 지갑을 주었고, 시장에서는 '판매원' 역할을 하는 연구 조교 두 사람이 원숭이에게 두 종류의 먹이를 서로 다른 가격에 제공했다. 원숭이들은 토큰을 이용하여 둘 중에서 자기가 원하는 먹이를 살 수 있었다. 쇼핑하는 인간과 마찬가지로 실험 대상 원숭이들은 자신이 가진 토큰의 가치를 최대화하는 법을 금세 익혔다. 더 좋은 조건을 제시하는 실험자에게서 더 많은 먹이를 샀던 것이다. 또한 먹이의 가격이 저렴한 '세일' 기간에 더 많은 먹이를 샀다. 게다가 시간이 지나면 행동을 바꾸는 신뢰할 수 없는 판매원과 거래를 하는 위험부담도 신중하게 가늠했다. 원숭이들이 보여준 행동은 인간 소비자들의 행동과 너무나 닮아 있었기 때문에 이 실험 결과의 데이터는 시장에서의 인간의 선택을 설명하는 정식 경제 모델에 완벽하게 맞아떨어진다.

이제 우리가 정말로 흥미를 가지고 있는 의문을 탐구할 준비가 되었다. 과연 시장에서 원숭이들이 보이는 행동이 손실 회피와 준거점 의존의 영향을 받을 것인가? 이를 조사하기 위해 우리는 두 가지 상황

* 원래 심리 치료 용어로, 토큰을 보상으로 제공하여 행동 개선을 이끌어내는 방법.

을 설정했다. 두 경우 모두, 판매원은 항상 원래 진열했던 것과 같은 개수의 사과 조각을 건네주지는 않았다. 원숭이들이 처음 보았던 사과 조각의 개수보다 때로는 많이, 때로는 적게 주었다. 우리는 원숭이들이 단순히 결과적으로 얼마나 많은 사과 조각을 받을 것인가뿐만 아니라 처음에 진열되었던 개수와 비교하여 상대적으로 얼마나 많은 조각을 받을 것인가를 역시 고려하여 선택을 할지 모른다는 가설을 세웠다. 다시 말해, 원숭이들이 마치 파나 버디에 대해 생각하는 프로골프 선수들처럼 처음에 진열된 개수를 준거점으로 사용하여 결국 손에 들어오는 보상이 해당 준거점에 비추어볼 때 이익인가 손실인가를 기준으로 결정을 할 것이라고 예측했다.

우선 각 원숭이는 판매원 A 또는 판매원 B 중에서 누구와 거래를 할지 선택해야 했다. A는 언제나 원숭이에게 사과 조각을 하나 제시하고, 원숭이가 토큰으로 값을 지불하면 덤으로 한 조각을 더 주었다. 판매원 B는 거래에 보다 위험이 따랐다. B 역시 처음에 사과 조각 하나를 보여주면서 거래를 시작했지만 건네주는 사과 조각의 개수는 매번 거래를 할 때마다 달랐다. 원숭이에게 토큰을 받은 다음에 사과 두 조각이라는 큰 덤을 줄 때도, 아예 덤을 주지 않을 때도 있었다. 계획 A와 B 사이에서 선택을 해야 했던 정부 관료와 마찬가지로 원숭이들은 판매원 B보다는 A에게서 더 많은 먹이를 샀다. 인간과 마찬가지로 원숭이는 덤이 걸려 있을 때 보다 안전한 쪽을 선호했던 것이다.

그다음 우리는 보상이 손실처럼 느껴지는 거래를 하는 C와 D라는 새 판매원을 원숭이들에게 소개했다. 판매원 C는 언제나 작지만 일관된 손실을 안겨주었다. 처음에는 원숭이에게 사과 세 조각을 보여주었지만 토큰을 받고 나선 두 조각만 건네주었다. 판매원 D의 경우는 위험부담이 더욱 컸다. D는 원숭이들에게 처음에 사과 세 조각을 보여준 다음 어떤 경우에는 세 조각을 모두 주었고, 어떤 경우에는 하나만 주었다. 예측한 대로, 원숭이들은 토큰에 대한 대가가 손실처럼 느껴질 때 더욱 큰 위험을 무릅썼다. 즉 꾸준하게 한 조각씩 적게 주어 믿을 수 있는 판매원 C보다 위험부담이 큰 판매원 D를 선호하는 일관된 성향을 보였다.

전체적으로 우리가 실험 대상으로 삼은 원숭이들은 카너먼과 트버스키의 시나리오에 따라 실험에 참가한 인간들과 똑같이 행동했다. 원숭이들은 시장을 임의의 준거점이라는 측면에서 생각했고, 이러한 준거점에 비추어보았을 때 보상이 상대적으로 이득으로 보이는지, 아니면 손해로 보이는지에 따라 보상에 다르게 반응했다. 이 연구 및 기타 연구에서 원숭이들은 자신의 선택을 절대적인 가치라는 관점에서 고려하지 않는 것 같았다. 뿐만 아니라 원숭이들은 이득을 다룰 때와 손실을 다룰 때 다른 결정을 내렸다. 이러한 실험 결과는 인간이 의사결정을 내릴 때 보이는 편향이 과거에 생각했던 것보다 훨씬 더 근본적인 문제일지도 모른다는 점을 시사한다. 매년 타이거 우즈에게 수백만 달러의 손해를 끼치는 이 편향된 전략의 역사는 적어도 3500만 년 전으로 거슬러올라갈지 모른다.

손실 회피와 준거점 의존이 오랜 기간에 걸쳐 발달된 심리적 성향일지도 모른다는 발견은 이러한 편견을 극복하는 인간의 능력에 매우 중요한 의미를 갖는다. 오랫동안 경제학자들은 의사 결정자에게 재정적으로 불리한 피드백을 충분히 제시하면 비이성적인 전략을 더이상 사용하지 않게 될 것이라고 가정해왔다. 그러나 안타깝게도, 대가를 치러야 하는 시점이 되었다고 해서 사람들이 바로 이러한 비이성적인 전략을 포기하지는 않는다는 증거가 점점 쌓여가고 있다. 포프와 슈바이처는 손실 회피 성향 때문에 심지어 경험이 많은 프로 골프 선수들조차도 1년에 100만 달러 이상 손해를 본다고 추산했지만, 여전히 투어에 참가하는 거의 모든 선수들이 이러한 성향을 보인다. 투자자들 역시 이러한 성향 때문에 여러 차례에 걸쳐 손해를 본 후에도 여전히 가치가 떨어지는 주식을 손에서 놓지 못하는 경향을 보인다. 꼬리감는원숭이를 대상으로 한 우리의 실험 결과는 왜 이러한 편향을 극복하기가 그토록 어려운지에 대한 답을 제시해준다. 준거점 의존과 손실 회피라는 성향은 진화된 다른 인지적 성향만큼이나 우리 안에 깊숙이 뿌리박고 있을지도 모른다는 것이다. 치즈케이크에 대한 자연스러운 선호, 벌레를 보고 느끼는 메스꺼움, 배설물 더미를 보고 느끼는 혐오감을 억누르기가 얼마나 어려운지 생각해보자. 자연선택을 통해 어떠한 전략이 자리를 잡게 되는 경우, 이를 뿌리 뽑기란 쉽지 않다. 우리 실험의 결과가 보여주듯이, 만약 준거점 의존과 손실 회피가 계통 발생적으로 오랜 역사를 지니고 있어 꼬리감는원숭이에게서조차 나타날 정도라면, 인간이 빠른 시일 내에 이러한 성향을 극복할 가능성은 높지 않다.

그렇다면 우리는 자신의 선택이 깊숙이 뿌리박은 비이성적인 전략에 좌지우지된다는 사실에 어떻게 대응해야 할까? 행동경제학자 리처드 탈러Richard Thaler가 주창하는 한 가지 방식은, 이러한 편향을 우리의 이익이 되도록 활용하는 것이다.[6] 우리가 비록 준거점 의존의 영향을 받을지는 모르지만, 무엇을 준거점으로 삼을지에 대해서는 상당한 융통성을 발휘할 수 있다. 설명이나 표현을 약간만 변경함으로써 본능적으로 문제에 대해 생각하는 방식을 바꿀 수 있고, 가장 합리적인 선택지를 보다 직관적으로 선택할 수 있도록 만들 수도 있다. 탈러는 이러한 아이디어를 사용하여, 월급이 오르면 자동으로 저축 금액을 늘리는 효율적인 노후 저축 계획을 개발해냈다. 탈러의 계획은 사람들이 인상된 새 월급이라는 준거점에 적응하기 전에 노후 저축 금액을 공제함으로써 손실 회피 성향이 나타나는 것을 방지하고 더 많은 돈을 저축한다는 사실에 대해 뿌듯함을 느끼게 해준다.[7] 그 외에도 이와 비슷한 준거점 변경 전략이 다른 긍정적인 행동을 장려하는 데 사용되어왔다. 심리학자 노아 골드스타인Noah Goldstein은 이전 투숙객 대부분이 목욕 수건을 재사용했다는 이야기를 들려주면 호텔 투숙객들이 목욕 수건을 재사용할 가능성이 높아진다는 사실을 발견했다. 우리가 환경을 생각하지 않는 사람이라는 인상을 주지 않기 위해 노력하는 데에 다른 사람들의 행동은 강력한 준거점이 되어준다.[8]

인간의 비이성적인 의사 결정 전략이 계통 발생적인 근원을 가지고 있다는 새로운 사실이 발견되면서, 사회과학자들은 이제 진화된 편향을 활용하여 더욱 현명한 재정적 선택을 하거나 더 나아가 개인의 행복을 향상시키는 등, 의사 결정 능력을 발전시킬 수 있는 새로운 방법을 탐구하려 하고 있다. 심지어 프로 골프 선수들도 이러한 측면에서 발전을 보였다. 비록 준거점 의존 때문에 타이거 우즈가 2009 바클레이스 토너먼트에서 우승을 놓쳤을지는 모르지만, 동시에 바로 그 덕분에 우즈는 자신의 부진한 성적에 대해 일말의 위안을 얻을 수 있었다. 인터뷰에서 18번 홀의 점수에 대한 질문을 받자 우즈는 즉시 기자들에게 다른 준거점을 지적했다. 그 토너먼트에서 우즈보다 더 형편없는 마지막 퍼트를 친 선수가 있었던 것이다. "그 정도로 퍼트를 잘못 읽는 것은 무척 안타까운 일이지요." 우즈의 말이다. 하지만 우즈와 동률을 기록한 선수 중 하나도 똑같은 지적을 했다. "그 친구의 퍼트가 더 많이 빛나갔습니다." 준거점을 변경하는 것은 진화적으로 오래된 전략이기는 하지만, 동시에 현명한 전략이기도 하다. 그리고 어느 골퍼에게 물어보든 이렇게 말할 것이다. 찬찬히 살피기만 하면 언제나 자신보다 더 형편없는 퍼트를 친 사람을 찾을 수 있다고.

1. D. Kahneman, A. Tversky, "The Framing of Decision and the Psychology of Choice", *Science 211*, 1981, pp. 453-458.
2. T. Odean, "Are Investors Reluctant to Realize Their Losses?", *Journal of Finance 5*, 1998, 1775-1798.
3. D. Genesove, C. Mayer, "Loss Aversion and Seller Behavior: Evidence from the Housing Market", *Quarterly Journal of Economics 116*, 2001, pp. 1233-1260.
4. D. G. Pope, M. Schweitzer, "Is Tiger Woods Loss Averse? Persistent Bias in the Face of Experience, Competition, and High Stakes", 2009, http://ssrn.com/abstract=1419027.
5. M. K. Chen, V. Lakshminarayanan, L. R. Santos, "The Evolution of Our Preferences: Evidence from Capuchin Monkey Trading Behavior", *Journal of Political Economy 114*, 2006, pp. 517-537.
6. R. H. Thaler, C. R. Sunstein, *Nudge: Improving Decisions on Health, Wealth, and Happiness*, New Haven, Conn.: Yale University Press, 2008.
7. R. H. Thaler, S. Bernartzi, "Save More Tomorrow: Using Behavioral Economics to Increase Employee Saving", *Journal of Political Economy 112*, 2004, S164-87. 이 외에도 편향을 이익이 되는 방향으로 활용하는 방법에 대한 다른 유용한 정보는 탈러의 블로그 http://nudges.wordpress.com/ 참고.
8. N. J. Goldstein, R. B. Cialdini, V. Griskevicius, "A Room with a Viewpoint: Using Social Norms to Motivate Environemental Conservation in Hostels", *Journal of Consumer Research 35*, 2008, pp. 472-482.

두뇌는 우리가 하는 행동의 이유를 알고 있다

새뮤얼 M. 매클루어 Samuel M. McClure

새뮤얼 매클루어는 2003년 뉴욕 베일러 의과대학에서 신경과학 박사 학위를 받았다. 박사 학위 취득 후 프린스턴 대학에 재직했던 그는 2007년 심리학 조교수로 스탠퍼드 대학에 합류했다. 행동, 컴퓨터, 신경 촬영 등의 다양한 연구 방법을 결합하여 보상 처리와 의사 결정의 신경학적 기반을 탐구하며, 최근에는 미래에 받을 수 있는 보상을 평가하는 과정, 즉 보상 지연 할인delay discounting의 신경 메커니즘을 중점적으로 연구하고 있다.

의사 결정은 인지 경험(빠르게, 자동으로 일어나는 반응)과 규칙에 근거하여 심사숙고하는 과정 간의 상호작용으로 일어나는 결과라는 것이 일반적인 이해다. 자동적인 평가와 결정을 내리기 위해 수많은 결정 경험 중에서 어떤 것을 뽑아내는가는 특정한 시점에서 우리의 선택을 좌우하는 가장 중요한 요소다. 그러나 부분적으로는, 우리가 잠시 멈추어 추론을 통해 각 선택의 대가와 장점을 체계적으로 가늠해 볼 의향이 얼마나 있느냐에 따라서도 결정이 달라진다.

최근 신경과학 분야의 발전 덕분에 우리는 두뇌 기능에 대해 더욱 잘 이해하게 되었고, 이를 바탕으로 의사 결정 과정을 더욱 정교하게 개념화할 수 있게 될 것이다. 확인된 경험은 대부분 같은 신경 기질에 기반을 두기 때문에 이들 경험을 담고 있던 넓은 창고는 크게 줄어들 것이다. 뿐만 아니라 심사숙고 및 자동적인 반응이라는 과정을 지원하는 두뇌 시스템을 찾아냄으로써 이러한 과정 사이에서 일어나는 상호작용의 본질이 밝혀질 것이다. 결정신경과학decision neuroscience이라는 새로운 학문 분야의 목표는 순간순간의 의사 결정을 좌우하는 가변성에 대한 이해를 크게 향상시키는 것이다.

이러한 이해에 따라 많은 것이 달라질 수 있다. 예를 들어, 당신은 어떻게 사람들을 뜻깊은 자선 활동으로 이끌 수 있을까? 사기(적게 잡아도 연간 60억 달러에 달하는 산업)에 쉽게 속아넘어가지 않도록 사람들을 교육하는 것이 가능할까? 노후 대비 저축을 권장하는 동시에 경제 성장을 유지할 만큼 충분한 소비를 장려하기 위한 효과적인 정책을 고안해내려는 경제학자들과 정책 입안자들에게는, 각 선택 안의 결과를 추산하는 데 사용할 신뢰할 만한 방법이 필요하다. 연방준비위원회의 사례는 결정과학의 중요성을 잘 보여준다. 단기 금리를 조정할지, 어느 정도 조정할지에 대한 결정은 고려하고 있는 조정 폭이 대출에 대한 결정에 어떻게 영향을 미칠지, 그리고 그 결과로 수많은 개인과 기업이 복잡한 일련의 결정을 내린다면 국가 경제에는 어떠한 영향이 있을지에 대한 추정에 따라 달라진다. 사람들이 결정을 내릴 때 장려책을 어떻게 고려하는지에 대한 포괄적인 모델이 없다면, 합당한 근거를 지닌 정책, 혹은 적어도 효과적인 정책을 고안하는 것은 거의 불가능하다.

대부분의 경우 공공 정책 수립에 활용되는 의사 결정 모델은 사람들이 완벽하게 이성적인 행위자로서 행동한다는 개념을 바탕으로 한다. 만약 사람들이 항상 자신에게 돌아오는 이익을 최대화하기 위해 행동한다고 가정하면 정책을 수립하는 일은 매우 단순해진다. 사람들이 담배를 구입하지 않도록 하려는 경우, 담뱃값을 인상하면 담배 판매량을 줄일 수 있다. 노후 대비 저축은 저축한 돈에 세금 혜택을 주는 개인퇴직계좌IRA와 퇴직연금제도인 401(k)를 중심으로 구성될 것이다. 대다수 미국인들의 불어나는 허리둘레에 대한 공중 보건 관계자들의 우려 때문에 설탕을 함유한 음료에 세금을 부과하자는 제안이

나오기도 했다.

그러나 이렇게 단순하고 간결한 이성적 행위자 모델은 인간의 의사 결정과 관련된 수많은 복잡한 요소를 설명하기에 턱없이 부족하다. 에너지-효율성의 간극이라고 알려진 개념이 그 좋은 예다. 훨씬 에너지 효율이 높은 냉장고, 에어컨, 기타 가전제품을 만드는 기술은 예전부터 존재해왔다. 문제는 이러한 기술에 대가가 따른다는 점이다. 에너지 효율이 높은 냉장고는 동시에 더 비싸다. 일반적으로 절약된 전기세가 오랜 시간에 걸쳐 쌓이면 이 비용의 차이를 상쇄할 수 있기 마련이다. 하지만 사람들은 구매 후 선불로 낸 비용을 회수하는 데 드는 시간이 지극히 짧을 때만 에너지 효율이 높은 가전제품을 구입하는 경향이 있다. 이 시간을 보통 예금 금리로 환산해본다면, 대부분의 사람들은 연 이자율이 40~100퍼센트 사이는 되어야 에너지 효율이 높은 냉장고 구매를 고려하기 시작할 것이다. 물론 이 정도의 금리는 어떠한 규범적 모델에서도 합리적이라고 생각하는 범위를 훨씬 벗어난 것이므로, 에너지 효율성과 관련된 구매에서 좀처럼 좁히기 어려운 간극이 발생하게 된다.

사람의 행동이 합리적인 모델에서 크게 벗어난다는 인식은 새로운 것이 아니며, 이는 수세기 동안 소설의 소재로 사용되어왔다. 그러나 합리적 행위자 이론보다 뛰어난 정량 모델이 개발된 것은 상대적으로 최근의 일이다. 1950년대에 다재다능한 사회과학자 허버트 사이먼 Herbert Simon은 제한된 합리성bounded rationality이라는 개념을 고안하여 인간 의사 결정 행동의 한 가지 기본적인 속성을 잡아냈다. 우리의 기억은 불완전하며, 주어진 선택 안의 모든 속성을 고려하고 저울질하는 시간도 제한되어 있다. 사람들이 금융 계산기를 사용한다면 에너지 효율이 더 높은 냉장고를 사게 될 것이라고 추정할 수도 있다. 그러나 일부러 시간을 투자하여 이러한 방식으로 선택을 한다는 것(또한 가격 차이를 이자율로 변환하는 방법을 배우는 것 자체부터)은 현실에서 실천하기에 지나치게 번거롭다. 일반적으로 우리는 가끔 차선에 해당하는 결과를 감수하면서 보다 단순한 전략을 사용하여 결정을 내리는 경향이 있다. 사이먼은 사람들이 복잡한 선택을 할 때 사용한 한 가지 전략을 설명하면서, 그 전략에 '만족화satisficing'라는 이름을 붙였다. 만족화는 소위 '이 정도면 괜찮다'는 전략이다. 처음에는 가족에게 필요한 식료품을 모두 저장할 만큼 클 뿐만 아니라 에너지 효율 우수 판정까지 받은 냉장고를 사려고 할 것이다. 그리고 일단 이 두 가지 기준을 만족하는 모델을 찾으면 원하는 기능을 모두 갖추지 않았다 하더라도 그 냉장고를 사게 된다.

만족화는 우리가 의사 결정을 할 때 자주 채택하는 여러 가지 신속하고 간소한 전략 중 한 예일 뿐이다. 우리는 의사 결정을 할 때 다른 지름길을 사용하기도 한다. 심리학자 대니얼 카너먼과 에이머스 트버스키는 1970년대부터, 인간이 판단을 내리는 데 사용하는 수많은 결정 경험법heuristics을 발견해내기 시작했다. 예를 들어 우리는 가능성을 추산할 때 가용성 경험법을 사용하기도 한다. 즉, 어떠한 사건의 발생 가능 빈도를 추정할 때 우리가 과거의 사건을 얼마나 쉽게 기억할 수 있는지를 기준으로 삼는 것이다. 이렇게 되면 상어의 공격과 같이 일반적으로 언론에서 요란하게 다루는 사건의 경우, 발생 가능성을 지나치게 높게 추정하게 된다. 또한 판단은 여러 가지 편견의 영향을 받는다. 우리에게는 위험을 피하려는 경향이 있는데, 이는 우리가 가능한 결과에 대해 지나치게 비관적으로 생각한다는 것을 뜻한다. 또한 우리에겐 확률을 해석하여 가능성이 낮은 일에 대해 지나치게 낙관적으로 생각하고(예를 들어 복권을 산다), 가능성이 높은 일에 대해 과도하게 비관적으로 생각하는(비행기 추락 사고에 대해 지나친 걱정을 한다) 경향이 있다. 카너먼과 트버스키는 이러한 요소들을 취합하여 전망이론prospect theory을 세웠다. 이는 인간이 결정을 내리는 방식을 놀라우리만큼 성공적으로 보여주는 모델이다.

전망이론은 우리의 결정이 행동에 심오하고도 충격적인 결과를 가져오는 몇 가지 사례를 보여준다. 예를 들어 우리가 손실을 회피하려는 경향을 보이는 것은, 손실이 우리의 상상 속에서 동등한 가치에 해당하는 이득보다 더 크게 보이기 때문이다. 도박과 같은 경우에는 이것이 그다지 큰 문제가 되지 않는다. 이득을 볼 가능성과 손해를 볼 가능성이 50 대 50이라면 사람들은 보통 잠재적인 이득이 잠재적인 손해보다 적어도 두 배 이상 클 경우에만 도박에 매력을 느끼게 된다. 손실 회피 경향이 문제로 대두되는 것은 선택 가능한 의학 치료법 중에서 하나를 고르는 경우와 같이 몇 가지 중요한 결정을 내려야 하는 상황에서 미치는 영향 때문이다. 특정한 시술을 손실과 관련된 용어로 설명하는 경우, 똑같은 시술을 이득과 연관된 용어로 설명하는 것과는 평가가 전혀 달라진다. 수술대에서 죽을 확률이 1퍼센트라고 하면 생존할 가능성이 99퍼센트라고 하는 것보다 수술의 성공 가능성이 훨씬 암울하게 보이기 마련이다. 두 가지 설명이 결국 똑같은데도 실제로 이러한 현상이 일어난다. 이는 의학 치료를 고려하는 환자와 특정 시술을 권장할지를 판단하려는 의사에게 모두 해당된다. 자신의 행동이 이렇게 사소한 차이에 민감하게 반응하기를 바라는 사람은 없을 것이다.

때로는 결정 경험법이 우리를 잘못된 방법으로 이끌기도 하지만, 일반적으로는 조정이 가능하기 때문에 대부분의 경우에는 좋은 결정으로 이어진다. 독일의 심리학자 게르트 기거렌처Gerd Gigerenzer는 여러 차례에 걸쳐 이를 증명했으며, 이 개념은 최근 순간적인 의사 결정의 효용을 보여준 맬컴 글래드웰Malcolm Gladwell의 저서 『블링크*Blink*』를 통해 많은 사람들에게 소개되었다. 경험법은 오랜 시간에 걸쳐 수많은 경험을 통해 서서히 체득된 것이기 때문에 적응성이 있다는 점에는 대체적으로 공감대가 형성되어 있다. 예를 들어 가용성 경험법은 대부분의 경우 올바른 결론을 도출해낸다. 우리가 빈도를 추정할 때 기억에 의존하는 이유는 (대부분의 경우) 정확한 예측을 해내기 때문이다.

그러나 경험을 기반으로 한 의사 결정 모델에는 두 가지 문제가 있다. 우선 우리는 모든 경험법이 발견되었는지 여부를 결코 알 수가 없다. 어떻게 하여 특정한 경험법을 발달시키고 이를 사용하게 되는지에 대한 포괄적인 이론은 존재하지 않는다. 개별적인 경험법을 직관적으로 체득하고 시험해보아야 한다. 마찬가지 이유로 우리는 경험법이 언제 중복되는지도 알 수 없다. 기거렌처는 "흰색 가운을 보면 신뢰하라"는 말로 표현한 경험법 사례를 통해, 의사들 역시 스스로의 결정 오류에서 자유롭지 않음에도 불구하고 우리가 의사를 신뢰한다는 사실을 담아냈다. 이것은 진정으로 독립적인 결정 경험법인가, 아니면 보다 일반적인 경험법의 특정한 사례인가? 보다 일반적인 경험법이란 무엇인가? 그리고 여기에도 같은 의문이 적용되어야 하는가?

현재의 의사 결정 모델과 관련된 두번째 문제는 위험 회피 및 손실 회피와 같은 판단 및 평가의 개별적 속성에 가변성이 존재하기 때문에 발생하는데, 이러한 개별적 속성은 상황에 맞는 다양한 요인에 따라 달라지는 것으로 알려져 있다. 이러한 가변성을 탐구하는 연구는 특히 기분과 부수적인 감정에 초점을 맞춰왔다. 손실을 회피하는 정도는 여러분의 기분이 행복한지 아니면 슬픈지에 따라 달라진다. 현재의 기분과 일치하는 사건은 보다 쉽게 기억해낼 수 있는데, 이는 가용성 경험법이 차별적으로 적용될지도 모른다는 점을 시사한다. 결국 특정 시점에서 날씨와 같은 임의적인 상황이 우리의 의사 결정을 바꿔놓을 수 있다는 의미다. 이렇게 상황이 미치는 영향은 심각한 결과를 야기할 수 있다. 예를 들어 뉴욕 주식시장은 뉴욕 시 남부의 날씨가 궂은 날보다 화창한 날에 더욱 활황을 보이는 것으로 알려져 있다.[1] 우리는 모두 일상생활에서 이러한 영향을 인지하고 있다. 식료품을 잔뜩 사려는 경우가 아니라면 배가 많이 고플 때는 슈퍼마켓에 가는 것을 삼가라. 화가 났을 때에는 이메일을 보내지 마라. 보다 차분한 상태가 되면 판단이 달라질 것이다. 결정 경험법에 대한 현재의 이해에서 발견되는 문제점은 경험법을 구축할 때 감정이라는 요소가 포함되지 않았다는 점이다. 감정의 효과까지 고려하려면 새로운 이론을 개발해야 한다. 여기서도 다시 한번, 의사 결정에 대한 보다 일반적인 이론이 없는 상태에서 상황 의존성의 본질을 완전히 이해하기 위해서는 전적으로 직관과 실험에 의지할 수밖에 없다.

선택을 하는 과정의 근원에 자리잡고 있는 메커니즘을 아우르는 이론이 수립되면 아직 발견되지 않은 잠재적 경험법이 존재할지도 모르는 틈새가 드러날 것이다. 상황과 기분의 효과는 더욱 분명해질 것이다. 이러한 모델을 개발하는 확실한 방법은 행동을 두뇌의 관점에서 설명하는 것이다.

두뇌를 기반으로 의사 결정을 설명하는 방법을 개발하는 데 가장 까다로운 부분은 두뇌의 기능을 관찰하는 것이었다. 지난 몇십 년간 동물을 대상으로 한 실험을 통해 평가 및 선택에 관여하는 다양한 두뇌 체계가 확인되었다. 그러나 동물 모델을 사람에게 적용하는 데는 한계가 있다. 두뇌 기능에 대한 이론을 수립하는 데는 동물 모델을 사용할 수 있을지 몰라도 인간의 행동과 신경 구조는 다른 종과 크게 다르다. 뿐만 아니라 전극 삽입 등 동물 연구를 하는 데 사용되는 도구는, 일반적으로 인간을 대상으로 실험할 때는 사용이 금지되어 있다. 따라서 최근까지 인간의 두뇌 기능을 연구하기 위해서는 두피에 전극을 붙여 전기적 활동을 측정하는 뇌파 검사에 의존할 수밖에 없었다는 의미다. 그러나 뇌파 검사로는 평가 및 보상 처리와 관련된 두뇌 깊숙한 영역의 활동을 기록할 수 없다. 두뇌 부상을 당한 이후의 기능 손실로부터 두뇌 기능을 추론하는 병변 연구는 두뇌 활동을 이해하는 데 도움을 주었지만, 이러한 연구 역시 다른 한계점이 있다. 결정신경과학 분야는 기능적 자기공명영상fMRI의 개발과 함께 1990년대가 되어서야 본격적으로 시작되었다.

fMRI가 완벽한 기술은 아니다. 이는 뇌의 혈액 흐름과 연관된 신호를 측정하는 것이지 뉴런의 활동을 직접 측정하는 것은 아니다. 그러나 fMRI로 사실상 두뇌의 모든 영역을 균일하게 잘 측정할 수 있다. 혈액의 흐름을 측정하는 것은 생각만큼 무작위한 작업은 아니다. 뉴런이 활동 전위를 방출하여 다른 뉴런에 신호를 보낼 때는 에너지를 사용한다. 이러한 에너지 수요에 대한 반응으로 혈액순환이 국소적으로 증가하게 된다. 이러한 반응의 근저에 있는 정밀한 관계에 대해서는 아직 추가적인 연구가 진행되고 있으나, 국지적인 뉴런 활동이 일어나면 특정 영역에서 혈액 흐름이 증가한다는 사실에는 의문의 여지가 없다. 이 이유 때문에 fMRI는 사람들이 커다란 원통형 자석 안에서 어떤 작업을 수행하든, 그때 일어나는 두뇌의 활동을 실시간으로 측정할 수 있는 강력한 대리 수단이다.

보상 처리 및 의사 결정과 연관된 다양한 두뇌 시스템이 이미 알려져 있는 상태에서, 다음 단계는 fMRI를 사용하여 이러한 두뇌 시스템이 어떻게 손실 회피, 위험 회피, 그리고 전망이론을 구성하는 기타 평가의 변수와 연관되어 있는지 실험하는 것이었다. 실험 결과는 믿기 어려울 정도였다. 연구에 연구를 거듭한 결과, 평가에 대한 개인적 차이를 나타내주는 이 다양한 변수들은 모두 선조체striatum, 편도체amygdala, 복내측 전전두엽 피질ventromedial prefrontal cortex, 뇌섬엽insula이라는 한정된 두뇌 영역의 활동과 연관되어 있었다. 가끔 뇌섬엽이 활성화되기는 하지만 손실 회피는 전적으로 선조체에서 일어나는 반응으로 설명할 수 있다는 사실이 발견되었다. 한편 뇌섬엽은 감정, 특히 혐오감과 연관되기 때문에 손실 회피와 뇌섬엽이 관련되어 있다는 결과는 흥미로운 가능성을 담고 있다. 이 결과는 손실 회피가 상황에 따라 달라지는 이유를 설명해줄 수 있을지도 모른다. 혐오감이라는 감정이 연관되면 두뇌의 반응도 달라지고 평가 역시 함께 변하리라 예상하는 것도 가능하다. 확률과 위험 회피 역시 부분적으로는 선조체의 반응에 달려 있다는 사실이 발견되었다. 이는 손실 회피와 위험 회피라는, 언뜻 서로 독립적으로 보이는 성향도 행동 관찰만을 기반으로 할 때는 예상하지 못했던 중요한 방식으로 연관되어 있을지도 모른다는 점을 시사한다.

매우 다양하고 복잡한 결정이론들을 모두 한정된 몇 가지의 두뇌 영역과 연관지을 수 있다는 놀라운 발견은 심오한 잠재적 결과를 낳는다. 기분과 같이 의사 결정 성향을 바꿔놓는 요소들도 이제 보다 쉽게 이해할 수 있을지 모른다. 다른 연구를 통해 감정 역시 같은 신경체계와 관련이 있다는 사실이 밝혀졌기 때문에 만약 기분이 이러한 두뇌 영역에서 일어나는 반응을 바꿔놓을 수 있다면, 결정 역시 바뀌어야 한다. 이는 몇 가지 흥미진진한 새로운 예측으로 이어져 현재 실험이 진행되고 있다. 예를 들어 선조체는 성적으로 유혹하는 사진과 같이 보상을 약속하는 자극에 반응한다는 사실이 알려져 있다.[2] 이러한 선조체의 반응이 위험한 선택에 대한 우리의 대응에 영향을 미치는 것은 분명하다.

아마도 보다 중요한 것은, 신경과학을 의사 결정 연구에 도입함으로써 우리가 행동의 패턴을 정의하는 방식이 변할 수 있다는 점일 것이다. 어떤 사람을 '소심하다'거나 '주의깊다'라고 표현하기보다는 편도체 민감도가 높다고 표현할 수 있으며, 이는 어떤 상황에서는 보다 큰 위험 회피 성향을, 또다른 상황에서는 더욱 큰 손실 회피 성향을 암시한다. 일단 얼마나 다양한 행동이 두뇌 기능을 통하여 서로 밀접하게 연관되어 있는지를 이해하면, 신경과학 용어로의 전환 역시 필요해질 것이다.

다른 동물과 현저하게 다른 인간의 특징 중 하나는 유연하고 이성적으로 반응할 수 있는 능력이다. 우리는 상황에 대해 추상적으로 생각하고 언어와 같은 상징적 체계를 활용하여, 결정을 하는 데 도움이 되도록 선택의 속성을 표현할 수 있다. 신경과학은 이러한 인지적 과정을 이해하는 데에도 매우 결정적인 공헌을 하게 될 것이다. 인지적 사고와 관련된 두뇌 체계도 보상 처리와 같은 보다 기본적인 두뇌 기능과 마찬가지로 연구를 통해 밝혀졌다. 일반적으로 인지적 사고 과정은 측면 전전두엽 피질lateral prefrontal cortex과 후두정엽 피질posterior parietal cortex에서 일어난다. 이러한 영역의 활동이 두절되면 스스로의 행동을 상황의 특별한 요구에 맞춰 조정하는 능력이 손상된다. 이러한 조정 기능 상실은 정신분열증을 비롯한 수많은 정신장애의 핵심적인 요소이며, 그 때문에 오랫동안 신경과학 연구의 주제가 되어왔다.

여기서 우리의 목적을 위해서는, 보상 처리와 관련하여 위에 언급한 모든 두뇌 영역이 각각 측전두엽 피질과 연결되어 있다는 점에 주목해야 한다. 이는 선택을 평가하는 방법을 의도적으로 조절하고 이를 통해 스스로 의사 결정 행동을 인지적으로 통제할 수 있는 메커니즘이 존재한다는 것을 시사한다. 캘리포니아 공과대학의 신경경제학자인 토드 헤어Todd Hare, 콜린 카머러Colin Camerer, 안토니오 랭걸Antonio Rangel은 의사 결정과 관련된 인지적 요소에 대한 재미있는 연구를 실시했다. 세 사람은 다이어트를 하는 사람들과 대조군이 무엇을 먹을지 결정할 때 어떻게 영양과 맛 사이의 균형을 찾는지에 관심을 가지고 있었다. 연구 결과, (예상한 대로) 영양가와 같이 추상적인 정보는 측전두엽 피질로 구현되는 반면, 맛에 대한 정보는 선조체와 복내측 전전두엽 피질에 표현된다는 사실을 발견했다. 딱히 당기지는 않으나 영양적인 측면에서 뛰어난 음식과 관련한 어려운 선택(예를 들어 사과와 감자칩을 생각해보자)에서, 영양이 승리를 거두는지 여부는 측전두엽 피질이 복내측 전전두엽 피질의 활동을 변화시킬 수 있는지에 달려 있다. 연구에 참가한 사람들은 의도적으로 음식에 대한 평가를 바꿔야 했고, 지속적인 두뇌 활동을 통해 이 과정을 직접 관찰할 수 있었다.[3]

심사숙고와 의지력은 의사 결정을 이끌어내는 근본적인 속성이다.

이러한 절차를 활용하고자 하는 의지는 우리가 하는 선택에 엄청난 영향을 미치게 된다. 우리는 에너지-효율성 간극의 사례에서 이미 이 사실을 확인한 바 있다. 그러나 이 상호작용의 본질은 아직도 대부분 베일에 싸여 있다. 의지력이 마치 근육처럼 작동한다는 증거도 존재한다. 만약 힘든 임무를 완수하는 등의 한 가지 일에 의지력을 많이 사용하면 피로가 찾아오고 그후 일정 기간 동안은 의지력이 약해진다. 일상적인 행동의 경우, 우리는 최소한 무언가 잘못된 것처럼 보일 때까지는 주로 자동 메커니즘을 사용하여 세상을 헤쳐나간다. 그리고 무언가 잘못되었다고 느끼면 잠시 멈추고 보다 신중하게 생각하기도 하고, 그러지 않기도 한다. 신경과학자들은 이러한 각 과정을 측정함으로써 인간이 자제력을 이해하는 방식에 혁명을 일으키려 하며, 이렇게 되면 의사 결정에 대한 이해에도 커다란 영향을 미칠 것이다.

결정신경과학은 빠르게 성장하는 두 학문 분야의 교차점에 있는 신흥 분야다. 결정신경과학은 전망이론을 필두로 하여 지금까지 존재해왔던 것보다 훨씬 뛰어난 인간 행동의 정량 모델을 제공한다. 생리적인 측면에서는 신경과학이 이제 기존에는 불가능했던 방식으로 인간의 두뇌 활동을 직접 기록할 수 있게 되었다. 이러한 두 과학의 융합을 통해 상당히 흥미진진한 결과가 도출되었지만 이는 앞으로 벌어질 일들에 대한 예고편일 뿐이다. 궁극적으로 우리는 신경과학적인 관점에서 의사 결정을 이해하게 될 것이고, 그 결과 의지력이나 자제력과 같이 좀처럼 손에 잡히지 않는 요소들을 훨씬 더 잘 이해하게 될 것이며, 보다 일반화된 이론을 수립하게 될 것이다.

1. D. Hirshleifer, T. Shumway, "Good Day Sunshine: Stock Returns and the Weather", *Journal of Finance 58*, 2003, pp. 1009-1032.
2. B. Knutson 외, "Nucleus Accumbens Activation Mediates the Influence of Reward Cues on Financial Risk Taking", *Neuroreport 19*, 2009, pp. 509-513.
3. T. A. Hare, C. F. Camerer, A. Rangel, "Self-Control in Decision-Making Involves Modulation of the vmPFC Valuation System", *Science 324*, 2009, pp. 646-648.

과연 수치심이 필요한가?

제니퍼 자케 Jennifer Jacquet

제니퍼 자케는 2004년 코넬 대학에서 환경경제학으로 석사 학위를 받았으며 2009년에 브리티시컬럼비아 대학에서 박사 학위를 받은 후 현재 동 대학에서 연구원으로 일하고 있다. 브리티시 컬럼비아 대학과 퓨 자선기금Pew Charitable Trusts이 공동으로 추진한 '우리 주변의 바다Sea Around Us' 프로젝트의 일환으로 해산물 및 기타 천연자원과 연관된 시장 기반의 보존활동을 연구했다. 현재 막스 플랑크 진화생물학연구소Max Planck Institute for Evolutionary Biology 및 브리티시컬럼비아 대학 수학과 소속 동료들과 함께 명예와 수치심이 협력에 미치는 영향을 연구하기 위해 여러 가지 모의 게임과 실험을 진행하고 있다.

금융권의 경영진들은 2008년 심각한 금융 위기의 와중에 200억 달러를 보너스로 받았고 2450억 달러에 해당하는 정부 구제 금융을 받았다. 2008년에 미국에서는 바로 이러한 경영진들이 부추긴 주택담보대출 사태 때문에 300만 채 이상의 주택이 압류되었다. 시티그룹은 2009년 초, 납세자들의 돈으로 450억 달러의 구제 금융을 받은 지 얼마 되지 않아 5000만 달러짜리 회사 전용기를 사겠다는 제안을 했다. 며칠 후 버락 오바마 대통령은 대통령 집무실에서 진행된 인터뷰에서 이 부분을 지적했다. 전용기에 대해서는 "말도 안 되는 소리", 보너스에 대해서는 "수치스럽기 짝이 없다"고 말했다.

수치심의 목적은 무엇인가? 아직도 수치심이 필요할까? 나는 이러한 질문들을 스스로에게 던져본다. 이는 단지 금융 관계자에게만 관련된 문제가 아니다. 대부분의 사회적 딜레마에는 개인과 집단의 이익 사이에서 발생하는 이와 유사한 갈등이 드러나기 마련이다. 에너지, 식량, 물 부족, 기후변화, 어장 감소, 항생제에 대한 내성 증가, 핵전쟁의 위협 등의 문제는 모두 인류 공통의 비극으로 간주할 수 있으며, 개인의 선택이 공공의 이익과 상충되는 사례다.

집단의 이해와 개인의 이익 사이에서 균형을 찾는 일은 결코 쉽지 않지만 인간 사회는 높은 수준의 협력을 보여주고 있다. 이러한 수준에 도달하기 위해서는 특화된 특성이 진화되어야 하는데, 수치심과 같은 감정도 이러한 특성 중 하나다.[1] 수치심은 개인이 집단에 협력하지 못했을 때 일어나게 되어 있는 감정이다. 수치심은 사회적 행동을 규제하며 처벌에 대한 사전 경고의 역할을 한다. 집단의 규칙에 순응하든지, 아니면 그에 따른 결과를 감수하라는 의미다. 가장 초기의 수치심은 낭비, 탐욕, 무능력 등의 문제와 관련하여 생겨났을 가능성이 크다. 죄책감은 개인의 기준에 따라 일어나지만 수치심은 집단 기준에 따른 결과다. 따라서 수치심은 죄책감과는 달리 다른 사람들과 연관된 맥락 안에서만 느끼게 된다.

최초의 인류는 직접적 관찰을 통해서만 협력이나 이탈을 추적할 수 있었을 것이다. 많은 동물이 시각적인 관찰을 통해 특정한 동물이 다른 동물들과 협력하는지 여부를 판단한다. 예를 들어 생물학자 레두안 브샤리Redouan Bshary가 발견한 바와 같이, 홍해의 산호초에 사는 물고기들은 놀래기가 다른 물고기들을 청소하는 모습을 지켜보면서 놀래기의 협력 여부를 파악한다. 브샤리는 이집트 해안에서 스쿠버다이빙을 하면서 이러한 공생 관계를 관찰했다. 청줄청소놀래기Bluestreak cleaner wrasse(학명 라브로이데스 디미디아투스Labroides dimidiatus)는 하루에 2000번 이상의 상호작용을 통해 산호초에 사는 물고기에 붙어 있는 기생충 및 죽거나 감염된 조직을 뜯어 먹는데, 이를 협력 활동으로 간주할 수 있다. 놀래기의 입장에서는 기생충뿐만 아니라 더 많은 부분을 뜯어 먹고 싶겠지만, 만약 지나치게 살을 많이 뜯어 먹는다면 산호초 물고기가 향후 놀래기와의 공생 관계를 거부할 것이다. 산호초 물고기는 기존의 고객들과 원활하게 협력하는 놀래기에게 접근하고 적정 수준보다 더 많은 살점을 뜯어 먹는 놀래기는 피한다.[2]

청줄청소놀래기처럼 인간은 누군가 자신을 지켜보고 있다고 느낄 때 더 적극적으로 협력한다. 뉴캐슬 대학University of Newcastle upon Tyne의 학자들은 누군가 양심 상자Honesty Box를 지켜보는 느낌을 주는 환경을 만들었을 때 상자에 투입되는 커피와 차 값에 어떠한 변화가 나타나는지를 조사했다. 대학의 커피점에 놓은 양심 상자 위의 그림을 꽃과 인간의 얼굴로 한 주씩 바꿔가면서 10주간 실험을 실시했다. 실험 결과, 인간의 시선을 느낄 수 있었던 주간에는 그렇지 않은 주간에 비해 사람들이 마신 음료의 값을 상자에 넣을 확률이 거의 3배에 달한다는 사실이 발견되었다.[3]

누군가 자신을 관찰하고 있다는 느낌뿐만 아니라 다른 사람들을 관찰하는 능력 역시 협력을 증진시킨다. 다른 사람들이 무엇을 하고 있는지 알고자 하는 성향은 인간이라는 존재의 근본적인 일면이다. 다른 사람들과 잘 어울리려고 하는 성향도 마찬가지다. 인간 사회가 보다 집단주의적인 방향으로 나아갈수록 집단의 구성원들과 행동을 같이하는 것이 보다 중요해지고 수치심의 역할 역시 더욱 부각된다.[4] 수치심은 집단의 기준을 따르지 않으면 동료 구성원들로부터의 처벌을 각오해야 한다는 경고의 역할을 한다. 그러나 개인주의에 기반한 대다수 사회는 경찰력, 공식 계약, 판사 재판 등의 제3자 처벌 시스템이 동료들의 처벌을 대체하는 방향으로 진화했다. 스스로의 손으로 직접 법을 집행하는 것을 시민의식의 위반으로 간주하는 사회에서는, 수치심이 그다지 큰 의미를 갖지 않게 되었다.

아마도 그렇기 때문에 우리는 사람들에게 수치심을 유발한다는 생각을 할 때 불편한 느낌을 받는지도 모르겠다. 수치심은 대중이 처벌에 참여하도록 유도한다. 노조 파업 때 공개하는 파업 불참자 명단이나 너대니얼 호손의 『주홍 글씨』를 생각해보자. 또는 유명한 보수주의자 윌리엄 F. 버클리 주니어William F. Buckley, Jr.가 1986년, 에이즈에 걸린 사람들에게 문신을 새기자고 주장했던 것을 떠올려보아도 좋다. 이러한 수치심 유발의 사례는 이제 개인의 자유에 대한 모욕처럼 느껴진다. 특히 다른 사람들에게 피해를 주지 않는 개인의 행동을 통제하는 경우에는 굳이 수치심을 유발하지 않는 것이 보다 바람직해 보인다. 공개적인 수치심 유발을 피하게 되면서, 사회는 협력을 장려하기 위해 개인의 죄책감에 보다 크게 의존하기 시작했다.

죄책감은 여러 가지 사회적 딜레마에서 널리 나타나고 있는데, 내 연구 주제인 어류 남획 역시 예외는 아니다. 남획이라는 문제의 근원에는 인간의 욕구가 자리잡고 있다. 야생 어류 포획은 줄어들고 있으며 많은 사람들이 지속 불가능한 해산물을 섭취했다는 죄책감을 피하려고 노력한다. 최근 주요 일간지를 장식한 헤드라인 몇 개만 살펴보자. '거룩한 고등어와 죄책감이 필요 없는 다른 물고기'(뉴욕타임스), '죄책감을 느끼지 않고 먹을 수 있는 생선초밥'(크리스천 사이언스 모니터), '대구와 감자튀김? 북대서양 대구*로 주세요. 당당하게 해산물을 먹는 방법'(타임스 오브 런던), '맛있는 음식; 쉽게 그리고 죄책감 없이 해산물 즐기기'(뉴욕타임스).

이러한 죄책감을 누그러뜨리고 해산물에 대한 입맛을 바꾸기 위해 다양한 방안이 등장했다는 사실도 아마 그다지 놀랍지 않을 것이다.[5]

* 북대서양에서 잡히는 대구는 자원량이 비교적 풍부하다고 알려져 있다.

이러한 방안의 목표는 특정한 유형의 해산물에 대한 수요를 다른 해산물 쪽으로 전환하는 것이다. 지갑에 넣는 정보 카드, 아이폰 애플리케이션, 환경 안전 제품에 붙이는 라벨을 통해 소비자들에게 어떤 생선을 먹어야 하고, 어떤 생선은 먹으면 안 되는지 알려준다. 유럽의 소비자들에게는 생선의 길이를 재보고 어린 생선을 피할 수 있도록 자를 제공하기도 한다.

죄책감은 환경 보존이 화두가 되는 여러 상황에서 자주 발견된다. 죄책감에 어쩔 줄을 모르던 한 어머니는 딸을 씻긴 물을 재활용하여 목욕을 했다. 로스앤젤레스의 소비자들은 상품을 운송하는 데 엄청난 연료가 소비된다는 이유로 칠레에서 수입한 블루베리 구매를 거부했다. 또 한 여성은 코코아 재배 때문에 자연 서식지가 파괴되는 것에 죄책감을 느낀 나머지 초콜릿 구매를 거부했고, 남편의 입에서는 아몬드 조이Almond Joy*에서 기쁨Joy이 사라졌다는 불만이 흘러나왔다.[6] 죄책감을 덜기 위해 교황의 면죄부를 샀던 중세의 독실한 가톨릭 신자들과 마찬가지로 죄책감에 시달리는 오늘날의 소비자들은 탄소 상쇄carbon offset**를 하고, LED 전구와 하이브리드 자동차를 구매하며, 『올바른 소비자*The Virtuous Consumer*』 『양심을 지키는 쇼핑 간편 가이드*The Rough Guide to Shopping with a Conscience*』 『환경을 생각하는 여성의 생활 가이드—멋지게 환경을 보호하는 방법*The Eco Chick Guide to Life: How to Be Fabulously Green*』 등의 책을 통해 올바른 방향으로 나아가려 한다.

비록 환경에 대한 죄책감 덕분에 눈에 띄는 친환경 제품이 나오기

* 코코넛과 아몬드, 초콜릿으로 만든 초콜릿 바.

** 다양한 방식으로 자신이 배출하는 탄소를 상쇄하는 것.

는 했지만, 문제는 이러한 죄책감이 확실한 결과를 도출해내는 것처럼 보이지는 않는다는 점이다. 한 슈퍼마켓 체인은 어류 판매대에 가장 지속 가능한 어류와 가장 지속 불가능한 어류를 알려주는 표시를 도입했다. 녹색 태그가 붙은 '최고의 선택' 생선의 판매량은 일주일에 평균 29퍼센트 증가했고 노란 태그가 붙은 '주의 요함' 어류의 판매량은 일주일에 평균 27퍼센트 감소했지만, 빨간색 태그가 붙은 '최악의 선택' 어류, 즉 가장 남획 문제가 심각한 종의 판매량은 별다른 변화가 없었다.[7] 1980년과 2008년 사이에 유기농 식품 친환경 표시의 탄생지인 캘리포니아에서조차 살충제의 판매량이 36퍼센트 증가했다.[8] 카풀을 하고 비닐봉지 대신 천으로 된 장바구니를 사용하는 등 간헐적인 친환경 활동 사례는 있었지만, 미국의 전체 원유 수요는 1990년 이후 30퍼센트 증가했으며 1인당 수요는 5퍼센트 증가했다.[9] 물론 이상주의적인 소비자들이 미치는 긍정적인 효과는 분명히 존재하나, 수요 증가와 대다수 다른 소비자들의 영향에 가려 눈에 잘 띄지 않는 실정이다.

죄책감은 중요한 감정이지만, 죄책감을 느끼는 것은 개인이므로 해당 개인에게 동기부여를 하는 데 그친다. 또하나의 단점은 죄책감이란 각자의 내면에 자리잡은 기존의 가치관을 바탕으로 한다는 점이다. 따라서 가치관 자체가 존재하지 않는 경우 죄책감을 느끼지 않으므로 아무런 행동도 일어나지 않는다(예를 들어 빨간색 태그가 붙은 '최악의 선택' 어류의 판매량은 변하지 않았다). 집단에 속한 개인 하나하나가 아닌, 집단 전체의 의식을 고취하는 것이 목표일 경우는 어떨까? 환경 문제를 비롯한 많은 문제들이 집단의 문제에 해당한다. 이러한 집단적 문제를 해결하기 위해서는 아마도 집단적인 감정이 필요할지 모른다. 어쩌면 수치심이 필요할 수도 있다.

앞에서 언급한 바와 같이 수치심은 타인에게 해를 끼치지 않는 개인적인 행동을 규제하는 데에는 바람직하지 않다. 그러나 타인에게 해를 끼치는 행동에 수치심을 느끼게 하는 것은 어떨까? 미국의 전국 성범죄자 명부U.S. National Sex Offender Registry는 모든 주에 거주하는 성범죄자들의 이름, 사진, 주소 정보를 제공하는 온라인 데이터베이스다. 2010년 3월에 네브래스카 주 의원들은 주 정부가 2만 달러 이상의 세금을 체납하고 있는 사람들의 이름과 주소를 온라인에 공개할 수 있도록 하는 법안을 승인했다. 소매치기와 강도들에게 자신의 죄를 대중에게 알리는 피켓을 가지고 다니는 형을 선고하는 등, 수치심을 유발하는 처벌을 내리는 판사도 여러 주에서 발견할 수 있다. 이러한 수치심 유발 사례는 나쁜 행동을 저지하는 효과를 거둘 수는 있을지 모르지만, 시카고 대학의 정치철학자 마사 누스바움Martha Nussbaum과 같은 비평가는 정부가 개인에게 수치심을 유발할 경우 존엄성 침해로부터 시민을 보호해야 한다는 법적 의무를 위반하는 것이라고 주장한다.[10]

그렇다면 정부가 수치심 유발에 관여하지 않는 경우는 어떨까? 영국 레스터Leicester의 한 마을은 '쓰레기 투척자'를 잡는 일을 포함하여 해당 동네에서 일어나는 일만 다루는 유튜브 채널을 운영하고 있다. 동영상에는 다양한 방식으로 쓰레기를 버리다가 포착된 사람들의 모습이 담겨 있기 때문에 누군가가 특정 쓰레기 투척자를 알아보는 경우 메일로 그 사람의 신상 정보를 마을 운영회에 제보하고, 운영회는 다시 이 정보를 시의회에 전달하여 범칙금을 부과하고 동영상을 삭제한다.[11] 2008년 주간신문 샌타페이 리포터The Santa Fe Reporter는 시에서 가장 물을 많이 사용하는 10개 가구의 명단과 주소를 공개했다(1위 자리는 가구 평균 물 사용량의 21배에 달하는 물을 쓰고 있던 집주인에게 돌아갔다). 브리티시컬럼비아 주 밴쿠버에 있는 우리 아파트 근처의 테니스 클럽은 회비를 내지 않는 사람들의 이름을 공개한다. 이러한 각각의 사례에서 개인의 행동은 지역 공동체에 해를 끼친다. 이중 어느 경우에도 정부는 수치심 유발에 관여하지 않는다. 이것은 수치심을 정당하게 활용하는 것인가? 이러한 방법이 과연 효과가 있는가?

두번째 문제를 먼저 다뤄보자. 앞에서 소개한 사례에서 수치심 유발을 통해 행동을 바꾸는 효과를 거두었을지는 모르지만, 긴급한 대규모의 문제들이 난무하는 세상에서는 단순히 개개인의 행동을 바꾸는 것만으로는 충분하지 않다. 한 번에 한 사람씩 작은 변화를 채택해가는 방식은 문제의 규모가 작거나 문제 해결을 할 시간이 넉넉한 경우에만 효과를 거둘 수 있다(예를 들어 차별적인 언어를 서서히 몰아내는 일). 오늘날의 수많은 사회적 운동은 이들이 혁신하려는 산업과 마찬가지로 빠른 시간 내에 커다란 변화를 일으켜야 하는데, 이를 실현하는 최선의 방법은 상부에서 대상 조직을 향해 집중적인 노력을 기울이는 것이다. 나는 이를 수직적 선동vertical agitation이라 부른다. 샌타페이 리포터는 가장 물을 많이 쓰는 가정 1~10위뿐만 아니라 가장 물을 많이 사용하는 상업용 건물 10채도 게재했다. 그중 1위에 오른 산타페 시는 가정 부문에서 1위를 한 집보다 195배나 더 많은 물을 사용하고 있었다. 한 가정의 물 사용량을 개혁하는 것과 시 차원에서 절수 전략을 추진하도록 하는 것의 상대적인 차이를 상상해보라.

죄책감은 개인에 따라 큰 차이를 보이는 양심의 가책을 바탕으로 하기 때문에 조직적인 차원에서 효과를 거둘 수는 없다. 그러나 수치심은 양심의 가책만으로 일어나는 것이 아니다. 수치심은 공공의 정서이기 때문에 조직이 중요하게 여기는 평판에도 영향을 미친다. 스위스의 다보스에서 열린 2004년 세계경제포럼에서, 세계 경제를 이끌어가는 최고경영자들은 기업 브랜드의 이미지가 재정적 성과를 누르고 성공의 가장 중요한 척도로 자리잡았음을 보여주는 언론 성명을 발표했다. 수치심과 평판이 어떻게 상호작용을 하는지에 대한 사례로는 1998년 로스앤젤레스 카운티에서 공중 보건을 위해 수치심 유발 전략으로 도입한 레스토랑 위생 카드를 꼽을 수 있다. 각 레스토랑은 의무적으로 가장 최근의 정부 위생 검사 결과를 보여주는 등급 카드를 걸어야 했다. 창문에 커다랗게 A, B, C로 표시된 등급은 청결을 가장 중시하는 레스토랑에는 영예를, 청결을 가장 소홀히 여기는 레스토랑에는 수치심을 준다. 등급 카드는 레스토랑 위생에 대한 소비자의 의식을 높이는 결과로 이어져, 카운티 전역에서 식중독으로 인한 입원이 20퍼센트 감소했고 카운티 내 레스토랑들의 위생 점수도 높아졌다.[12]

인간의 진화 초기에는 협력의 정도를 직접적으로만 가늠할 수 있었다는 사실을 상기해보자. 집단의 크기가 커지고 고대의 인간이 협력을 필요로 하는 문제로 고심하게 되면서, 인간의 두뇌는 모든 규칙과 사람들을 더욱 잘 추적할 수 있게 되었다. 영국의 인류학자 로빈 던바Robin Dunbar가 내놓은 사회적 털 고르기social grooming 가설에 따르면, 인간이 말하는 법을 배우게 된 것은 점점 늘어나는 사회적 교류를 수용하고 서로를 감시해야 할 필요성이 생겨났기 때문이라고 한다.[13] 그다음, 지금으로부터 5000년 전에 쓰기라는 또하나의 도구가 등장했다. 말하기와 쓰기를 불문하고, 언어를 통해 사회적 정보의 매개체인 타인에 대한 잡담gossip이 가능해졌다. 막스 플랑크 진화생물학연구소의 랄프 조머펠트Ralf Sommerfeld와 그 동료들은, 서로에 대한 이야기를 나눌 수 있도록 허용한 협력 게임에서 긍정적인 잡담이 보다 적극적인 협력으로 이어졌음을 보여주었다. 더욱 흥미로운 점은, 직접적으로 정보를 얻을 수 있는 경우에도 잡담이 다른 사람에 대한 참가자들의 인식에 영향을 미쳤다는 사실이다.[14]

오늘날의 인간 사회는 너무나 광범위하여 그 규모가 우리 두뇌의 한계를 넘어섰다. 사람과 규범의 수는 점점 늘어난다. 이렇게 엄청난 규모의 집단 내에서 이야기를 주고받는 데 도움이 되는 도구는 무엇일까? 오늘날 우리는 컴퓨터를 통해 유례없이 방대한 양의 정보를 추적하고 분배한다. 예를 들어 언론이나 압력단체, 심지어 일반 시민까지도 온라인으로 미국 환경 보호국U.S. Environmental Protection Agency의 유해물질 배출량 조사Toxics Release Inventory 데이터베이스에 접속하여 오염자를 확인하고 수치심을 유발할 수 있다. 데이터베이스가 처음 구축된 1988년부터 1995년 사이에 이 목록에 올라 있는 330가지 유해 화학물질의 배출은 45퍼센트 감소했다.[15] 식료품 소매업체 트레이더 조Trader Joe's가 지속 불가능한 어류를 판매하지 말라는 비영리단체 그린피스Greenpeace의 요청에 반응을 보이지 않자, 그린피스는 인터넷을 통해 노래하는 물고기*의 소리를 담은 전화 항의와 전국에 있는 모든 트레이더 조 매장 앞에서의 시위를 조직했다. 트레이더 조의 최고경영자는 결국 그린피스의 요구를 받아들이기로 결정하여, 남획되고 있는 어종 몇 가지를 판매대에서 없애고 2012년 말에 이르러서는 지속 가능한

* singing fish, "나를 강으로 데려다줘" 등의 노래를 부르는 장난감 물고기.

해산물만을 판다는 내용에 합의했다.

컴퓨터를 사용하여 부족 생활의 친밀함을 어느 정도 재현할 수 있겠지만, 수치심 유발이 협력으로 이어지도록 하려면 결국 인간이 필요하다. 언어, 쓰기, 인터넷 등 새로운 도구의 출현만으로는 인간의 눈을 완전히 대체할 수 없다. 트레이더 조의 매장 밖에서 벌인 시위처럼, 얼굴을 맞대고 하는 상호작용은 반대 의견을 피력하는 방법 중에서도 여전히 가장 강력한 영향력을 발휘한다.

그렇다면 수치심이 사회적 변화를 촉진하지 못하는 이유는 무엇일까? 나는 세 가지 단점을 꼽는다.

첫째, 오늘날의 사회에는 덧없는 '단발성' 상호작용이 만연해 있다. 다시 똑같은 상황에 처할 가능성이 낮다는 사실을 알게 되면 행동을 바꿀 동기부여가 약해진다. 그러나 다시 상호작용을 하게 되리라는 것을 아는 경우에는 협력 수준이 향상된다는 사실이 연구를 통해 증명되었다.[16] 향후의 상호작용 가능성이 클 때 수치심은 더욱 효과를 발휘한다. 단발성 상호작용으로 가득한 사회에서 우리는 위생 등급 카드나 이베이eBay의 판매자 평점과 같은 이미지 점수를 매겨 개인 또는 단체의 협력 정도를 집단에 알림으로써 익명성을 보상하려는 시도를 할 수 있다.

둘째, 오늘날의 사회는 무정형의 정체성을 허용한다. 홍해에서 청줄청소놀래기를 관찰하던 산호초 물고기를 기억해보자. 놀래기는 다른 물고기들이 자신을 지켜보고 있다는 사실을 아는 것처럼 보이고, 어떤 놀래기들은 작은 물고기와 협력하는 행위를 통해 신뢰를 쌓고, 이 모습을 큰 산호초 물고기들이 관찰하도록 한다. 그러나 정작 큰 물고기들이 청소를 위해 다가오면 기생충과 함께 물고기의 살까지 잔뜩 뜯어 먹어 신뢰를 무너뜨리고 자신의 배를 불린다. 산호초 내의 혼란을 더욱 가중시키는 것은 가짜 청소물고기(학명 아스피돈투스 타에니아투스Aspidontus taeniatus)로, 이 물고기는 청줄청소놀래기와 아주 흡사한 모습을 함으로써 생계를 유지한다. 이들은 마치 놀래기인 척 협력을 가장하고 산호초 물고기에 접근한 다음 물고기의 살점을 뜯어 먹고 얼른 헤엄쳐 도망가버린다.

오늘날 인간의 상호작용 중 상당수가 홍해의 물고기 청소 생태계와 유사하다. 누가 협력을 하고 누가 협력을 하지 않는지 계속 추적하기가 어려운 것이다. 특히 조직을 관찰하고 있을 때 이런 현상이 더욱 두드러지게 나타난다. 2001년 미국 역사상 가장 큰 규모의 파산 신청을 한 엔론은 수백 개의 명의뿐인 기업을 동원하여 수십억 달러에 달하는 부채를 숨겼다. 이들 명의뿐인 기업은 저조한 실적을 보이는 엔론의 주식을 매입함으로써, 엔론이 허위 기업 보고서를 작성하고 감사관들을 오도할 수 있도록 도왔다. 리먼 브라더스는 허드슨 캐슬Hudson Castle이라는 소규모 회사(지분 25퍼센트 보유)를 활용했다. 2008년 파산 이전에, 위험성이 높은 투자를 자사 장부에서 이 회사의 장부로 옮겨버림으로써 리먼 브라더스가 아닌 허드슨 캐슬이 '주요한 위험'을 흡수하도록 한 것이다. 이 사례는 이어 소개할 수치심의 세번째 단점도 함께 보여준다.

셋째, 수치심의 가장 큰 단점은 불충분성이다. 어떤 사람들에게는 아예 수치심이 없다. 동료들과 함께 대학 1학년생을 대상으로 협력을 필요로 하는 게임을 통해 연구를 실시한 결과, 가장 협력성이 부족한 학생들의 경우 수치심을 유발하더라도 반드시 협력으로 나아가지는 않는다는 사실을 발견했다. 어떤 집단에서든 일부 구성원은 가짜 청소 물고기와 마찬가지로, 보상이 충분히 높을 경우 언제나 수치심을 느끼지 않고 행동할 것임을 암시하는 결과다. 은행은 파산 신청을 하더라도 은행가들은 보너스를 받았다. 심지어 개별 은행가의 보너스를 공개하면 수치심이 아니라 다른 은행가들의 질투심을 불러일으킬 수도 있다는 추측까지 있었다.

동료들과 나는 궁극적으로, 수치심이란 대대적인 사회적 변화를 촉진하기에 충분하지 않다는 결론을 내렸다. 노예제도가 폐지된 것은 폐지론자들이 노예 주인에게 수치심을 주어 노예를 풀어주도록 했기 때문이 아니다. 아동 노동이 멈춘 이유는 공장들이 수치심을 느끼고 아이들에게 일 시키는 것을 금지했기 때문이 아니다. 오존층 파괴 속도가 둔화된 이유는 업계가 프레온가스 함유 제품 생산을 수치스럽게 여겼기 때문이 아니다. 그렇기 때문에 처벌은 여전히 중요하다. 대다수 사람들의 행동을 바로잡는 것은 수치심만으로 충분할지 모르지만, 정부가 당최 협력을 하지 않는 사람들로부터 집단을 보호하기 위해서는 처벌 체계가 꼭 필요하다.

마지막으로 어느 범위까지를 집단의 구성원으로 볼 것인가 하는 문제를 생각해보자. 오늘날 우리는 인간과 인간이 아닌 다른 생물의 이해관계 사이에서 균형을 맞춰야 한다는 또다른 어려움에 직면해 있다. 인간 외의 생명체가 의견을 개진할 수 없는 상황에서 모든 생명체 간의 협력을 어떻게 촉진할 것인가? 번성하는 종은 암시적으로든 명시적으로든 생명의 상호의존성을 인식하는 종일 가능성이 크다. 인간이 하나의 종으로서 번성하려면 다른 생명체들의 다양한 생태학적 역할에 대한 이해를 높임과 동시에 이들의 삶을 파괴하는 행위에 대한 집단적인 수치심 역시 높여야 한다. 아마도 인간의 진화적 성공을 견인했던 서로에 대한 배려가, 삶이라는 조직에서 인간이 다른 종들을, 그리고 궁극적으로는 인간 자신을 파괴하지 못하도록 지켜줄지도 모른다.

---

1. R. Boyd, P.J. Richerson, "Culture and the Evolution of Human Cooperation", *Proceedings of the Royal Society of London B 364*, 2009, pp. 3281-3288.
2. R. Bshary, "Biting Cleaner Fish Use Altruism to Deceive Image-Scoring Client Reef Fish", *Proceedings of the Royal Society of London B 269*, 2002, pp. 2087-2093.
3. M. Bateson, D. Nettle, G. Roberts, "Cues of Being Watched Enhance Cooperation in a Real-World Setting", *Biology Letters 2*, 2006, pp. 412-414.
4. D. M. T. Fessler, "Shame in Two Cultures: Implications for Evolutionary Approaches", *Journal of Cognition and Culture 4*, 2004, 2.
5. J. Jacquet 외, "Conserving Wild Fish in a Sea of Market Based Efforts", *Oryx 44*, 2010, pp. 45-56.
6. C. Crawford, "Green with Worry", *San Francisco Magazine*, 2008년 2월.
7. E. Hallstein, S. B. Willas-Boas, "Are Consumers Color Blind? An Empirical Investigation of a Traffic Light Advisory for Sustainable Seafood", www.escholarship.org/uc/item/29v6w5sp#page-11.
8. www.cdpr.ca.gov/docs/mill/sumpdsld.pdf
9. 이는 미국 에너지부(Department of Energy) 통계를 기반으로 한 계산이다. 미국의 원유 일일 소비량은 1990년에 1700만 배럴이었고, 2010년에는 2220만 배럴이었다.
10. M. Nussbaum, *Hiding from Humanity: Disgust, Shame, and the Law*, Princeton, N. J.: Princeton University Press, 2004.
11. http://stpetersnm.com/litter_louts.html.
12. G. Zhe, P. Leslie, "The Case in Support of Restaurant Hygiene Grade Cards", *Choices 20*, 2005, pp. 97-102.
13. Robin Dunbar, *Grooming, Gossip, and the Evolution of Language*, Cambridge, Mass.: Harvard University Press, 1997 참조.
14. R. H. Sommerfeld 외, "Gossip as an Alternative for Direct Observation in Games of Indirect Reciprocity", *Proceedings of the National Academy of Sciences 104*, 2007, pp. 17435-17440.
15. A. Fung, D. O'Rourke, "Reinventing Environmental Regulation from the Grassroots Up: Explaining and Expanding the Success of the Toxics Release Inventory", *Environmental Management 25*, 2000, pp. 115-127.
16. M. Milinski, D. Semmann, H. Krambeck, "Reputation Helps Solve the 'Tragedy of the Commons'", *Nature 415*, 2002, pp. 424-426.

변화하는 세계에서 식물의 면역체계

커스틴 밤블리스 Kirsten Bomblies

독일에서 태어나 콜로라도에서 자란 커스틴 밤블리스는 분자생물학자이자 하버드 대학 유기체 및 진화생물학과 조교수다. 펜실베이니아 대학에서 생화학과 생물학 학사 학위를 받았으며 위스콘신 대학에서 존 두블리John Doebley 교수의 지도하에 유전학 박사 학위를 받았다(2004년). 2004년부터 2009년까지는 독일 튀빙겐Tübingen에 있는 막스 플랑크 진화생물학연구소의 데틀레프 바이겔Detlef Weigel 연구팀에 합류하여 박사 후 과정을 진행하면서 식물의 종 분화, 면역체계 진화, 적응, 생물지리학에 대한 '현재의 열정을 발견'했다. 2008년 맥아더 펠로십MacArthur Fellowship을 받았다.

지구상에서 인간의 생존은 전적으로 식물에 의지하고 있다. 인간은 대부분의 식량을 직간접적으로 지구 전역에서 재배되는 수십 가지 주요 작물을 통해 얻는다. 건축자재 중 상당수가 식물을 원재료로 한 것이며, 우리가 들이마시는 공기에 들어 있는 산소는 말할 것도 없다. 그러나 인간과 지구에 사는 대부분의 다른 생명체가 의존하고 있는 삼림, 초원, 작물 종 중 상당수가 서식지 파괴, 오염, 기후변화로 인해 위험에 처하는 경우가 점점 늘고 있다. 이러한 요소는 또한 병원체, 초식동물, 그리고 경쟁 종의 전파와 만연에 엄청난 변화를 일으킬 위험이 있다. 이런 어려움에 직면하여, 작물과 야생 식물 종이 급격한 기후변화로 인한 여러 가지 스트레스에 어떻게 대응할 것인지는 큰 우려를 자아내는 문제다. 특히 질병의 패턴이 어떻게 변할지에 대해서는 우려하지 않을 수 없다. 기후변화의 영향 모델은 지구의 평균 온도 증가뿐만 아니라 극단적인 기상 현상의 빈도 및 강도 증가 역시 예측하는데, 이러한 극단적 기상 현상은 이미 최근 몇십 년간 관찰된 병충해 및 작물 손실 증가의 주요 원인으로 지목되고 있다.[1] 변화무쌍하고 점점 더 예측할 수 없어지는 기후에서 식물군이 새로운 질병의 압력에 어느 정도 적응할 수 있을지는 대체로 알려지지 않은 상태다.

이렇게 식물에 대한 잠재적인 위협이 많기는 하지만 희망을 가질 이유는 있다. 일부 식물 종은 강인하여 기후변화에 유연하게 대처하며 단기적인 스트레스를 잘 견뎌낸다. 이러한 종은 기후나 서식지 변화에도 그다지 큰 영향을 받지 않고 살아남을 것이며, 기후 관련 문제에 대처하는 방법에 대해 소중한 정보를 제공해줄 뿐 아니라 유전적 해결책의 보고 역할도 하게 될 것이다. 저항력이 떨어지는 식물의 경우에는 인간이 현명하게 개입하거나 보존 전략을 취하여 생존을 도울 수 있을지 모른다. 또한 변화가 엇갈린 효과를 가져오는 경우도 있다. 예를 들어 기온 상승이 일어나면 여름에는 열로 인한 스트레스가 증가하지만 병원체의 발병력은 약화되고, 겨울에는 추위로 인한 스트레스가 줄어들지만 병원체의 생존력은 높아진다.[2] 따라서 무엇보다도 정보가 중요하다. 효과를 예측하거나 개입을 고려하기 전에 우리는 세상을 식물의 관점에서 바라보는 능력을 향상시켜야 한다.

식물의 삶을 좌우하는 중요한 특징은 물론 고착성, 즉 한곳에 뿌리를 내리고 살아간다는 점이다. 다른 곳으로 피할 수가 없는 식물은 주변 환경 및 환경의 예상치 못한 변화에 정면으로 대처해야 한다. 그래서 식물은 주변 환경을 감지하고 적절하게 반응하는 효과적인 방법을 발달시켰다. 식물은 병원체나 초식동물의 공격, 영양소와 빛, 습기의 가용성, 온도의 변화 등 매우 다양한 신호에 대응하여 발달과 생식 시기를 조절하고 자원 할당 방법을 변경할 수 있다.[3] 대부분의 식물 종은 자신의 자연 서식지에서 흔히 일어나는 환경 변화의 범위에는 잘 적응되어 있다. 그러나 가뭄, 폭염, 홍수 등과 같이 환경이 최적의 범위에서 크게 벗어나는 경우, 식물의 생존을 돕고 피해를 최소화하는 스트레스 대응책이 활성화된다. 예를 들어 가뭄에 따른 스트레스가 발생하면 수분 손실을 막기 위해 식물의 잎에 있는 기체 교환 기공이 닫히며, 홍수에 잘 견디는 종은 물에 잠기면 공기에 접촉할 수 있도록 줄기가 길어지기도 한다. 병원체가 공격을 해오는 경우 세포벽이 단단해지고 보호 작용을 하는 화합물을 생성하기도 한다.[4]

혼란이 일어나는 것은 상당한 스트레스가 복합적으로 발생할 때다. 사실 농작물에 특히 치명적인 것이 바로 이 복합적인 스트레스다(농부들에게는 잘 알려진 문제지만 최근까지 분자생물학자들 사이에서는 상대적으로 도외시되어왔다).[5] 그 이유 중 하나는, 일부 스트레스 대응 방식이 서로 충돌을 일으켜 식물이 한 번에 한 가지 이상의 스트레스에 효과적으로 대응하지 못하기 때문이다. 예를 들어 환경적 스트레스에 시달리는 식물은 병원체를 잘 물리치지 못하는 경우가 많다.[6] 식물이 복합적인 어려움에 직면했을 때 대응하는 방법을 예측하기 위해서는, 생명체 전체에 걸쳐 분자 수준에 이르기까지 스트레스에 대한 대응과 면역 신호 방법이 어떻게, 그리고 왜 상호작용하는지를 이해하는 것이 중요하다. 스트레스에 대한 반응이 어떻게 상호작용을 하고 때로는 어떻게 충돌하는가 하는 주제는 식물을 연구하는 생물학자들로부터 광범위한 주목을 받고 있다.[7]

그렇다면 분자유전학자들은 어떤 기여를 할 수 있을까? 관련된 분자적 현상을 이해하게 되면 왜 스트레스 대응에서 이러한 절충 현상이 일어나는지 분명히 드러날 것이다. 분자적 정보를 활용하면 단기적인 반응, 각 개체의 환경 순응, 또는 군집의 장기적 적응이 어떻게 환경의 영향을 받게 되는지 예측할 수 있다. 또한 반응의 분자적 기반을 이해하고 있으면 특정한 종의 잠재적 적응력을 평가하고, 적응에 대한 잠재력을 제한하거나 효과적인 개입에 장벽이 되는 유전적 또는 생리학적 한계가 있는지에 대한 질문을 던질 수 있다.

식물의 면역체계는 복잡하고 세밀하게 균형이 잡혀 있는데, 그렇기 때문에 식물은 환경적 스트레스가 야기하는 작은 변화에도 민감하게 반응하는지 모른다. 식물은 가시, 나뭇진, 세포벽 변형 등의 물리적 장벽 및 유독성 화합물의 혼합체, 여러 가지 단백질 등의 분자적 억제제라는 무기를 가지고 있다. 여기서 언급한 단백질 중 상당수는 동물의 면역 수용체와 비슷하여 침입자가 들어왔음을 감지하고 신호를 보낼 수 있다. 이러한 단백질은 식물의 세포 내 신호를 활성화하고, 이는 결국 공격을 받은 세포와 바로 인접한 세포의 계획된 세포 자살cell suicide로 이어지는 경우가 많다. 이러한 반응은 국지적으로는 식물에 손상을 입히지만 살아 있는 세포를 목표로 삼는 병원체(활물 영양체biotrophs)를 저지하는 데에는 도움이 될 수 있다. 물론 그와 동시에 죽은 세포를 노리는 병원체(사물 영양체necrotrophs)에는 더욱 취약해진다는 단점은 있지만 말이다.[8] 이렇게 매우 정교한 초기 병원체 감지 과정에 관여하는 일련의 감시 단백질을 저항resistance, 또는 R 단백질이라 부른다. R 단백질이 들어 있는 유전자는 식물 게놈에서 상당히 흔하다. 개별 식물의 유전자 정보 내에 수백 개의 R 유전자 염기배열이 들어 있는 경우도 흔하다.[9] 또한 개체에 따라 이러한 유전자의 염기배열은 상당히 달라질 수 있다. 이렇게 염기배열의 변이가 심한 이유는, 아마도 빠르게 변이하는 병원체와의 공진화共進化 때문일 것이다. 즉 병원체가 감지를 피하기 위해 진화함에 따라 이 새로운 병원체 변이를 감지할 수 있는 특정한 R 유전자가 새로 등장하고, 이 새로운 유전자는 병원체가 다시 그에 대한 대응 전략으로 진화할 때까지 점점 더 빈번하게 발현된다. 인간의 군비 경쟁과 마찬가지로 이러한 과정은 끝없이 반복되는 주기로 진행될 수 있으며, 결국 숙주와 병원체 모두에서 유전자 염기배열의 다양성이 증가하게 된다. 이는 또한 희귀한 변종에 유리하게 작용하는데, 목표가 된 식물 또는 침입하는 병원체가 아직 해당 변종에 대한 대응 전략을 마련하지 못했을 가능성이 크기 때문이다. 이러한 메커니즘 때문에 면역과 관련된 유전자는 높은 다양성을 유지하게 된다.[10]

R 단백질 자체의 가변성에도 불구하고, R 단백질은 종에 관계없이 비슷한 일련의 신호 단백질을 통해 대응 반응을 활성화한다.[11] 이 특징 때문에 R 단백질은 상호 교환이 가능하여 식물의 번식과 재배에서 매우 중요한 역할을 하게 된다. 한 상황에서 발달한 특정 병원체에 대한 기능적인 저항 특수성을 변종 또는 다른 종에 성공적으로 전이할 수 있는 경우가 많으며, 전이한 후에도 저항 특수성과 신호 기능은 그대로 유지된다. 그 결과 식물을 교배하는 사람들은 빈번하게 발견되거나 치명적인 타격을 주는 병원체에 내성을 가지고 있는 작물 변종을 개발할 수 있는 절호의 기회를 얻었다.

기후변화와 관련하여 일반적으로 우려를 자아내는 문제는 R 유전자를 통한 병원체 신호가 온도, 습도, 염도, 토양의 습도, 영양분의 가용성, 빛의 질 등과 같은 환경적인 요소에 크게 영향을 받는다는 점이다. 구체적인 영향은 숙주, 스트레스, 병원체의 고유한 조합에 따라 달라진다. 질병에 대한 저항과 물리적 환경 때문에 발생하는 스트레스는 서로 충돌하는 경우가 많다. 예를 들어 대두의 변종들은 일단 홍수에 노출될 경우 뿌리를 공략하는 병원체에 더욱 민감하게 반응한다. 반대로 땅콩의 경우 가뭄에 노출되면 인간에게 유독한 아플라톡

신aflatoxin을 배출하는 곰팡이에 감염될 확률이 높아진다.[12] 한편 스트레스 반응 사이의 상호작용이 때로는 서로 상승효과를 가져올 수도 있다. 토마토가 소금에 노출되는 경우 흰가루병의 병원균Oidium neolycopersici에 대한 저항이 증가하며, 사탕무의 경우 다양한 바이러스 종에 감염되면 가뭄에 대한 저항력이 높아지고, 보리의 뿌리에 내생균근 균Piriformospora indica이 감염되는 경우 염분에 대한 내성이 높아지기도 한다.[13]

이러한 사례는 환경과 병원체 스트레스 신호 사이에서 발생하는 복잡한 혼선과 그로 인해 가끔 나타나는 예상치 못한 결과를 잘 보여준다. 이러한 관계를 조정하는 데 필수적인 것은 식물이 다양한 환경 스트레스에 대응하여 분비하는 일련의 신호 호르몬이다. 환경 스트레스와 병원체 신호 모두에 관여하는 몇 가지 주요 호르몬은 살리실산salicylic acid, SA, 아브시스산abscisic acid, ABA, 재스몬산jasmonic acid, JA이다. 이러한 호르몬의 균형에 따라 상승효과가 일어나기도 하고, 상호작용 사이에 충돌이 일어나기도 한다. 예를 들어 초식동물(특히 해충)로부터 상처를 입어 재스몬산 분비가 증가하면 살리실산이 조절하는 병원체 대응 신호를 억제할 수 있으며, 환경적 스트레스에 대응하는 아브시스산 신호는 아브시스산, 살리실산 두 가지 호르몬의 상대적인 농도에 따라 살리실산 신호와 상승작용을 일으킬 수도 있고 충돌을 일으킬 수도 있다.[14] 이러한 호르몬뿐만 아니라, 환경적 스트레스에 대한 내성 반응과 병원체 저항 반응을 모두 수행할 수 있으며 상황에 따라 어느 한쪽을 택하는 조절 단백질도 있다.[15] 이러한 반응들이 어떻게 서로 상호작용하는지를 분자 수준에서 이해하면 복합적인 스트레스 상황을 구현한 현장 실험에서 관찰된 상호작용의 효과를 일부나마 파악하는 데 큰 도움이 된다.

온도는 어떨까? 여러 연구에서 식물 방어 신호의 온도 민감성을 조절하는 것은 R 단백질이라는 점이 밝혀졌는데, 스트레스를 가하지 않는 수준의 온도 상승에서도 반응이 완전히 차단되는 경우가 있었다.[16] 정확히 어떻게 이러한 현상이 일어나는지에 대해서는 그다지 알려진 것이 없지만, 최근의 한 연구에서 온도 적응과도 연관성이 있는 흥미진진한 단서가 발견되었다. 학자들은 광범위하게 분포된 개화식물인 애기장대Arabidopsis thaliana를 대상으로 연구를 시작했다. 이 종은 식물 분자생물학을 연구하기 위한 모델로 폭넓게 사용되는데, 그 이유는 게놈의 크기가 작고 구성이 잘 해독되어 있는데다 실험실 환경에서 쉽게 재배할 수 있기 때문이다. 학자들은 과도하게 활성화되어 식물이 공격을 받은 것처럼 끊임없이 신호를 보내는 돌연변이 R 단백질을 가진 애기장대 계보를 연구했다. 끊임없는 병원체 반응이 일어난 결과 식물은 크게 약화되었지만, 오직 낮은 온도에서만 이러한 현상이 나타났다. 이 약해진 식물을 대상으로 추가적인 화학적 돌연변이를 유도했다. 이 과정을 통해, 여전히 약화된 상태이기는 하지만(즉 여전히 지나치게 활성화된 방어 반응이 일어나고 있었지만) 높은 온도에 노출되었을 때 더이상 병원체 반응을 차단할 수 없는 몇 가지 변종이 탄생했다(일반적인 애기장대는 주변 온도가 높아지면 병원체 반응이 차단된다). 학자들은 이러한 모든 돌연변이는 과도 활성화된 R 단백질 정보를 담고 있는 유전자 내에서 일어난다는 사실을 발견했다. 적어도 일부 사례에서는 R 단백질이 조정하는 면역 활성의 온도에 대한 반응성이 방어 신호에 필요한 다른 단백질이 아닌 R 단백질의 특정한 염기배열 안에 존재하여 R 단백질의 안정성을 변화시킬지도 모른다는 의미다.[17] 이는 열 내성이 강한 종에서 얻은 R 유전자를 사용하여, 일반적으로 더운 날씨나 따뜻한 기후에서는 병원체에 대응하지 못하는 식물에 높은 온도에 대한 기능적인 저항을 제공하는 일련의 변종을 만들어낼 수 있을지도 모른다는 점을 시사하기 때문에 매우 고무적인 결과다. 또한 R 단백질에 변화를 일으킴으로써 다른 스트레스(예를 들어 염분, 초식동물로 인한 상처, 습도)에 대한 병원체 신호 민감도 역시 바꿀 수 있지 않겠느냐는 흥미로운 질문이 제기되기도 한다.

기능적 저항 유전자를 서로 다른 종 사이에서 이동시킬 수 있으며 몇 가지 R 단백질 변종은 높은 온도에서도 제 기능을 할 수 있다는 점을 고려한다면, 환경적 저항 작용 차단에 대한 내성을 가진 R 단백질을 보유한, 스트레스에 강한 종에서 내성 유전자를 얻어 작물에 더욱 많이 투입하는 것이 좋지 않겠는가? 그렇다면 엄청나게 다양한 R 유전자의 보고를 활용하여 광범위한 조건에서 모든 악재를 이겨낼 수 있는 슈퍼 식물을 만들어내지 못할 이유가 없다. 실제로 이에 필요한 원재료는 이미 갖추어져 있을지 모른다. 대부분의 병원체와 해충에 대한 내성은 식물계 어디엔가 존재하며, 서로 다른 온도에서 이에 대응하는 능력 역시 마찬가지다.

그러나 여기서 진화는 "너무 서두르면 안 된다!"는 대답으로 확실한 지침을 제시해준다. 지나치게 양이 많거나 너무 다양한 종류의 R 단백질을 도입할 경우 매우 위험성이 높은 것으로 밝혀졌다. 식물이 일종의 자가면역을 발달시킬 수 있기 때문이다. 자연적으로 진화된 R 단백질의 변종이 특정한 조합으로 존재할 경우 잡종 식물에서 서로 상호작용을 일으켜 면역반응이 과도하게 활성화되기도 한다.[18] 이 병원체 반응의 과도 활성화 덕분에 병원체에 대한 강한 내성이 생기기는 하지만, 이에는 엄청난 대가가 뒤따른다. 과도한 면역체계를 가진 식물은 일반적으로 크기가 매우 작고, 세포사細胞死의 비율도 높으며, 생식 능력이 없는 경우가 많고, 대부분의 경우 제명을 다하지 못한다. 잡종 괴저hybrid necrosis라고 부르는 이러한 일련의 증후군은 야생식물 종 사이의 교배에서도 가끔 나타나지만, 특히 병원체에 대한 내성을 강화하기 위한 프로그램에서 길러낸 사육 식물 종 사이의 교배 자손에서 가장 빈번하게 나타난다.[19] 이는 내성 강화를 집중적으로 선택하는 경우, 내성에는 매우 효과적일지 모르나 다른 단백질과 비정상적인 상호작용을 하고 심지어 병원체가 존재하지 않는 경우에도 신호를 보내기 쉬운 R 유전자의 변종이 선택될지도 모른다는 점을 시사한다. 이렇게 R 단백질의 자연 변종 사이에서 일어나는 비극적인 상호작용이 식물의 면역체계 진화라는 보다 커다란 그림에서 어떠한 의미를 갖는지 이해하는 것은 아직 걸음마 단계다.

기후변화에 대한 식물 면역체계의 적응성이라는 문제로 다시 돌아와서, 우리는 어떤 결론을 내릴 수 있을까? R 유전자의 종류는 놀라울 정도로 다양하기 때문에 적어도 지나친 동계 교배를 하지 않은 종의 경우 새로운 병원체에 대한 적응력은 상당히 높을지 모른다. 이러한 다양성이 야생종 사이에서 어떻게 분배되는지에 대해서는 아직 많은 연구가 진행되지 않은 상태이므로 종의 선택에 따른 잠재적인 반응을 가늠하기가 쉽지 않다. 그러나 병원체에 대한 강한 내성을 기르기 위한 재배 프로그램에서 나타나는 높은 잡종 괴사 빈도와 병원체 및 스트레스-신호 경로 사이에 발생하는 혼선은, 병원체 또는 스트레스 내성에 강한 종을 선택하는 과정에서 예측하지 못한 부작용이 일어나 좋지 못한 결과로 이어질 수 있다는 경고다.

비록 그 영향이 종마다 다르다고 할지라도, 온도 및 기타 스트레스에 대한 병원체 대응 신호의 민감도는 여전히 우려되는 사항이다. 유전공학을 활용하여 식물이 다양한 범위의 조건하에서 면역 대응 체계를 신속하게 구축하도록 도울 수 있을까? R 단백질의 단일 돌연변이만으로도 내성의 온도 민감성을 바꿀 수 있을 것이므로, 실제로 유전공학을 통해 방어 신호가 활성화되는 조건의 범위를 확대하는 변종을 만들어내는 것도 생각할 수 있다. 그러나 우리는 면역체계를 차단하는 온도를 바꾸기 전에 식물 신호 체계 사이의 복잡한 상호작용을 고려하여, 높은 온도에서 신호 대응을 차단하는 기능을 없애버리면 혹시 식물이 치명적인 대가를 치르게 되지 않을지도 생각해보아야 한다. 자연적인 상호작용 효과 때문에 병원체 저항 능력이 강화된 식물이 다른 문제에 치명적인 약점을 보이거나, 자가면역에 매우 취약해질 수도 있다. 각 경우에 대해 생명공학 프로젝트를 통해 이러한 결과가 나오지 않는지 실험해보아야 한다.

현재로서는 생명공학으로 R 유전자를 만들어내는 것은 몇 가지 시급한 사례에 한정될 것이다. 예를 들면 최근에 급속히 퍼진 병원체의 경우나, 환경이 급속도로 변하고 있으며 식물의 민감성이 높은 영역 등을 꼽을 수 있다. 숙주의 모든 R 단백질을 변형하는 것은 현재로서는 실현 가능성이 없다. 따라서 상승된 온도에서 개별 병원체에 대한 단순한 내성을 넘어서는 꾸준한 내성을 길러주기 위해서는, 우선 온도 적응의 분자적 기반을 보다 전반적으로 파악하고 이해해야 한다. 식물의 면역이 상승된 온도에서 어떻게 적응하는지를 이해하는 가장 효과적인 방법은, 아마도 식물이 진화를 통해 자연스럽게 발견해낸, 보다 따뜻한 환경에서 방어 수단을 구축하기 위한 해결책을 탐구하는 것일 테다. 식물이 어떻게 이런 해결책을 마련했는지를 파악하기 위한 실험 자체는 특별히 어려울 것이 없다. 문제는 최적의 실험 체계를 선택하는 것이다. 일단 군집 또는 관련된 종이 상반되는 환경에 적응한, 유전적으로 추적 가능한 종의 표본이 필요하다. 그후에는 표준 유전자 매핑mapping* 기술을 사용하여, 스트레스하에서 면역반응을 구축하는 능력과 관련된 유전적 변종을 찾아낼 수 있다. 그다음 단계에서는 재배 또는 개선 체계에 이 정보를 활용하여 작물 계통의 회복력을 촉진하거나 야생식물의 적응 잠재력을 추산할 수 있다.

식물 종이 직면해 있는 기후변화의 스트레스는, 전 세계 생태계에 필수적인 수많은 야생식물 종의 생존뿐만 아니라 인간의 식량 안보까지 위협한다. 또한 이러한 스트레스는 식물과 병원체 사이 상호작용의 역학 관계도 바꿔놓을 가능성이 크다. 기후변화가 자연의 생태계와 농업 생산성에 미치는 영향을 예측하기 위해 만든 모델에서는 그 영향이 어떻게, 그리고 어느 정도까지 미칠지를 반드시 고려해야 한다. 환경이 질병 반응과 같이 중요한 신호 경로에 어떤 영향을 미치는지에 대한 이해를 높이는 연구는 꾸준히 진행되어야 한다. 이러한 연구를 통해 우리는 급속한 환경 변화의 결과를 예측하고 잠재적인 문제를 보다 정확하게 예측할 수 있을 것이다. 또한 이러한 연구는 내재적인 적응 잠재력을 평가하고 현명한 보존 전략, 개선된 농업 관행, 선별 재배 또는 유전자 이식 접근 방식 등을 통해 식물이 이러한 환경 변화에 잘 대처해나가도록 도울 수 있는 방법을 고안하는 데도 도움

* 염색체상에서 유전자의 위치를 결정하는 작업으로, 유전자의 지도를 작성하는 것과 비슷하여 매핑이라 부른다.

이 될 것이다. 이미 이러한 방법들은, 기후가 점점 더 변화무쌍해지는 상황에서 급증하는 인구를 위해 식량 생산을 늘려야 하는 과제에 대한 대응책의 일환으로 중요한 주식 작물에 폭넓게 적용되고 있다.[20] 궁극적으로, 우리는 분자생물학과 진화생물학의 결합된 힘을 활용하여 식물이 병원체에 대한 내성은 그대로 유지하면서도 환경적 스트레스에는 훨씬 유연하게 대처하도록 도울 수 있는 방법을 찾아내기를 희망한다.

1. C. Rosenzweig 외, "Climate Change and Extreme Weather Events", *Global Change and Human Health 2*, 2001, pp. 90-104; K. A. Garrett 외, "Climate Change Effects on Plant Disease: Genomes to Ecosystems", *Annual Review of Phytopathology 44*, 2006, pp. 489-509 참조.
2. K. A. Garrett 외, "Climate Change Effects on Plant Disease: Genomes to Ecosystems", *Annual Review of Phytopathology 44*, 2006, pp. 489-509.
3. M. A. Jenks, P. M. Hasegawa 공편, *Plant Abiotic Stress*, Ames, Iowa: Blackwell, 2005.
4. C. García-Mata, L. Lamattina, "Nitric Oxide Induces Stomatal Closure and Enhances the Adaptive Plant Responses Against Drought Stress", *Plant Physiology 126*, 2001, pp. 1196-1204; L. A. C. J. Voesenek 외, "Interactions Between Plant Hormones Regulate Submergence-Induced Shoot Elongation in the Flooding-Tolerant Dicot *Rumex palustris*", *Annals of Botany 91*, 2003, pp. 205-211; R. Hückelhoven, "Cell Wall-Associated Mechanisms of Disease Resistance and Susceptibility", *Annual Review of Phytopathology 45*, 2007, pp. 101-127 참조.
5. R. Mittler, "Abiotic Stress, the Field Environment and Stress Combination", *Trends in Plant Science 11*, 2006, pp. 15-19.
6. L. Xiong, Y. Yang, "Disease Resistance and Abiotic Stress Tolerance in Rice Are Inversely Modulated by and Abscisic Acid-Inducible Mitogen-Activated Protein Kinase", *Plant Cell 15*, 2003, pp. 745-759 참조.
7. K. Yoshioka, K. Shinozaki 공편, *Signal Crosstalk in Plant Stress Responses*, Ames, Iowa: Blackwell, 2009.
8. J. D. G. Jones, J. L. Dangl, "The Plant Immune System", *Nature 444*, 2006, pp. 323-329.
9. B. C. Meyers 외, "Genome-wide Analysis of NBS-LRR-encoding genes in *Arabidopsis*", *Plant Cell 15*, 2003, pp. 809-834.
10. J. Bergelson 외, "Evolutionary Dynamics of Plant *R*-genes", *Science 292*, 2001, pp. 2281-2285.
11. K. S. Caldwell, R. W. Michelmore, "*Arabidopsis thaliana* Genes Encoding Defense Signaling and

Recognition Proteins Exhibit Contrasting Evolutionary Dynamics", *Genetics 181*, 2009, pp. 671-684.
12. M. T. Kirkpatrick, J. C. Rope, C. S. Rothrock, "Soybean Response to Flooded Soil Conditions and the Association with Soilborne Plant Pathogenic Genera", *Plant Disease 90*, 2006, pp. 592-596; H. R. Wotton, R. N. Strange, "Increased Susceptibility and Reduced Phytoalexin Accumulation in Drought-Stressed Peanut Kernels Challenged with *Aspergillus flavus*", *Applied and Environmental Microbiology 53*, 1987, pp. 270-273.
13. E. A. Achuo, E. Prinsen, M. Höfte, "Influence of Drought, Salt Stress, and Abscisic Acid on the Resistance of Tomato to *Botrytis cinerea and Oidium neolycopersici*", *Plant Pathology 55*, 2006, pp. 178-186; P. Xu 외, "Virus Infection Improves Drought Tolerance", *New Phytology 180*, 2008, pp. 911-921; H. Baltruschat 외, "Salt Tolerance of Barley Induced by the Root Endophyte *Piriformospora indica* Is Associated with a Strong Increase in Anti-oxidents", *New Phytology 180*, 2008, pp. 501-510.
14. M. Fujita 외, "Crosstalk Between Abiotic and Biotic Stress Response: A Current View from the Points of Convergence in the Stress Signaling Networks", *Current Opinions in Plant Biology 9*, 2006, pp. 436-442.
15. L. Xiong, Y. Yang, "Disease Resistance and Abiotic Stress Tolerance in Rice Are Inversely Modulated by and Abscisic Acid-Inducible Mitogen-Activated Protein Kinase", *Plant Cell 15*, 2003, pp. 745-759.
16. J. Malamy, J. Hennig, D. F. Klessig, "Temperature-Dependent Induction of Salicylic Acid and Its Conjugates During the Resistance Response to Tobacco Mosaic Virus Infection", *Plant Cell 4*, 1992, pp. 359-366; K. Bomblies, "Too Much of a Good Thing? Hybrid Necrosis as a By-product of Plant Immune System Diversification", *Botany 87*, 2009, pp. 1013-1022 참조.
17. Y. Zhu, W. Quan, J. Hua, "Temperature Modulates Plant Defense Responses Through NB-LRR Proteins", *PLoS Pathogens 6*, 2010, e1000844.
18. K. Bomblies, "Too Much of a Good Thing? Hybrid Necrosis as a By-product of Plant Immune System Diversification", *Botany 87*, 2009, pp. 1013-1022; K. Bomblies 외, "Autoimmune Response as a Mechanism for a Dobzhansky-Muller Type Incompatibility Syndrome in Plants", *PLoS Biology 5*, 2007, pp. 1962-1972; K. Bomblies, D. Weigel, "Hybrid Necrosis: Autoimmunity as a Potential Gene Flow Barrier for Plant Species", *Nature Reviews Genetics 8*, 2007, pp. 382-389.
19. K. Bomblies 외, "Autoimmune Response as a Mechanism for a Dobzhansky-Muller Type Incompatibility Syndrome in Plants", *PLoS Biology 5*, 2007, pp. 1962-1972.
20. D. B. Lobell 외, "Prioritizing Climate Change Adaptation Needs for Food Security in 2030", *Science 319*, 2008, pp. 607-610; S. H. Strauss, "Genomics, Genetic Engineering, and Domestication of Crops", *Science 300*, 2003, pp. 61-62 참조.

시청각 의사소통의 등장

아시프 A. 가잔파 Asif A. Ghazanfar

아시프 가잔파는 프린스턴 대학 신경과학연구소 및 산하 심리학과의 부교수이며 생태학 및 진화생물학과의 부교수직을 겸하고 있다. 듀크 대학에서 신경생물학으로 박사 학위를 받았다(1999년). 가잔파의 실험실에서는 인간의 두뇌 및 사회적 행동의 진화와 기능을 이해하는 방법의 일환으로 신경생물학과 원숭이들의 행동을 연구하고 있다.

나는 두뇌가 AM 라디오와 같다고 생각한다. AM 라디오 전송에서는 신호가 진폭변조amplitude modulation, AM의 특정한 속도에 대응하는 특정한 주파수로 생성된다. 이 AM 신호는 음악이나 토크쇼와 같은 정보 콘텐츠를 실어나르고, 안테나를 통해 지역 라디오 방송국에서 송출된다. 보다 먼 거리까지 방송을 하거나 다른 신호로부터의 간섭을 줄이려면 진폭변조의 (주파수가 아닌) 출력을 늘려야 한다. 당신의 라디오는 이 전송된 AM 신호를 받기 위해 또다른 안테나를 사용하지만, 이 안테나는 감지하는 어떠한 AM 신호든 모두 잡아내는 불특정 안테나다. 라디오에서는 튜너를 통해 특정한 라디오 방송국을 찾아내는데, 이 튜너는 공명이라는 원리를 이용하여 해당하는 특정 주파수만 증폭함으로써 원하지 않는 신호를 걸러낸다.

인간이 말을 할 때, 혹은 인간이 아닌 영장류의 경우 목소리로 의사소통을 할 때, 화자는 입을 통하여 AM 음성신호를 송출하는 일종의 라디오 방송국이라고 생각할 수 있다. 안테나와 같은 청자의 귀는 배경에 있는 모든 소음과 함께 이 신호를 감지한다. 청자의 두뇌는 이미 음성신호의 특정한 AM 주파수에 맞춰져 있으므로 공명을 통해 이 주파수를 증폭한다. 아니, 사실 '특정한 주파수'는 아니고(생물학은 역시 딱 떨어지지 않는 학문이다) 3~8헤르츠(초당 진동수) 사이의 좁은 범위다. 음성신호는 3~8헤르츠 내에서 진폭변조되며(강도가 상승과 하락을 반복한다), 마찬가지로 3~8헤르츠 주파수에 고정되어 끊임없이 흐르고 있는 청자 두뇌의 청각 영역 내 리듬과 공명한다.

소음이 심한 환경에서 이 음성신호를 더욱 증폭하기 위해 인간은 똑같은 주파수를 가지고 리듬감 있게 움직이는 얼굴의 움직임을 진화시켜 말을 보완한다. 이러한 얼굴의 리듬과 음성의 리듬이 합쳐져 음성 리듬을 나누거나 '덩어리로 잘라' 청자의 두뇌가 신호로부터 의미 있는 정보를 효과적으로 추출할 수 있도록 한다. 따라서 음성의 의사소통은 두뇌, 몸, 신호를 보내는 쪽의 환경, 그리고 신호를 받는 사람의 몸과 두뇌 사이의 상호작용을 통해 이루어지는 것으로 이해할 수 있다.

이 '창발적 소통emergent communication'*은 새로운 개념은 아니지만 대부분의 경우 무시되어왔다. 신경생물학자들은 일반적으로 두뇌 영역 사이의 의사소통이 뉴런의 연결을 통해서만 일어나는 것이라고 생각한다. 그러나 신경의 상태는 환경을 매개체로 사용하여 다른 신경의 상태에 영향을 미치거나 특정한 상태를 야기할 수 있다. 인간 신체의 움직임이 감각 정보에 변화를 일으켜 결과적으로 신경 활동의 변화를 일으키며, 이것이 다시 다른 행동으로 이어지는 식이다. 행동은 신경계에서 근육으로 흘렀다가 감각기관을 통해 다시 신경계로 들어오는 순환적인 과정이며, 두뇌는 결코 고립되지 않는다.

* 자율적으로 행동하는 개체 및 환경과의 국소적인 상호작용을 통해 구현되는 소통.

대화의 한쪽을 예로 들어보자. 화자는 전혀 의식하지 못하면서도 주어진 환경에서 자신의 말이 어떻게 들리는지 관찰하여 음성 패턴을 조절한다. 이 화자의 두뇌에 있는 운동영역이 무언가를 말하라는 명령을 내리면 몸은 그에 따라 주변의 소음과 섞이는 음향 신호를 생성한다. 화자가 내는 소리는 자신의 귀에 도달하며, 화자의 청각 체계를 통해 피드백 신호로 작용하여 화자의 운동계에 필요한 경우 음성 출력을 조절하라는 명령이 전달된다. 그렇기 때문에 당신(그리고 다른 영장류들)은 시끄러운 환경에서 반사적으로 목소리를 높이게 되며(롬바드 효과Lombard effect라고 알려진 반응이다), 아이팟에서 흘러나오는 소리를 듣고 있을 때는 당신의 귀가 이어폰으로 막혀 있으므로 피드백이 부정확하기 때문에 지나치게 큰 소리로 말을 하게 되는 것이다. 두뇌의 운동계와 청각계 사이의 소통은 부분적으로 공기를 매개체로 하여 음성신호를 통해 조율된다. 그렇다면 이제 이 개념을 대화의 양쪽, 즉 화자와 청자로 넓혀보자.

두뇌에는 리듬이 있고, 말은 그 리듬 중 하나에 맞춰진다

포유류의 신피질은 일련의 리듬을 만들어낸다. 이 리듬은 규칙적인 진폭변조이며, 높은 흥분 상태와 낮은 흥분 상태 사이를 왕복한다. 주파수의 범위는 아주 느린(0.05헤르츠) 속도부터 매우 빠른(500헤르츠) 속도까지 다양하다. 다양한 주파수는 이를 생성하는 근원적인 신경 네트워크의 크기를 나타내는 것으로 알려져 있다. 주파수가 높은 리듬은 규모가 작은 국지적 뉴런의 네트워크에 한정되어 있는 반면, 주파수가 낮은 리듬은 대규모의 뉴런 집단을 나타낸다. 우리에게 가장 잘 알려진 리듬은 델타(1~3헤르츠), 세타(3~8헤르츠), 알파(8~14헤르츠), 베타(14~30헤르츠), 그리고 감마(30헤르츠 이상)로, 발견된 순서에 따라 그리스문자로 된 이름이 붙어 있다. 이들은 서로 다른 두뇌의 상태와 연관되어 있고, 특수한 조건하에서는 특정 신피질 영역 또는 여러 신피질 영역에 걸쳐 여러 개의 리듬이 동시에 발생할 수도 있다. 가장 놀라운 점은, 이러한 리듬이 현재까지 연구된 모든 포유류와 모든 신피질 영역에서 똑같이 발견되었다는 점이다(발견되는 상황은 종에 따라 다를 수 있다). 적어도 부분적으로는 이 리듬이 포유류 신피질을 이루고 있는 동일한 구조의 산물인 것으로 보인다. 모든 포유류의 모든 신피질 영역은 대체로 동일한 입력과 출력 연결부를 가진 여섯 층의 구조로 되어 있다.

언어와 맥락을 막론하고 음성신호는 앞에서 언급한 것처럼 3~8헤르츠 범위 사이의 리듬으로 이루어진 자신만의 진폭변조를 가지고 있다. 이는 또한 음절 생성의 시간을 나타내는 척도이기도 하다. 즉 3~8헤르츠 범위라면 화자가 대략 1초당 3~8번씩 음절을 생성한다는 의미다. 음성 인식에 대한 최근의 이론에서는 음성에서의 진폭변조가 이렇게 공통적으로 존재하는 신피질 리듬 중 최소한 하나, 즉 세타(3~8헤르츠) 대역과 잘 맞아떨어진다고 밝혔다.[1] 이는 음성신호가 청자 두뇌의 청각 영역에서 계속 생성되고 있는 세타 리듬과 공명을 일으키므로(증폭되므로), 그 결과 신호대잡음비signal-to-noise ratio가 증가하여 우리가 음성을 더 잘 들을 수 있게 된다는 의미다. 이 가설이 조금이라도 신빙성을 가지려면, 음성신호를 교란하여 더이상 해당 주파수 범위의 리듬이 포함되지 않도록 할 경우 음성 인식에도 혼란이 일어나야 한다. 실제로 이와 똑같은 현상이 발생한다. 인공적으로 음성의 진폭 변조 속도를 8헤르츠 이상으로 조절하면 청자의 청각 피질은 효과적으로 이 소리를 잡아내지 못하며, 양해도intelligibility*는 우연 수준으로 떨어진다.

이 공명 가설은 또한 시각적 양상으로도 확대된다. 얼굴을 마주 대고 하는 인간의 대화는 시각 및 청각적 양상 모두를 통해 이해하게 된다. 사실 시청각 대화가 언어 인식의 주된 형식이며 화자의 얼굴을 보면 그 사람의 말을 더 잘 들을 수 있다는 사실은 이미 증명되어 있다. 예를 들어 칵테일파티처럼 시끄러운 환경에서 화자의 얼굴을 바라보는 것은 소리를 15데시벨 키우는 것과 같은 효과를 갖는다. 이렇게 시각에 의한 음성 증폭이 일어나는 이유는, 적어도 부분적으로는 말을 하는 동안 입의 움직임이 음성신호의 진폭변조와 매우 밀접하게 연관되어 있기 때문이다. 말을 할 때 여러분의 입은 3~8헤르츠의 속도로 열렸다 닫히므로 청자의 두뇌에 있는 신경 신호를 더욱 증폭하는 효과를 가져온다.

이러한 발견은 포유류 의사소통이 기존의 생각과는 완전히 반대 방향으로 진화했을지도 모른다는 가능성을 제시해준다. 우리는 두뇌의 속성이 해당 동물의 환경에 존재하는 가장 두드러진 특징에 맞춰져 있으리라 생각한다. 예를 들어 박쥐는 내보내는 반향 위치 탐지 신호에 정교하게 맞춰진 뉴런이 분포된 청각 피질을 가지고 있어 이를 먹이를 사냥하는 데 사용한다. 인간과 다른 영장류의 신경계는 얼굴에 정교하게 반응하는데, 얼굴이 거의 모든 상호작용을 중재하는 데 도

* 청취력 시험에서 단어 문장들을 이해하는 정도의 백분율.

움이 되기 때문이다. 화자의 시청각 대화 리듬과 청자의 신피질 세타 리듬이 일치한다는 사실은, 두뇌의 구조 자체가 목소리 음향의 진화를 이끈 것이지 그 반대가 아니라는 암시를 줌으로써 우리가 알고 있는 표준 진화 시나리오를 완전히 반대로 뒤집어놓는다. 일련의 고정된 신경 리듬을 생성해내는 신피질 해부 구조의 기본 패턴은 앞에서 언급한 대로 포유류 혈통을 통틀어 공통적으로 보존되어 있으며, 이 구조가 정착된 것은 음성의 레퍼토리가 완성되기 이전의 일이다. 진화의 과정에서 이 연속적인 신경 리듬 중 하나, 즉 3~8헤르츠 세타 리듬에 맞도록 구성된 발성이 선택되었음이 분명하다.

진화적인 의미

이 진화 가설에 일리가 있다면 인간과 매우 밀접한 종들의 발성에서도 같은 리듬을 발견할 수 있어야 한다. 안타깝게도 네안데르탈인이나 다른 원인原人의 발성에 대해서는 남아 있는 기록이 없기 때문에 비교 접근 방식을 사용할 수밖에 없다. 우리는 다양한 원숭이와 유인원같이 현존하는 종 가운데 인간과 매우 비슷한 종으로 눈을 돌렸고, 만약 이들도 같은 특징을 가졌다면 인간과 이들 종의 마지막 공통 조상 역시 이러한 특징을 가지고 있었으리라 추론할 수 있다. 이 경우에 다양한 신경 주파수 대역은 두뇌의 크기에 관계없이 일정하므로(즉 모든 포유류에게서 발생한다), 서로 다른 크기의 영장류도 발성에서 인간과 똑같은 3~8헤르츠의 리듬을 발산해야 한다. 그리고 실제로 그런 것처럼 보인다. 우리 실험실에서 연구한 세 종, 즉 신대륙 목화머리

타마린New World cotton-top tamarin, 구대륙 붉은털원숭이Old world rhesus monkey, 그리고 침팬지의 발성에서는 모두 3~8헤르츠 진폭변조가 발견되었다. 두뇌와 신체 크기가 전혀 다른(타마린은 500그램이 채 되지 않는 반면 침팬지는 45킬로그램이 훨씬 넘는다) 이런 종들이 인간과 이러한 발성 특징을 공유하므로, 인간과 이들 영장류의 공통 조상 역시 3~8헤르츠 리듬을 가진 발성을 보유하고 있었으리라 추론할 수 있다.

인간과 다른 영장류가 공유하고 있는 발성의 특징은 음향 리듬뿐만이 아니다. 모든 영장류는 폐, 후두, 성도(인두, 입, 비강)의 공조된 움직임을 통해 음성을 생성한다. 성도의 움직임은 입 주변과 얼굴의 다른 부분에 예측 가능한 변형을 야기한다. 이렇게 예상 가능한 시각적인 단서는 청각 신호와 결합하여 인간과 다른 영장류의 감지 및 식별력을 높인다. 원숭이, 유인원, 인간은 서로 다른 음성 표현을 적절한 얼굴 표정과 연관지을 수 있다. 두 가지 감각 양상 사이의 관련성을 인식할 수 있는 것이다. 따라서 시각 신호는 영장류가 시끄러운 환경에서 청각 신호를 듣고 식별하는 데 도움을 줄 수 있다.

그러나 원숭이와 인간 사이에는 한 가지 의문스러운 차이점이 있다. 두 종 모두 3~8헤르츠 리듬의 음향 신호를 생성하지만, 말로 의사소통을 할 때 리듬에 맞춰 (같은 주파수로) 입을 움직이는 것은 인간뿐이라는 점이다. 따라서 예를 들어 당신이 누군가 말하는 모습을 지켜보는 경우, 그 사람의 입은 대략 3~8헤르츠의 속도로 열렸다 닫히며, 이는 화자의 입에서 나오는 음향 언어의 흐름과 같은 속도이므로 조화를 이루는 것을 볼 수 있다. 다른 영장류는 그렇지 않다. 인간이 아닌 영장류는 한 차례 입을 움직여 발성을 토해낸다. 이들은 한 번 입을 열고, 3~8헤르츠 리듬을 가진 발성을 내고, 다시 입을 닫는다.

인간의 경우 일치하는 시각적 리듬이 존재하기 때문에 인간의 청각 신호는 다른 영장류의 청각 신호보다 훨씬 큰 도움을 받는다. 이는 인간과 유인원, 원숭이의 음향 리듬은 같은 메커니즘을 통해 생성되었을 가능성이 높지만, 인간의 경우 훗날 리듬감 있는 시각적 요소가 추가되었을 가능성이 있음을 의미한다. 그렇다면 다음과 같은 의문이 떠오른다. 인간은 어떻게 원숭이가 가진 리듬감 있는 청각 언어를 리듬감 있는 시청각 언어로 진화시켰는가?

한 가지 가설은, 시청각 언어의 리듬이 오랜 옛날 영장류에게 존재하던 주기적인 턱의 움직임을 변화시켜 진화했다는 것이다.[2] 예를 들어 인간이 아닌 영장류는 발성을 할 때 리듬감 있게 턱을 움직이는 경우가 상대적으로 드물지만, 얼굴로 의사소통을 위한 몸짓을 취하는 일은 매우 흔하다. 짧은꼬리원숭이가 입술을 부딪치거나 이빨을 가는 것과 같은 몸짓을 하려면 입을 주기적으로 움직여야 하는데, 이때 발성은 동반하지 않는다. 이 이론에 따르면, 인간의 진화 과정에서 이렇게 음성과는 관계없는 리듬감 있는 얼굴 표정이 발성과 합체되었다는 것이다. 물론 이러한 진화적 가설을 시험하기는 쉽지 않다. 그러나 만약 리듬감 있는 언어가 오래전 영장류의 리듬감 있는 얼굴 표정을 통해 진화했다면, 비교 접근 방식을 사용하여 두 가지 가정을 시험해볼 수 있다. 첫번째는 인간의 시청각 언어 중 시각적 부분과 마찬가지로 짧은꼬리원숭이의 리듬감 있는 얼굴 표정도 3~8헤르츠 주파수 범위 내에서 일어나야 한다는 것이다. 두번째는 이러한 리듬감 있는 비음성 얼굴 표정에 반응하는 신피질 구조가 인간과 다른 영장류에서 얼굴 및 시청각 소통 신호에 반응하는 신피질 구조와 같아야 한다는 것이다. 만약 같은 부분이 반응한다면, 어떤 의미에서는 인간이 아닌 영장류의 두뇌가 시청각 언어로의 진화를 위해 '준비를 마쳤다'는 뜻이 될 것이다.

우리는 이러한 가정을 시험했고, 그 결과는 이 가설을 뒷받침한다.[3] 짧은꼬리원숭이가 보이는 두 개의 리듬감 있는 얼굴 표정, 즉 입술 부딪치기와 이빨 갈기는 3~8헤르츠의 리듬을 가지고 있는 것으로 밝혀졌다. 이는 인간의 시청각 언어 리듬이 발성과 리듬감 있는 얼굴 표정을 결합하여 진화한 것이라는 주장과 일맥상통한다. (짧은 꼬리 원숭이의 모든 입 움직임이 이 주파수 범위에 해당된 것은 아니라는 점은 주목할 만하다. 예를 들어 씹는 움직임은 입술 부딪치기와 이빨 갈기보다 일관되게 느린 속도를 유지했다.) 그러나 이렇게 얼굴의 움직임과 음성이 결합하여 진화했다 하더라도, 청자의 두뇌에서 이미 이러한 새로운 유형의 의사소통 신호를 처리할 준비가 되어 있지 않았다면 아무런 소용이 없었을 것이다. 상측두구superior temporal sulcus는 인간의 두뇌에서 시청각 언어 인식에 필수적인 영역이다. 원숭이도 자신들의 시청각적 의사소통 신호에 중요한 역할을 하는, 이에 상응하는 두뇌 영역을 가지고 있다. 놀랍게도 원숭이 두뇌의 이 영역은 리듬감 있는 얼굴 표정에도 민감하게 반응한다. 이는 새롭게 진화한 리듬감 있는 시청각 언어 신호를 생성하고 인식하기 위해서 새로운 신피질 영역이 진화될 필요는 없다는 것을 의미하며, 그 덕분에 리듬감 있는 시청각 의사소통으로의 진화적 전환이 더욱 쉬워진다.

두뇌에 필요한 것은 덩어리 정보

라디오 방송국이 AM 신호를 사용하여 누군가의 라디오에 메시지를 전달하는 것처럼 영장류 화자도 진폭변조된 음성신호를 사용하여 청자의 두뇌에 접근한다. 그리고 상응하는 시각적 요소를 덧붙여 이러한 음성신호를 증폭하는 것은 인간이 유일한 것으로 보인다. 그러나 신호를 목표까지 보내는 것만으로는 전송이 끝나지 않는다. 라디오 소통에서는 일단 신호가 알맞게 조율된 라디오에 공명되면 '복조기demodulator'*가 진폭변조를 제거하여 청취자가 신호 안에 있는 유의미한 내용(음성, 음악 등)을 제대로 들을 수 있도록 한다. 청자의 두뇌에서도 비슷한 과정이 일어나 음성신호에서 유의미한 내용을 추출할 수 있어야 한다. 두뇌는 이를 위해 신호를 복조하는 대신 3~8헤르츠의 세타 리듬과 감마라고 부르는 더 높은 주파수의 신피질 리듬(30헤르츠 이상)을 결합한다. 이 감마 리듬은 목소리에 담긴 정교한 구성의 음향 내용을 추출하는 데 필요한 주기 해상도를 갖추고 있다(예를 들어 모음과 자음, 그리고 성별, 체격, 나이 등과 같이 화자의 신체적인 특징과 관련이 있는 음향 내용).

이 시점에서 여러분은 이런 질문을 던질지도 모른다. "3~8헤르츠 리듬이 중요하고, 감마 리듬과 결합된다는 말이지? 하지만 왜 꼭 그래야 하지? 간단하게 그냥 감마 리듬만 사용하면 안 될까?" 그것은 발성에 들어 있는 3~8헤르츠 리듬이 보다 빠른 감마 리듬이 처리할 수 있는 '덩어리' 단위로 신호를 분리해주기 때문이다. 청각 체계는 다른 감각과 비교할 때 적극적으로 표본을 취할 수 없다는 점에서 독특하다. 예를 들어 시각의 경우 우리는 눈을 이리저리 굴리면서 눈의 고해상 부분(중심와中心窩)을 흥미로운 장면에 집중시킨다. 촉각을 통해 객체를

* 변조파에서 본래의 신호를 골라내기 위한 장치.

식별하고자 하는 경우엔 해당 물체를 만져보면 된다. 냄새를 맡을 때는 코를 킁킁거린다. 시각, 촉각, 후각에서 우리(와 다른 동물들)는 적극적으로 감각 정보를 획득하며, 놀랍게도 이러한 움직임의 속도도 대략 3~8헤르츠이다! 이러한 움직임이 들어오는 신호를 효과적으로 분리해낸다. 반면 청각 체계에는 이렇게 활발히 움직이는 부분이 없다. 물론 일부 동물은 소리의 위치를 보다 정확히 감지하기 위해 귀를 움직일 수 있지만, 이 경우에도 일반적으로 귀를 앞뒤로 팔락거리면서 적극적으로 소리원의 표본을 채취하고 식별하는 수준까지는 아니다. 적어도 영장류는 그러지 않는다는 것이 확실하다. 따라서 음성 의사소통의 경우 진화 과정에서 발성에 3~8헤르츠의 진폭변조를 추가함으로써 신호를 보내는 쪽에서 정보를 덩어리로 분리하는 역할을 담당하게 된 것이다.

청각계에서 이렇게 신호를 덩어리로 분리하는 방법을 사용한다는 증거는, 언어를 대상으로 한 지각력 실험부터 단일 뉴런 수준의 실험에 이르기까지 다양한 실험을 통해 확인된 바 있다. 한 실험에서는 문장을 특정한 길이의 여러 조각으로 나눈 다음 각 조각을 반대로 재생했다.[4] 문장이 이렇게 조각조각 분해되어 있음에도 불구하고 듣는 사람들은 문장의 내용을 인식할 수 있었지만, 그렇게 재생된 조각의 길이가 100밀리세크, 즉 0.1초 이하일 때뿐이었다. 분해된 조각의 길이가 130밀리세크를 초과하는 경우, 양해력은 우연 수준으로 떨어졌다. 130밀리세크 길이는 8헤르츠 리듬의 파장을 초과하는 시간 간격이다. 즉 파장이 서로 맞지 않는다는 의미다. 마찬가지로 짧은꼬리원숭이 신피질의 청각 영역에 있는 단일 뉴런은, 하나는 작은 발성자이고 다른 하나는 큰 발성자라는 점을 빼고는 차이점이 없는 두 발성을 구별할 수 있다. 그러나 발성에서 3~8헤르츠 리듬이 제거되면 뉴런은 더 이상 이 단순한 식별을 해내지 못한다. 이러한 결과 및 그 외의 연구를 통해, 발성에 존재하는 3~8헤르츠의 리듬은 청자의 두뇌에서 지속적으로 흐르고 있는 리듬과 함께 신호를 처리 가능한 단위로 분리함으로써, 신경계의 추가적인 처리 및 궁극적 내용 인식에 중요한 역할을 한다는 사실이 밝혀졌다.

우리의 두뇌는 AM 라디오처럼 외부 요소 없이는 작동이 불가능한 보다 큰 시스템의 일부이다. 이 커다란 시스템에는 진폭변조된 신호를 발산하는 화자가 있으며, 이 신호는 공기를 통해 전파되어 청자의 두뇌에 도달하고, 청자의 두뇌에는 이 신호에 맞춰 사전 조정되어 있는 신호가 적어도 하나 이상 존재한다. 인간의 경우 밀접하게 연관된 얼굴의 움직임을 통해 이 신호를 증폭할 수 있다. 따라서 영장류 발성의 구조는 지속적인 두뇌 활동의 구조를 그대로 활용하고 있으며, 리듬에 맞춰 이러한 상호작용이 진행되면서 의사소통이 모습을 드러내는 것으로 보인다. 인간과 인간이 아닌 영장류의 차이점을 살펴보면 시청각 언어가 핵심적인 두뇌 구조의 급격한 변화나 새로운 두뇌 구조의 발달 없이 비교적 쉽게 진화했을지도 모른다는 가능성이 대두된다.

의사소통이 두 사람의 리듬이 서로 상호작용하면서 드러나는 속성이라면, 향후의 연구는 실험적인 패러다임을 사용하여 이러한 상호작용, 즉 신호를 보내는 사람과 받는 사람 사이의 접점을 보다 정확하게 파악하는 방향으로 진행되는 것이 이치에 맞을 것이다. 우리 연구소에서는 통제된 환경에서 두 마리의 원숭이가 상호작용하는 것과, 원숭이가 가짜 원숭이 아바타와 상호작용하는 것을 실험하는 쪽으로 방향을 잡고 있다.[5] 후자에 대해서는 사회적 상호작용의 한 측면을 통제하려 한다. 이러한 유형의 실험을 통해 두뇌가 실시간으로 어떤 활동을 하며, 어떠한 문제가 다양한 언어 및 소통 장애로 이어질 수 있는지에 대해 보다 현실적으로 이해할 수 있게 될 것이다.

---

1. D. Peoppel, "The Analysis of Speech in Different Temporal Integration Windows: Cerebral Lateralization as 'Asymmetric Sampling in Time'", *Speech Communication 41*, 2003, pp. 245-255; C. E. Schroeder 외, "Neuronal Oscillations and Visual Amplification of Speech", *Trends in Cognitive Science 12*, 2008, pp. 106-113; C. Chandrasekaran 외, "The Natural Statistics of Audiovisual Speech", *PLoS Computational Biology 5*:e1000436, 2009.
2. P. F. MacNeilage, "The Frame/Content Theory of Evolution of Speech Prodction", *Behavior and Brain Science 21*, 1998, pp. 499-511.
3. A. A. Ghazanfar 외, "Dynamic, Rhythmic Facial Expressions and the Superior Temporal Sulcus of Macaque Monkeys: Implications for the Evolution of Audiovisual Speech", *European Journal of Neuroscience 31*, 2010, pp. 1807-1817.
4. K. Saberi, D. R. Perrott, "Cognitive Restoration of Reversed Speech", *Nature 398*, 1999, p. 760.
5. S. A. Steckenfinger, A. A. Ghazanfar, "Monkey Visual Behavior Falls into the Uncanny Valley", *Proceedings of the National Academy of Science 106*, 2009, pp. 18362-18366.

왜 거절은 그토록 뼈아픈가?

나오미 I. 아이젠버거 Naomi I. Eisenberger

나오미 아이젠버거는 캘리포니아 대학 로스앤젤레스 캠퍼스에서 정신생물학으로 학사 학위, 사회심리학으로 박사 학위를 받았다. 현재 UCLA 사회심리학 프로그램의 조교수이자 사회 및 정서신경과학실험실Social and Affective Neuroscience Laboratory 실장, 사회인지신경과학실험실Social Cognitive Neuroscience Laboratory 공동실장을 맡고 있다. 아이젠버거의 연구는 행동, 생리, 신경 촬영 기술을 활용하여 사회적 유대에 대한 인간의 요구가 우리의 마음, 두뇌, 신체에 어떠한 흔적을 남겼는지를 이해하는 것에 초점을 맞추고 있다.

"마음에 상처를 입었어." "심장이 찢어질 것 같았어." 사람들이 사회적 거절을 당한 경험을 묘사하는 방식을 주의 깊게 들어보면 흥미로운 패턴을 발견할 수 있을 것이다. 우리는 심리적으로 고통스러운 일을 설명할 때 신체적 고통을 나타내는 단어를 사용한다. 사실 영어의 경우 일반적으로 신체적 고통을 나타내기 위해 사용되는 단어 외에 거절과 관련된 감정을 표현할 수 있는 수단이 그다지 많지 않다. 게다가 신체적 고통과 연관된 단어를 사용하여 사회적 거절이나 소외의 경험을 묘사하는 것은 영어뿐만 아니라 많은 언어에서 공통적으로 발견할 수 있는 현상이다.[1]

왜 우리는 신체적 통증을 암시하는 단어를 사용하여 사회적 거절의 경험을 묘사하는가? 사회적으로 소외되었다는 감정은 진정으로 신체적인 고통에 비견할 만한 것인가, 아니면 이러한 단어는 단순히 비유적 표현이라고 생각해야 하는가? 내가 몸담고 있는 실험실의 연구에서는 사회적 거절에서 말하는 '고통'('사회적 고통')이 단순한 비유적 표현 이상일지도 모른다는 결과가 나왔다. 나와 동료들은 여러 차례의 연구를 통해 배제 또는 거절과 같이 사회적으로 고통스러운 경험은 신체적인 통증을 처리하는 신경 영역의 일부에서 처리된다는 사실을 보여주었다. 여기서는 신체적 고통과 사회적 고통의 처리가 서로 중복된다는 결론을 도출할 수 있었던 증거와 이러한 중복 현상을 직접적으로 실험한 연구를 소개하고자 한다. 또한 이렇게 공통된 신경 회로가 사회적 고통에 대한 우리의 경험과 이해에 어떤 의미를 갖는지를 살펴보고, 신체적, 사회적 고통의 처리 중복으로 인해 야기될 수 있는 놀랄 만한 결과 중 몇 가지를 탐구해보고자 한다.

거절은 실제로 고통스러운가?

사회적 거절이 실제로 '고통'을 줄 수 있다고 주장한다면 다소 억지스럽게 들릴지 모르지만, 신체적 고통 및 사회적 고통으로 느끼는 괴로움이 서로 중첩된다는 것은 진화적인 관점에서 볼 때 상당히 합리적이라 할 수 있다. 포유류의 한 종으로서 인간은 상대적으로 미숙한 상태로 태어나기 때문에 혼자서는 음식을 먹거나 스스로를 지킬 수 없다. 이 때문에 아기들은 생존하기 위해 반드시 자신을 돌봐주는 사람 가까이 머물며 필요한 영양분을 공급받고 보호를 받아야 한다. 훗날에는 사회적 집단과의 연계가 생존에 필수적인 역할을 하게 된다. 집단의 일원들은 식량을 모으고, 포식자를 물리치고, 후손을 보살피는 책임을 공유함으로써 이익을 얻는다. 사회적으로 고립되는 것이 생존에 그토록 불리하다는 점을 고려할 때, 인간이 진화하는 과정에서 사회적 친밀함을 확보하는 사회적 애착 체계가 신체적인 고통 체계에 편승하여 통증에 대한 신호를 차용함으로써 사회적 고립 상황에 대한 암시를 주게 되었다는 주장이 제기되어왔다.[2] 사회적 연계가 생존에 매우 중요한 나머지, 신체적인 부상과 연관된 고통스러운 감정을 빌려와서 사회적 고립이 그만큼이나 괴롭다는 사실을 드러내도록 한 것이다. 따라서 개인은 이러한 감정을 통해 사회적 고립을 피하고 집단의 다른 구성원들과 친밀함을 유지하기 위해 노력한다.

동물과 인간을 대상으로 실시한 연구 모두에서 신체적 고통 처리 과정과 사회적 고통 처리 과정이 중복된다는 결과가 나왔다. 특히 인간이 아닌 포유류의 경우 배측 전대상 피질dorsal anterior cingulate cortex, dACC과, 그보다는 관련이 덜하지만 전측 뇌섬엽anterior insula이라는 두뇌의 두 영역이 신체적 고통의 괴로움과 고립의 괴로움을 나타내는 행동 모두에 관여하는 것으로 보인다.

신체적인 고통의 경우, 배측 전대상 피질과 전측 뇌섬엽은 고통스러운 경험의 '정서적인' 측면, 즉 불쾌한 요소를 추적하는 것으로 보인다. 통증의 경험은 두 가지 요소로 분리할 수 있다. 하나는 감각적인 요소로 고통스러운 자극을 느끼는 것이 어느 부분인지에 대한 정보를 제공해주며, 다른 하나는 정서적인 요소로 인식된 자극의 불쾌함, 즉 해당 자극이 얼마나 성가신지를 기록한다. 난치성 만성 통증을 완화시키기 위해 신경 수술을 통해 배측 전대상 피질의 일부를 제거한 환자의 경우, 고통스러운 자극이 어디서 오는지는 여전히 식별할 수 있었지만 해당 자극이 "더이상 성가시게 느껴지지 않는다"라고 말했다.[3] 전측 뇌섬엽이 손상된 후에도 비슷한 현상이 관찰되었다.[4] 이와는 대조적으로 통증의 위치 확인과 관련된 체감각 피질somatosensory cortex이라는 영역에 손상을 입은 환자들은 통증이 어디서 오는지는 구별하지 못했지만 정서적인 고통은 그대로 느낄 수 있었다.[5] 신경 촬영을 통한 연구 역시 이러한 차이를 뒷받침한다. 감각적 요소는 바꾸지 않고 고통스러운 자극의 '불쾌함'만 증대시키도록 최면을 건 실험 대상자의 경우, 배측 전대상 피질의 활동은 증가했지만 고통의 감각적인 요소와 관련된 일차 체감각 피질의 활동은 증가하지 않았다.[6]

흥미로운 부분은 통증과 연관된 이러한 신경 영역 중 일부가 자신을 보살피는 대상으로부터 분리되었을 때 나타나는 특정한 행동, 즉 고통의 발성distress vocalizations에도 관여한다는 점이다. 여러 포유류 종의 유아는 보살피는 존재로부터 떨어졌을 때 고통의 발성을 토해낸다(예를 들어 인간 아기의 경우 울음을 터뜨린다). 이는 보살피는 존재에게 신호를 주어 다시 유아의 곁으로 가게 함으로써 유아와 돌보는 존재 사이의 장기적인 분리를 막는 적응적 역할을 한다. 전대상 피질ACC은 배측과 복측을 막론하고, 모두 이러한 고통의 발성을 생성하는 데 중요한 역할을 한다. 다람쥐원숭이의 전대상 피질에 병변이 생기면 고통의 발성이 사라지고, 붉은털원숭이의 전대상 피질에 전기 자극을 가하면 자발적인 고통의 발성이 일어난다.[7]

인간의 신체적 고통과 인간이 아닌 포유류의 분리 불안 행동, 양쪽 모두와 연관된 신경 영역을 확인해주는 이러한 발견을 바탕으로, 우리는 인간이 겪는 사회적으로 고통스러운 경험에서 이러한 영역이 과연 어떤 역할을 하는지 탐구해보기로 했다. 그중 한 차례 실험에서는 각 참가자에게 fMRI 스캐너 안에 들어가 있는 동안 인터넷을 통해 다른 두 사람과 연결이 된 후 그 상대편 두 명과 함께 컴퓨터로 공 던지기 게임을 하게 될 것이라고 이야기했다. 참가자들은 고글을 통해 이름과 함께 만화 아이콘으로 표시된 나머지 두 사람과 그들의 실제 손을 볼 수 있었고, 버튼을 누름으로써 공을 누구에게 던질지 결정할 수

있었다.[8]

그러나 사실 상대편 선수들이란 존재하지 않았다. 연구에 참가한 사람들은 사전에 설정된 컴퓨터 프로그램을 상대로 게임을 했던 것이다. 첫번째 게임에서는 실험 대상자들이 처음부터 끝까지 게임에 참여했지만 두번째 게임부터는 사회적으로 소외되고 말았다. 중간 즈음부터 다른 두 (가상의) 선수가 실험 대상자에게 공을 던지지 않았던 것이다. 이러한 소외에 대한 반응으로 이들의 배측 전대상 피질과 전측 뇌섬엽, 즉 신체적 고통의 괴로움과 연관된 두 영역이 크게 활성화되었다. 뿐만 아니라 이렇게 소외된 것에 대해 유달리 심한 사회적 괴로움을 느꼈다고 호소한 실험 대상자들의 경우 배측 전대상 피질의 활동 역시 더욱 크게 증가하여, 거절은 실제로 '고통스럽다'는 일반적인 인식을 뒷받침했다.[9]

후속 연구들도 이러한 초기의 발견과 일맥상통했다. 순간적인 사회적 괴로움의 호소와 사회적 소외에 대응하여 나타나는 고통과 관련 신경 활동의 상관관계가 드러났을 뿐만 아니라,[10] 일상생활에서 벌어지는 사회적 상호작용에서 보다 심하게 소외되었다고 느끼는 실험 대상자들의 경우 사회적 소외가 일어났을 때 고통과 연관된 신경 활동이 더욱 격렬하게 일어난다는 사실도 밝혀졌다.[11] 어떤 경우에는 단순히 사회적 거절을 암시하는 자극적인 이미지만을 보여주어도 이러한 고통 관련 신경 영역이 민감하게 반응했다. 예를 들어 에드워드 호퍼 Edward Hopper의 작품처럼 거절을 주제로 한 그림을 보면 배측 전대상 피질과 전측 뇌섬엽이 활성화되었다.[12] 뿐만 아니라 거절에 특히 민감한 사람의 경우, 잠재적으로 사회적인 거절의 의미를 담은 못마땅한 얼굴 표정을 짓는 사람들의 동영상만 보여주어도 배측 전대상 피질이

더욱 활성화되었다.[13]

마지막으로, 고통과 관련된 신경을 활성화하는 요소는 거절과 소외뿐만이 아니다. 사별과 같이 사회적으로 고통스러운 다른 경험 역시 이러한 신경 영역을 활성화하는 것으로 보인다. 최근에 세상을 떠난 어머니나 누이의 사진을 보여주자 (모르는 여성의 사진을 보여준 경우와 비교할 때) 여성 참가자들의 배측 전대상 피질과 전측 뇌섬엽 활동이 활발해졌다.[14] 뿐만 아니라 인공 임신 중절로 태내의 아이를 잃은 여성은 웃고 있는 아기들의 사진을 보았을 때, 건강한 아이를 분만한 여성에 비해 배측 전대상 피질의 활동이 더욱 활발해졌다.[15] 이를 종합할 때, 거절에서 사별에 이르기까지 여러 가지 종류의 사회적으로 고통스러운 경험은 신체적인 고통과 직접적인 연관이 있는 신경 영역에 부분적으로 의존하는 것으로 보인다.

신체적-사회적 고통 중복의 결과는 무엇인가?

신체적 고통 처리 과정과 사회적 고통 처리 과정이 중복된다는 점을 고려할 때 몇 가지 흥미로운 결론을 예상해볼 수 있다. 예를 들어 신체적인 고통에 좀더 민감한 사람들은 사회적 고통에도 더욱 민감할 것이고, 그 반대도 마찬가지라고 말이다. 이 가설은 직관적인 것이 아니기 때문에 직접적으로 이 문제를 탐구한 연구는 많지 않다. 이러한 결론에 대한 가장 설득력 있는 증거는 환자 집단으로부터 알아낸 다음과 같은 사실이다. 예를 들어 만성적인 통증을 가지고 있는 성인은 건강한 대조군에 비해 배우자로부터의 거절을 걱정할 확률이 더 높

고, 거절에 민감한 우울증 환자들은 대조군보다 고통에 대한 민감도가 높은 성향을 보인다.[16]

이 가능성을 보다 직접적으로 살펴보기 위해 우리는 건강한 실험대상자의 신체적 고통에 대한 민감도가 사회적 거절에 대한 민감도와 연관되어 있는지 여부를 조사했다. 한 연구에서는 기본적으로 열-고통 자극에 보다 큰 민감도를 보인 참가자들이 그후에 사회적 소외가 일어났을 때도 보다 큰 좌절감을 호소했음을 보여주었다.[17] 두번째 연구에서는, 이전의 연구를 통해 희귀한 형태의 뮤 오피오이드 수용체 유전자OPRM1*를 가지고 있어 신체적 고통에 보다 큰 민감도를 보인다는 것이 확인된 사람들을 대상으로 삼았다. 이런 사람들은 거절에 더욱 민감하게 반응했고, 스캐너를 사용하여 사회적 소외 상황을 조사한 결과 고통과 연관된 신경의 활동(배측 전대상 피질, 전측 뇌섬엽)이 더욱 크게 증가한다는 사실이 증명되었다.[18]

신체적-사회적 고통 중복의 두번째 결과는 한 종류의 통증을 증가하거나 감소하는 요인이 다른 종류의 고통에도 비슷한 방식의 영향을 주어야 한다는 것이다. 따라서 일반적으로 사회적 고통을 감소하는 것으로 알려진 요소들(사회적으로 지지를 받는다는 느낌 등)은 신체적 고통도 줄여주어야 하고, 일반적으로 신체적 고통을 경감하는 것으로 알려진 요소들(진통제 등)에는 또한 사회적 통증을 감소하는 효과도 있어야 한다. 사실 우리는 이러한 두 가지 가능성 모두를 뒷받침하는 증거를 찾아냈다. 사회적 지지가 신체적인 고통을 경감하는지 여부를

* 뇌에 존재하며 모르핀, 헤로인, 펜타닐 등의 진통제와 결합하여 진통 효과를 내는 뮤 오피오이드 수용체의 정보를 담고 있는 유전자.

탐구하기 위해 우리는 여성 참가자들에게 여러 가지 다른 일을 하는 동안 팔뚝에 몇 차례의 고통스러운 열 자극을 가한 다음 그 불쾌함이 어느 정도인지 평가하도록 부탁했다.[19] 여러 가지 과제 중 하나에서 참가자들은 사회적 지지를 받았고(사랑하는 배우자의 손을 잡고 있는 등), 다른 과제들에서는 그렇지 못했다(낯선 사람의 손이나 말랑말랑한 공을 쥐고 있었다). 실험 결과, 참가자들은 모르는 사람의 손이나 공을 쥐고 있을 때보다 배우자의 손을 잡고 있을 때 훨씬 통증을 덜 느꼈노라고 대답했다. 더욱 놀라운 점은, 참가자들은 단순히 배우자의 사진만을 보고 있는 경우에도 모르는 사람이나 어떤 물체의 사진을 보고 있을 때보다 훨씬 통증을 덜 느꼈다고 대답했다는 사실이다. 사회적으로 자신을 지지해주는 사람을 떠올리는 것만으로도 사회적 고통뿐만 아니라 신체적 고통까지 줄어들 수 있을지 모른다는 점을 분명히 보여주는 결과다.

내가 이러한 연구에 대해 강의를 할 때면 사람들은 자주 "그 말씀이 모두 사실이라면 진통제로도 사회적 거절의 통증을 줄일 수 있다는 이야기가 되나요?" 하고 묻는다. 너무나 터무니없어 보이기 때문에 이런 질문은 보통 웃음을 자아내려는 의도일 경우가 많지만, 사실 이 질문에 대한 대답은 '그렇다'이다. 이 개념을 실험하기 위해 우리는 타이레놀Tylenol*이 사회적 거절에 대한 민감도를 경감할 수 있는지 여부를 조사했다.[20] 이를 위한 첫번째 연구에서는 참가자에게 3주 동안 일반적인 용량의 타이레놀 또는 위약을 투여한 다음 일상에서 '상처받은 감정'을 어느 정도 느끼는지 기록하도록 했다. 타이레놀을 먹은

* 해열진통제의 상표명.

참가자들은 평균적으로 9일째부터 시작하여 21일째까지 계속해서 일상생활에서 상처받은 감정을 훨씬 덜 느꼈다고 대답한 반면, 위약을 먹은 참가자들은 별다른 변화가 없었다고 대답했다. 두번째 연구에서는 각각 다른 집단에 3주간 매일 타이레놀 또는 위약을 투여한 다음 fMRI 스캐너 안에서 가상 공 던지기 게임을 하도록 부탁했다(이 게임에서 실험 참가자들은 궁극적으로 사회적 소외를 경험했다). 첫번째 연구의 결과와 마찬가지로 타이레놀을 먹은 참가자들은 사회적으로 소외당했을 때 대조군에 비해 고통과 연관된 신경 활동(배측 전대상 피질, 전측 뇌섬엽)이 훨씬 적게 활성화되었다. 이러한 연구는 신체적 통증에 일반적으로 사용되는 진통제 타이레놀로 사회적 고통까지 줄일 수 있다는, 어찌 보면 놀라운 사실을 보여준다.

신체적 통증과 사회적 통증 처리 과정의 중복으로 일어날 가능성이 있는 몇 가지 다른 결과는 아직 직접적으로 연구되지 않았다. 이러한 중복에 비추어볼 때, 보다 잘 이해되는 현상 중 하나가 바로 거절로 인한 공격성이다. 오랫동안 학자들은 사회적으로 거절당한 사람들이 타인에게 공격적으로 행동할 가능성이 훨씬 높다는 것을 보여주는 광범위한 증거를 앞에 두고 혼란스러워 했다. 사실 이러한 증거 중 몇 가지는 우리에게도 낯설지 않다. 사회적으로 큰 물의를 일으킨 학교 내 총기 난사 사건의 범인은 사회적으로 따돌림을 받은 사람인 경우가 많다. 단순히 이 점만 놓고 보면, 거절이 공격성을 부추긴다는 결과는 그다지 앞뒤가 맞지 않는다. 사회적 유대를 유지하는 것이 얼마나 중요한지 생각해볼 때, 도대체 왜 사회적 거절을 겪은 뒤에 친사회적인 행동이 아니라 오히려 공격적인 행동을 보이는지 언뜻 이해가 가지 않는다. 거절을 겪은 후에는 사회적 유대를 다시 구축하기 위해 노력하는 것이 보다 올바른 적응 방법이 아닐까? 그러나 신체적-사회적 고통 중복에 비춰 생각을 해보면, 사회적 거절에 대한 공격적 반응이 보다 논리적임을 알 수 있다. 동물이 고통스러운 자극을 받으면 가까이에 있는 다른 동물을 공격한다는 사실은 동물 연구를 통해 잘 알려져 있다. 이러한 행동은 적응적 기능을 수행하는 것으로 보인다. 신체적으로 부상을 당할 위험에 처하면 공격을 한다는 식이다. 사회적 고통 체계가 실제로 신체적 고통 체계의 일부를 공유하고 있다면, 사회적 거절에 뒤이어 나타나는 공격적인 반응은 신체적 고통에 대한 적응 반응의 부산물일지도 모른다. 물론 이러한 반응이 사회적 거절이라는 맥락에서는 적응의 기능을 제대로 하지 못한 것이기는 하지만 말이다.

신체적-사회적 고통 중복으로 인해 야기될 수 있는 또하나의 결과는 사회적으로 위협적인 상황에서 일어나는 생리적 스트레스 반응에서 찾을 수 있다. 신체적으로 위협을 느끼는 상황이 되면 그 위협에 대처할 에너지와 자원을 동원하기 위해 생리적인 스트레스 반응(코르티솔 증가 등)이 나타난다는 사실은 잘 알려져 있다. 또한 비판적이거나 적대적인 청중 앞에서 연설을 하는 경우와 같이 사회적으로 위협적인 상황에서도 코르티솔 분비 수준이 증가하는 등의 유사한 생리적 반응이 나올 수 있다는 사실 역시 증명되어 있다.[21] 이러한 반응은 에너지 자원을 동원하여 신체적인 위협이 되는 상황에 대처해나가기 위한 적응 과정으로 보이지만, 다른 사람들에게 부정적인 평가를 받거나 거부당할 가능성에 대처하기 위해 에너지 자원을 동원할 필요가 있다고는 생각하기 어렵다. 그러나 두뇌에서 사회적인 위협이 신체적 손상의 위협과 같은 방식으로 해석된다면, 양쪽 상황에서 모두 비슷한 생리적 스트레스 반응이 일어나는 것도 당연한 일이다.

이러한 발견에서 도출할 수 있는 결론 중 하나는, 거절이나 관계 와해가 이를 경험하는 사람에게는 신체적 고통만큼이나 큰 타격이 되며 당사자를 쇠약하게 하는 원인이 될 수 있다는 점이다. 비록 우리는 신체적 고통을 더욱 심각하게 다루고 이를 보다 명백한 병으로 여기지만, 사회적 상실의 고통 역시 신체적 고통만큼이나 괴로울 수 있다. 이는 사회적 단절이 일어난 경우 고통과 연관된 신경 회로가 활성화되는 것으로 증명된 바 있다.

그렇다면 이러한 신체적-사회적 고통 중복이 우리 인간이 짊어지고 가야 할 불공평한 짐이 아닌가 하고 의아해할지도 모른다. 나는 그렇지 않다고 말하고 싶다. 물론 단기적으로는 분명히 고통스럽겠지만 무너진 사회적 관계 후에 찾아오는 비참함과 가슴 아픔은 중요한 기능을 담당하고 있다. 이것이 가까운 사회적 유대를 유지하도록 담보하는 역할을 하는 것이다. 거절당하면 고통을 느끼는 만큼, 사람들은 거절당할 가능성이 높은 상황을 가능한 한 피하고자 한다. 진화의 역사를 통틀어, 사회적 거절을 피하고 다른 구성원들과 긴밀한 유대를 유지할수록 생존 및 번식 확률이 높아졌다. 사회적 통증의 경험은 비록 일시적으로는 괴롭고 쓰라릴지 모르지만 사회적 유대, 그리고 궁극적으로는 생존을 촉진하는 진화적 적응인 것이다.

---

1. G. MacDonald, M. R. Leary, "Why Does Social Exclusion Hurt? The Relationship Between Social and Physical Pain", *Psychological Bulletin 131*, 2005, pp. 202-223.
2. J. Panksepp, *Affective Neuroscience*, New York: Oxford University Press, 1998, 특히 14장 참조.
3. E. L. Foltz, L. E. White, "Pain 'Relief' by Frontal Cingulumotomy", *Journal of Neurosurgery:*

Pediatrics 19, 1962, pp. 89-100.

4. M. Berthier, S. Starkstein, R. Leiguarda, "Behavioral Effects of Damage to the Right Insula and Surrounding Regions", *Cortex 23*, 1987, pp. 673-678.
5. M. Ploner, H.-J. Freund, A. Schnitzler, "Pain Affect Without Pain Sensation in a Patient with Postcentral Lesion", *Pain 81*, 1999, pp. 211-214.
6. P. Rainville 외, "Pain Affect Encoded in Human Anterior Cingulate but No Somatosensory Cortex", *Science 277*, 1977, pp. 968-971.
7. K. A. Hadland 외, "The Effect of Cingulate Legions on Social Behavior and Emotion", *Neuropsychology 41*, 2003, pp. 919-931; P. D. MacLean, J. D. Newman, "Role of Midline Frontolimbic Cortex in Production of the Isolation Call of Squirrel Monkeys", *Brain Research 45*, 1988, pp. 111-123; B. W. Robinson, "Neurological Aspects of Evoked Vocalizations", in *Social Communication Among Primates*, S. A. Altmann 편, Chicago: University Press, 1967, pp. 135-147; W. Smith, "The Functional Significance of the Rostral Cingular Cortex as Revealed by Its Responses to Electrical Excitation", *Journal of Neurophysiology 8*, 1945, pp. 241-255.
8. N. I. Eisenberger, M. D. Leibermann, K. D. Williams, "Does Rejection Hurt? An fMRI Study of Social Exclusion", *Science 302*, 2003, pp. 290-292.
9. N. I. Eisenberger, M. D. Leibermann, "Why Rejection Hurts: A Common Neural Alarm System for Physical and Social Pain", *Trends in Cognitive Science 8*, 2004, pp. 294-300.
10. N. I. Eisenberger, S. L. Gable, M. D. Lieberman, "fMRI Responses Related to Differences in Real-World Social Experiences", *Emotion 7*, 2007, pp. 745-754; K. Onoda 외, "Decreased Ventral Anterior Cingulate Cortex Activity Is Associated with Reduced Social Pain During Emotional Support", *Social Neuroscience 4*, 2009, pp. 443-454.
11. N. I. Eisenberger, S. L. Gable, M. D. Lieberman, "fMRI Responses Related to Differences in Real-World Social Experiences", *Emotion 7*, 2007, pp. 745-754.
12. E. Kross 외, "Neural Dynamics of Rejection Sensitivity", *Journal of Cognitive Neuroscience 19*, 2007, pp. 945-956.
13. L. J. Burkland, N. I Eisenberger, M. D. Lieberman, "Rejection Sensitivity Moderates Dorsal Anterior Cingulate Activity to Disapproving Facial Expressions", *Social Neuroscience 2*, 2007, pp. 238-253.
14. H. Gündel 외, "Functional Neuroanatomy of Grief: An fMRI Study", *Journal of Psychiatry 160*, 2003, 1946-1953; M. F. O'Conner 외, "Craving Love? Enduring Grief Activates Brain's Reward Center", *NeuroImage 42*, 2008, pp. 969-972.
15. A. Kersting 외, "Neural Activation Underlying Acute Grief in Woman After the Loss of an Unborn Child", *American Journal of Psychiatry 166*, 2009, pp. 1402-1410.
16. P. Ciechanowski 외, "The Relationship of Attachment Style to Depression, Catastrophizing and Health Care Utilization in Patients with Chronic Pain", *Pain 104*, 2003, 627-637; A. Ehnvall 외, "Pain During Depression and Relationship to Rejection Sentsitivity", *Acta Psychiatrica Scandinavica 119*, 2009, pp. 375-382.
17. N. I. Eisenberger 외, "An Experimental Study of Shared Sensitivity to Physical Pain and Social Rejection", *Pain 126*, 2006, pp. 132-138.
18. B. M. Way, S. E. Talyor, N. I. Eisenberger, "Variation in the Mu-opioid Receptor Gene (OPRM1) Is

Associated with Dispositional and Neural Sensitivity to Social Rejection", *Proceedings of the National Academy of Sciences 106*, 2009, pp. 15079-15084.
19. S. L. Master 외, "A Picture's Worth: Partner Photographs Reduce Experimentally Induced Pain", *Psychological Science 20*, 2009, pp. 1316-1318.
20. C. N. DeWall 외, "Tylenol Reduces Social Pain: Behavioral and Neural Evidence", *Psychological Science 21*, 2010, pp. 931-937.
21. S. S. Dickerson, M. E. Kemeny, "Acute Stressors and Cortisol Responses: A Theoretical Integration and Synthesis of Laboratory Research", *Psychological Bulletin 130*, 2004, pp. 355-391.

몸에서 마음 찾기

조슈아 노브 Joshua Knobe

조슈아 노브는 예일 대학 철학과 및 인지과학 프로그램의 조교수이며 '실험 철학' 운동의 창립자 중 한 명이다. 그의 연구는 대부분 전통적으로 철학적 과제로 간주되었던 문제들을 인지과학과 연관된 실험적 방법을 사용하여 해결하는 형태로 진행된다. 노브는 프린스턴 대학에서 박사 학위(2006년)를 받았으며, 그후 심리학과 철학 분야 모두에서 다수의 논문을 발표했다.

여러분이 주위를 둘러보고 인간, 물고기, 토스터, 프린터 잉크 카트리지, 이 네 가지를 발견했다고 생각해보자. 이 네 가지를 보면서 여러분은 수많은 유사점과 차이점을 생각해낼 수 있겠지만, 특히 눈에 띄기 마련인 한 가지 분명한 차이점이 있다. 그중 일부에게는 마음이 있고, 나머지에는 마음이 없다는 것이다. 마음은 인간에게 해당되는 특징이고 아마도 물고기 역시 마음을 가지고 있다고 여길 테지만 토스터나 프린터 카트리지에는 당연히 마음이 없다고 생각할 것이다.

마음의 유무에 대한 이러한 구분은 무척 자연스러워서 당연하게 받아들이기 쉽지만, 잠시 곰곰이 생각해보면 매우 혼란스러워지기 시작한다. 사람들은 어떤 대상에는 마음이 있고 어떤 대상에는 마음이 없는지 어떻게 정확히 판단하는가? 대부분의 사람들은 실험심리학, 인지신경과학 및 이러한 의문에 연관이 있을 법한 어떤 과학 분야에도 별다른 배경지식을 가지고 있지 않다. 하지만 연못에서 헤엄치는 물고기를 본 다음 구운 빵이 튀어나오는 토스터를 보는 경우, 우리는 즉시 직관적으로 전자는 특정한 심리적 상태에 있을지 모르지만 후자에는 당연히 심리적 상태라는 것이 없다고 생각한다. 우리는 도대체 어떻게 이런 구별을 하는 것일까?

이 문제에 대한 기존의 입장 중 하나는, 이 구분 과정이 상대적으로 단순하다는 것이다. 어떤 대상에 마음이 있는지 여부는 그 대상이 하는 '행동'을 살펴보고 알아낸다. 이러한 관점에서 물고기를 살펴볼 때 가장 중요한 것은 물고기가 여기저기를 헤엄쳐 다니면서 주변 환경에 복잡한 방식으로 반응하는 것을 볼 수 있다는 점이다. 한편 토스터는 흥미로운 행동을 절대 하지 않는 것처럼 보이고, 토스터가 하는 행동이라고는 빵을 구워내는 것뿐이다. 따라서 자연스럽게 도출할 수 있는 가설은, 우리는 이러한 행동의 차이 때문에 물고기에게는 마음이 있는 반면 토스터에는 마음이 없다고 판단하게 된다는 것이다.

이러한 가설은 상당히 직관적인 설득력이 있다. 이 생각에는 무언가 심오한 진실이 담겨 있는 것처럼 보이므로 우리는 대상의 행동을 기준으로 하여 해당 대상에 마음이 있는지를 판단하며, 철학자들은 이 생각을 보다 정교하고 자세하게 설명할 수 있는 복잡한 개념적 체계를 개발했다. 이러한 체계는 일반적으로 마음에 대한 인간의 보편적인 사고방식이 마치 과학 이론과 같다고 가정한다. 물리학자가 보이지 않는 대상을 상정함으로써 과학적 관찰 내용을 이해하듯이, 사람들은 보이지 않는 정신적 상태를 상정함으로써 다른 사람의 행동을 이해한다. 유일한 차이점이라면 물리학자들은 순수하게 물리적인 요소(힘, 분자, 영역)의 측면에서 데이터를 설명하는 반면, 일반 사람들은 심리적인 요소(믿음, 의도, 감정)를 기반으로 행동을 설명한다는 것이다.

이 체계의 직관적인 설득력을 부인할 수는 없지만, 최근에는 다소 기대하지 않았던 부분에서 이의가 제기되고 있다. 철학을 연구하던 일부 학자들이 이제는 의자에서 일어나 조직적인 실험 연구를 실시해야 할 때라고 생각하기 시작한 것이다. 이러한 '실험 철학자'들은 특히 사람들이 세상을 이해하는 일반적인 방식은 마치 과학적 이론과 같을 것이라는 전통적인 철학적 견해에 관심을 가지고 있었기 때문에 이를 경험적으로 실험해보기 시작했다. 그러나 놀랍게도 실험 결과는 전통적인 견해에 부합하지 않았다. 횟수를 거듭하여 실험을 해보아도 결과는, 사람들이 세상을 이해하는 일반적인 방식은 순수한 과학적 이론에서 우리가 발견하리라 기대하는 것과는 너무나 다르다는 사실을 보여주는 것 같았다.

이것은 상당히 복잡한 문제일 수 있지만 지금으로서는 단순히 문제의 한 측면에만 초점을 맞추도록 하자. 주어진 대상에 마음이 있는지 여부에 대한 사람들의 직관은 난순히 대상의 행농을 설명하려는 과학적 시도에만 기반을 두고 있는 것 같지는 않다. 대신, 이러한 직관은 놀랍게도 해당 대상이 제대로 된 '몸'을 가지고 있는지를 가리고자 던지는 질문의 영향을 받는 것처럼 보인다.

몸이 없는 마음

우리가 이 문제의 근본을 파헤치고자 하는 경우, 자연스러운 시작점은 인간과 비슷한 행동 패턴을 가지고 있지만 몸은 가지고 있지 않은 대상을 살펴보는 것일 테다. 이를 위해 환경으로부터 정보를 받은 후 이 정보를 복잡한 방식으로 활용하여 목표를 달성하는 대상을 찾아야 한다. 그러나 그와 동시에 이 대상은 우리에게 익숙한 형태의 생물학적 몸은 가지고 있지 않아야 한다.

다행히도 이러한 요구 사항을 만족시키는 대상을 쉽게 찾을 수 있었다. 바로 현대의 기업이다. 기업이 목표를 가지고 있으며, 정보를 받아들이고, 이에 따라 계획을 세운다는 점은 확실하다. 그러나 기업은 생물학적 몸체가 없다. 기업은 머리, 몸통, 갈비뼈 대신 부서와 위원회의 복잡한 계층구조로 이루어져 있다. 따라서 아마도 기업은 우리의 목적에 부합하는 사례 연구의 대상 역할을 할 수 있을지 모른다.

하지만 여기서부터 문제는 흥미진진해진다. 처음 깨닫게 되는 것은 사람들이 때때로 기업에 정신적인 상태를 부여하는 문장을 실제로 사용한다는 점이다. 예를 들어 이런 말을 할 수 있다.

애크미 기업Acme Corporation은 7월에 신제품을 출시하고자 한다.

여기서 당신은, 처음에 이러한 문장을 보고 단순한 비유이거나 그저 하는 말이고 사람들이 실제로 이러한 기업에 말 그대로 의도와 비슷한 것이 있으리라고 생각하지는 않을 거라 여길지도 모른다. 그러나 실험적 증거를 통해, 그보다는 약간 문제가 복잡할지도 모른다는 주장이 제기되었다. 심리학자 애드리아나 젠킨스Adrianna Jenkins, 데이비드 도델 페더David Dodell-Feder, 레베카 색스Rebecca Saxe와 함께 실시한 최근의 신경 촬영 연구에서는, 사람들이 이러한 문장을 읽을 때 관찰되는 두뇌 활동의 패턴을 살펴보았다. 그 결과 이러한 문장을 읽을 때는 전통적으로 마음을 가지고 있는 다른 주체에 대해 생각할 때 관여한다고 알려진 바로 그 두뇌 영역, 특히 오른쪽 측두정엽right temporoparietal junction이 활성화된다는 사실이 밝혀졌다. 이 영역은 믿음과 의도에 대한 생각에만 매우 선택적으로 반응하는 영역으로 알려져 있다.

따라서 사람들은 다음과 같은 문장에는 별다른 거부감을 보이지 않을 것이다.

애크미 기업은 자사의 이익률이 머지않아 상승하리라 믿는다.
애크미 기업은 이번 1월에 신제품을 출시하고자 한다.
애크미 기업은 자사의 기업 이미지를 바꾸려고 한다.

하지만 기업에 일종의 느낌이나 감정을 할당하는 문장으로 바꾼다고 생각해보자. 예를 들면 다음과 같다.

애크미 기업은 지금 커다란 기쁨을 느끼고 있다.
애크미 기업은 우울한 상태다.
애크미 기업은 화가 나 있다.

사람들은 이러한 문장이 완전히 잘못되어 있다고 여기며, 때로는 어처구니없다고 생각한다. 다른 말로 하면, 사람들은 기업이 결정을 내리거나 의도를 하거나 무언가를 알 수는 있다고는 생각하지만, 진정으로 무언가를 느끼거나 경험할 수는 없다고 생각하는 것 같다. 철학 전문용어로 표현하면 기업은 현상적 의식phenomenal consciousness이 완전히 결여된 것으로 간주한다.

여기서 다시 한번 우리는, 처음에는 아주 자연스럽고 분명한 것처럼 보였지만 보다 자세히 살펴보면 점점 더 혼란스러워지는 상황에 직면하게 된다. 기업이 화를 내지 못하는 이유는 정확히 무엇인가? 기업은 분명히 화가 난 감정에 부합하는 방식으로 행동할 수 있지만, 그런데도 우리는 왠지 기업이 진정으로 무언가를 느낄 수는 없을 것이라는 느낌을 받는다. 우리는 어떻게 이러한 직관적 결론에 도달했을까? 가능성 있는 답 중 하나는, 기업에는 올바른 종류의 몸이 없기 때문에 사람들은 기업이 의식을 가질 수 없다고 생각한다는 것이다.

마음과 기계

물론 우리가 대상을 기업으로만 한정한다면 결코 몸의 역할을 분리해낼 수 없을 것이다. 기업은 여러 가치 측면에서 인간과 다르며, 이러한 차이점 중 무엇이라도 관찰되는 효과로 이어질 수 있다. 우리에게 진정으로 필요한 것은, 생물학적 몸이 없다는 점을 제외하면 모든 면에서 인간과 완전히 똑같은 대상이다.

철학자 브라이스 휴브너Bryce Huebner는 이러한 요구 조건을 충족시키는 완벽한 방법을 찾아냈다. 휴브너는 참가자들에게 사람처럼 행동하도록 설계된 로봇을 상상하도록 하는 일련의 연구를 실시했다. 비록 이 로봇은 실리콘과 금속으로 만들어지기는 했지만 상상할 수 있는 모든 심리 테스트에서 인간과 똑같이 행동한다는 설정이었다. 여기서 문제는 사람들이 이 로봇에 과연 어떠한 종류의 정신적 상태를 부여하는가 하는 부분이다.

실험 결과, 놀랍게도 사람들은 기업의 경우와 정확히 똑같은 마음 상태를 로봇에 부여했다. 참가자들은 다음과 같은 문장을 별 거부감 없이 사용했다.

로봇은 삼각형에 3면이 있다고 믿는다.

하지만 다음과 같은 문장은 좀처럼 사용하지 않았다.

로봇은 원하는 것을 얻었을 때 행복감을 느낀다.

다른 말로 하면, 기업에 대한 우리의 직관적인 느낌에서 관찰되었던 불균형이 그대로 나타나고 있다고 할 수 있다. 다시 한번 사람들은 생물학적 몸이 없는 대상에 대해, 믿음과 같은 마음 상태는 가질 수 있지만 진정한 느낌이나 경험을 가질 수 있는 능력은 없는 존재라고 묘사했다.

그러나 이 실험의 결과를 다시 한번 살펴보자. 로봇은 모든 상황에서 인간과 완전히 똑같이 행동한다는 설정이었다. 따라서 행동을 예측할 수 있는지 여부 때문에 우리가 이 로봇에 할당하는 정신 상태와 인간에게 할당하는 정신 상태 사이의 차이가 발생한다고 볼 수는 없다. 몸이 어느 정도의 역할을 하는 것이 틀림없다. 우리의 얼굴, 살, 생물학적 본질 안의 무언가가, 사람들에게 인간은 현상적 의식을 가지고 있다고 생각하도록 만드는 것이다.

마음과 살

이제까지 우리는 몸이 없다고 간주되는 객체의 사례를 생각해보았다. 그러나 이제는 반대 방향으로 접근한다고 상상해보자. 객체가 특수하게 구현되어, 일반적인 인간 상호작용의 경우보다 해당 객체를 보았을 때 몸을 더욱 분명하게 인식하게 되는 사례다. 이때는 어떠한 종류의 마음을 할당하겠는가?

어느 날 이 문제를 심리학자 커트 그레이Kurt Gray와 논의하고 있었는데, 누군가 우연히 우리의 대화를 듣고 흥미로운 새 접근 방식을 제안했다. 그 사람의 말의 따르면, 최근에 모델들이 옷을 입은 모습과 벗은 모습을 차례로 실은 사진집이 출판되었다고 했다. 이 사실 하나만으로 보면 그다지 놀랍지 않을지 모르지만, 이 책은 아주 독특한 방법으로 구성되어 있었다. 한쪽 페이지에는 모델이 완전히 옷을 갖춰입은 사진이 실려 있었고, 맞은편 페이지에는 같은 모델이 같은 자세와 얼굴 표정을 한 채 옷만 완전히 다 벗은 사진이 실려 있었다. 이 사진집은 인지과학자의 꿈과도 같은, 완벽하게 통제된 연구 환경을 예술적으로 구현한 것이나 마찬가지였다. 우리는 즉시 이 사진집에 실린 사진들을 자극원으로 삼아 새로운 실험을 진행하기로 결심했다.

동료인 폴 블룸Paul Bloom, 마크 쉬스킨Mark Sheskin, 리사 펠드먼 배럿Lisa Feldman Barrett과 힘을 합쳐 우리는 실험의 구성을 설계했다. 각 참가자에게 사진 한 장을 주고 단순히 그 사진 한 장을 기반으로 하여 사진에 찍힌 모델이 어느 정도 다양한 정신 상태를 가질 수 있는지 추측하도록 했다. 따라서 참가자들에게는 다음과 비슷한 질문을 던졌다.

> 평균적인 사람과 비교할 때, 에린은 어느 정도 자기 절제가 가능할까?
>
> 평균적인 사람과 비교할 때, 에린은 어느 정도 공포심을 느낄 수 있을까?

평균적인 사람과 비교할 때, 에린은 어느 정도 계획성을 갖고 있을까?

그러나 자극원은 서로 다른 변수 사이의 관계를 체계적으로 살펴보도록 설계되었다. 평범한 비현상적 상태(자기절제, 계획)과 현상적 의식이 관련된 상태(공포심, 즐거움) 모두에 대한 질문을 준비했다. 각 참가자에게는 무작위로 옷을 입은 모델 또는 옷을 벗은 모델의 사진을 주었다.

결과를 공개하기 전에, 이 실험에서 어떤 결과를 예측할 수 있는지 잠시 살펴보자. 자연스러운 예측 하나는, 옷을 벗은 모델을 보여주면 그 모델을 일종의 '객관화' 대상으로 삼게 된다는 것이다. 실험 참가자들이 모델을 보다 물리적인 객체, 단순한 사물로 간주하기 때문에 그 모델이 어떤 정신적 상태를 가지고 있을 거라 생각하는 경향이 줄어들지도 모른다. 하지만 동시에 완전히 반대 방향인 다른 종류의 예측도 상상해볼 수 있다. 어쩌면 몸을 인식한다는 행위에서 오는 무언가 때문에 사람들이 모델에게 현상적 의식을 부여하는 경향을 더욱 강하게 나타낼 수도 있다. 따라서 영향은 실제로 반대 방향으로 나타날지 모른다. 오히려 몸에 초점을 맞춤으로써 실험 참가자들이 더욱 감정과 경험이라는 관점에서 생각하는 성향을 보일 수도 있다.

이러한 예측을 염두에 두고, 이제 실제 실험 결과를 살펴보자. 비현상적인 상태에 대해서는 예상한 그대로의 결과가 나왔다. 대상의 몸을 좀더 인식하게 될수록 참가자들이 비현상적인 마음 상태를 할당하는 경향이 줄어들었다. 말을 바꾸면, 다른 사람들에게 복잡한 계획과 자기 절제가 가능한 사람이라는 인상을 주고 싶다면 절대 옷을 벗은 사진을 보여주어서는 안 된다는 뜻이다. 충분히 예상할 수 있는 결과다. 이 부분은 페미니즘 이론 분야의 기존 연구에서 여러 차례에 걸쳐 상세하고 정교하게 증명된 바다.

그러나 놀라운 결과는 이제부터다. 현상적 상태의 경우에는 이와 같은 패턴이 나타나지 않았다. 사실 결과는 정반대였다. 옷을 벗은 모델의 사진을 받은 사람들은 실제로 해당 모델이 감정과 경험을 느낄 수 있다고 생각하는 경향을 더욱 강하게 나타냈다. 사진 속 모델이 공포심과 즐거움을 느낄 수 있다고 대답하는 경우가 더 많았던 것이다. 사실 어떤 다양한 방법을 사용하든 일단 몸에 좀더 시선이 집중되도록 하면 사람들은 해당 객체에 보다 쉽게 감정을 할당하는 경향을 보였다.

그러나 효과는 거기서 멈추지 않는다. 그레이는 다양한 창의적 실험 기술을 사용하여 똑같은 기본 가설을 시험했다. 그레이는 실험 참가자들에게 어떤 사람의 혈액형 정보를 주고 그 사람의 신체적인 매력을 판단하도록 했으며, 심지어 외설적인 이미지를 보여주기도 했다. 언제나 결과는 같았다. 참가자들에게 몸에 더 집중하게 할수록 해당 객체에 감정과 경험을 할당하는 경향도 커졌다.

이를 종합해볼 때 이러한 현상을 '객체화'라는 개념으로 완전히 이해할 수 있을 것 같지는 않다. 참가자들이 사진 속의 모델을 토스터나 프린터 카트리지처럼 단순한 객체로 생각하게 된 것은 아니다. 그보다는 복잡한 패턴이 드러나고 있다. 실험 참가자들은 대상이 된 모델이 마음의 어떤 부분은 덜 가지고 있지만 다른 부분은 더 많이 가지고 있으리라 생각했다. 따라서 몸에 초점을 맞추면 사람을 하나의 동물로 생각하게 된다고 표현하는 편이 보다 정확할지 모른다. 즉, 어떤 사람의 몸이 많이 노출되는 경우 우리는 그 사람의 마음속에는 동물과 연관된 특징(공포심, 기쁨, 통증)이 더 많이 들어 있으며, 인간의 고유한 특징으로 간주되는 부분(복잡한 추리, 계획, 자기절제)은 덜 들어 있다고 생각하게 된다는 의미다.

마음 인지하기

이러한 모든 실험 증거를 앞에 두고, 이제 처음의 의문으로 되돌아가보자. 우리의 목표는, 사람들이 어떠한 대상에는 마음이 있고 어떠한 대상에는 마음이 없는지를 판단하는 데 사용하는 과정을 보다 잘 이해하는 것이었다. 그렇다면 이러한 실험적 증거를 통해 정확히 무엇을 알 수 있는가?

그 대답을 들으면 놀랄지도 모르겠다. 앞에서 소개한 실험 증거에서 얻을 수 있는 핵심 메시지는, 아예 이 질문 자체가 잘못되었다는 것이다. '사람들이 어떤 객체가 마음을 가지고 있는지 판단할 때 사용하는 절차'를 찾으려 하는 출발점부터가 옳지 않은 것으로 보이기 시작한다. 이런 설명에 맞아떨어지는 하나의 절차라는 것이 존재하지 않고, 오히려 두 가지의 서로 다른 절차가 작용하고 있는 것으로 보이기 때문이다. 하나는 대상이 믿음이나 목표와 같은 상태를 취할 수 있는지 여부를 파악하는 과정, 다른 하나는 그 대상이 진실한 느낌을 가질 수 있는지를 파악하는 과정이다. 만약 우리가 진지하게 이 문제의 핵심에 다가서고자 한다면 이 두 가지 절차를 별도로 다루어야 할 것이다.

그러나 화두의 의문을 이러한 방식으로 재구성하면 새로운 대답을 내놓을 수 있게 된다. 사람들이 믿음과 목표를 이해하려 할 때는 인간의 행동을 설명하려는 과학과 유사한 접근 방식을 취하지만, 감정 및 경험에 대해 이해하려 할 때도 단순히 이와 똑같은 원리가 적용되리라 추정해서는 안 된다. 오히려 지금까지 살펴본 모든 증거는 이 두번째 절차가 첫번째와 전혀 다르다는 것을 나타내고 있다. 우리가 일반적으로 현상적 의식을 부여할 때는 전적으로 행동에만 기반을 두지는 않는 것 같다. 이는 순수한 과학적 과정도 아니며, 주로 예상이나 설명을 뒷받침하는 역할을 하는 것 같지도 않다. 무엇보다 현상적 인식은 어느 정도 근본적인 방식으로 몸에 대한 인식과 관련되어 있는 것으로 보인다.

법이 운에 따라 다르게 적용되어야 할까?

피어리 쿠시먼 Fiery Cushman

피어리 쿠시먼은 윤리심리학을 연구한다. 그의 연구는 도덕적 판단으로 이어지는 인지 과정과 그 발달 및 진화적인 역사에 초점을 맞추고 있다. 2003년 하버드 대학에서 생물학 학사 학위를 받았고 2008년에 동 대학에서 심리학 박사 학위를 받았으며, 현재 브라운 대학의 인지·언어·심리과학과 조교수로 재직하고 있다.

어느 눈 내리는 일요일 오후, 할과 피터는 동네 술집에서 미식축구를 보면서 맥주를 마셨다. 둘 다 술에 취한 상태로 술집을 나와 운전을 했고, 미끄러운 도로에서 차를 제대로 제어하지 못했다. 할은 이웃집 나무와 충돌했지만, 피터는 눈 속에서 놀던 어린 여자아이를 치어 죽이고 말았다. 내 고향 매사추세츠 주의 경우, 할에게는 몇백 달러의 벌금이 부과되고 운전면허가 일시 정지된다. 하지만 피터에 대한 처벌은 전혀 다르다. 차량 과실치사로 2년 반에서 15년 사이의 실형을 받게 된다.

철학자와 법률학자 들은 '도덕적 운moral luck'이라고 일컫는 이러한 사례 때문에 오랫동안 골머리를 앓아왔다. 과연 우연한 결과가 우리의 윤리적 판단에 그토록 강력한 영향을 미쳐야 할까? 이러한 사례가 골치 아픈 이유는 우리 앞에 양립할 수 없는 두 가지 관점이 놓여 있기 때문이다. 할과 피터는 완전히 똑같은 행동을 했기 때문에 두 사람에게 다른 처벌을 내리는 것은 옳지 않아 보인다. 하지만 아무리 음주운전을 했다고 한들, 고작 나무를 들이받은 할을 몇 년간 교도소에 가두는 것도 석연치 않다. 마찬가지로 다른 사람의 생명을 앗아간 피터에게 벌금형을 내리는 것도 앞뒤가 맞지 않는 것처럼 보인다.

할과 피터의 사례와 같은 경우 마음속에서 갈등이 일어나는 이유는 우리가 말 그대로 두 개의 마음을 가지고 있기 때문임을 보여주는 심리학 연구가 점차 늘어나고 있다. 하나의 정신적 메커니즘은 해당 인물이 가한 해악에 비례하여 처벌을 할당하므로 할과 피터의 행동을 매우 다르게 판단한다. 그러나 다른 하나의 정신적 메커니즘은 해를 끼치고자 하는 의도, 또는 해를 끼칠 위험에 근거하여 특정한 행동이 윤리적으로 잘못되었는지를 판단하므로 할과 피터의 행동을 동일하게 본다. 이러한 두 가지 정신적 메커니즘의 서로 다른 결론을 비교하면, 그 결과는 까다로운 윤리적 딜레마가 된다. '도덕적 운'의 심리학적 근원에 대한 통찰은 새로운 차원의 철학적 문제를 제시한다. 도덕적 판단과 연관된 과학이 발달하면 우리가 법에 대해 생각하는 방식이 어떻게 바뀔 것인가?

1930년대에 장 피아제Jean Piaget라는 스위스의 젊은 심리학자가 어린 아이들에게 올바름과 그름에 대한 단순한 질문을 던지기 시작하면서 도덕심리학moral psychology이 탄생했다. 세상을 떠나던 1980년 즈음, 피아제는 역사상 가장 영향력 있는 발달심리학자가 되어 있었고, 어린 아이들의 사고 과정과 관련하여 헤아릴 수 없이 많은 획기적인 발견에 기여했다. 피아제가 남기고 간 위대한 유산은 아이들이 성인과 놀랍도록 다른 판단을 내리는 사례를 찾아낸 것이었고, 도덕적 판단에 대한 피아제의 연구도 예외는 아니었다.

도덕적 판단에 대한 유명한 실험에서, 피아제는 아이들에게 찻잔을 깨뜨린 두 소년의 이야기를 들려주었다. 한 소년은 엄마를 도와 식탁을 차리려고 하다가 찻잔을 담은 쟁반을 떨어뜨려 찻잔 15개를 깼다.

다른 소년은 엄마가 보지 않는 사이에 과자를 훔치려고 하다가 찻잔 하나를 바닥에 떨어뜨렸다. 피아제는 아이들에게 둘 중 어느 소년이 더 나쁜지 물었다. 성인에게는 대답이 무척 당연해 보인다. 15개의 찻잔을 깬 소년은 좋은 의도를 가지고 있었던 반면, 과자를 훔치려 했던 소년은 나쁜 의도를 가지고 행동했고 그 결과로 찻잔을 깼기 때문에 과자를 훔치려던 아이가 더 나쁘다. 하지만 피아제는 6세 이하 아이들의 경우 아주 당연하다는 듯이 그 반대의 대답을 한다는 사실을 발견했다. 15개가 1개보다 훨씬 많기 때문에 15개의 찻잔을 깬 소년이 더 나쁘다는 것이다.

피아제의 실험은 우리의 도덕적 판단을 형성하는 두 가지 요인, 즉 사람이 실제로 가하는 피해와 그 사람이 끼치려고 의도하는 피해 사이의 기본적인 갈등을 드러낸다. 지난 80년간 피아제의 실험은 수십 번 이상 재현되고 확대 실시되어 일관된 결과를 도출했다. 어린아이는 인과 책임causal responsibility에 보다 초점을 맞추는 경향이 있는 반면, 조금 큰 아이와 어른은 의도에 초점을 맞추는 경향이 있다.

이러한 재현 실험 중 몇 가지에서는 인과관계와 의도 사이의 경쟁에서 발견되는 흥미진진한 불균형이 드러나기도 한다. 어떤 사람이 피해를 끼치려는 의도로 행동을 했지만 실제로는 피해를 끼치지 않았을 때(예를 들어 누군가의 얼굴에 공을 던졌지만 빗나갔을 때)는 아주 어린 아이들조차 가해자가 나쁜 사람이라는 것을 인식한다. 이러한 상황 또는 이와 유사한 상황에는 어린아이들도 의도가 중요하다는 점을 완벽하게 파악할 수 있다. 아이들을 혼란스럽게 하는 것은 반대의 상황, 즉 어떤 사람이 의도와는 다르게 피해를 입혔을 때(예를 들어 목표를 향해 공을 던졌는데 우연히 누군가의 얼굴을 맞힌 경우)다. 이렇게 흥미로운 발견을 계속 탐구하기 위해, 나는 학부에 재학중인 연구 조교들을 보스턴 과학박물관에 보내 수백 명의 미취학 아동들을 인터뷰하도록 했다. 인터뷰 결과는 이 불균형을 다시 한번 확인해주었다. 어린아이들은 나쁜 의도를 가진 사람이 실제로 피해를 가하지 않았을 때는 이들을 쉽게 비난하지만, 좋은 의도를 가지고 있었다고 해서 피해를 가한 사람을 용서해주는 데에는 어려움을 겪었다. 한마디로 아이들은 우연에 대해 엄격하다는 의미다.

우리는 7세 이하의 아이들에게 버릇없음과 처벌이라는 두 가지 다른 종류의 도덕적 판단을 내리도록 하는 실험을 통해, 피아제의 연구에 다른 각도로 깊이를 더했다. 여기서도 다시 한번 우리는 재미있는 불균형을 발견할 수 있었다. 대부분의 7세 아이들은 성인과 마찬가지의 반응을 보였고, 어떤 사람이 우연히 피해를 가한 경우에는 그 사람을 '버릇없는 나쁜 아이'라고 부르지 않았다. 하지만 처벌에 대해서는 달랐다. 아이들의 상당수가 우연히 피해를 가한 사람도 벌을 받아야 한다고 주장했다. 아이들이 우연에 대해 엄격하다면, 우연에 대한 처벌에는 한층 더 엄격하다는 의미다. 그런 맥락에서 아이들의 판단은 우리의 법과 일치한다. (피터의 의도가 할의 의도와 다르지 않았음에도 불구하고 피터는 다른 사람을 죽였다는 이유로 몇 년의 실형을 선고받았다는 점을 기억하자.)

그렇다면 성인들도 우연에 처벌을 가하는 것이 가능할까? 이 의문을 실험해보기 위해 나는 1000명 이상의 성인을 대상으로 온라인 설문 조사를 실시했다. 참가자들에게는 여러 개의 가상 시나리오를 읽고 각 시나리오에 대해 도덕적인 판단을 내리도록 부탁했다. 일부 참가자들에게는 '도덕적인 잘못'인지에 대해 판단을 내리도록 했고, 다른 사람들에게는 '마땅한 처벌'을 결정하도록 했다. 성인들이 내린 판단의 패턴은 7세 아이들의 판단과 놀라울 정도로 비슷했다. 즉, 도덕적인 잘못에 대한 판단은 거의 의도에 따라 달라졌다. 피해를 입히려고 시도했을 때는 성공 여부에 관계없이 매우 나쁜 행위라는 판단을 내린 반면 우연한 사고는 전적으로 용서했다. 그러나 처벌과 관련된 판단은 인과 책임의 큰 영향을 받았다. 누군가 피해를 끼치고자 했을 때는 실패했을 때보다 성공했을 때 더욱 심각한 처벌을 받아야 한다는 판단이 나왔고, 우연히 피해를 야기한 사람도 처벌에서는 완전히 자유롭지 않았다.

그릇됨에 대한 판단과 처벌에 대한 판단 사이의 이러한 불균형은 왜 도덕적 운이 딜레마를 야기하는지 잘 보여준다. 그릇됨의 관점에서 보면 할과 피터 사이에는 차이가 없다. 두 사람 모두 술을 마시고 의도적으로 운전을 했다. 그러나 처벌의 관점에서 보면 두 사람의 행동은 매우 다른 결과를 도출했다. 할은 무시해도 좋을 정도의 피해를 야기한 반면, 피터는 어린 소녀의 생명을 앗아가고 말았다. 따라서 두 사람의 사례를 어느 쪽으로 해결하려 하든, 적어도 우리 두뇌의 일부분은 만족하지 못하게 된다.

오랜 시간에 걸쳐 철학자들과 법률학자들은 도덕적 운에 대한 여러 가지 독창적이고 복잡한 정당화 이론을 고안해냈다. 하지만 미취학 아동들의 마음속에는 현상에 대한 심리가 굳게 자리를 잡고 있는 듯하다. 해로운 결과가 발생하면 이는 강렬한 도덕적 판단을 일으킨다. 비록 그 피해가 우연한 것이라 하더라도 아주 어린 아이들은 이런 부정적인 판단을 바꾸는 데 특히 어려움을 겪는다. 7세에 도달하면 아이들은 우연히 피해가 발생한 경우 도덕적으로 잘못된 것은 아니라고 말하는 경향이 있다. 그러나 어른이 되어서도 사고로 발생한 피해를 처벌하려는 성향은 사라지지 않는다. 물론 법률이 피터와 할에게 서로 다른 형량을 내린 것은 부분적으로 세부적인 법률 원칙과 정책적 고려 사항에 따른 것이겠지만, 여기엔 아주 어린 아이들의 마음속에도 존재하는 근본적인 심리적 충동, 즉 피해를 가한 사람을 처벌하고자 하는 충동도 어느 정도 영향을 미치고 있을 것이다.

어떤 사람이 사고에 대해 누군가를 처벌해야 한다고 말한다면 과연 이 사람은 진심으로 그렇게 생각하는 것일까? 어쩌면 단순히 빈말일지도 모른다. 혹은 '범죄에 대해 엄격하다'는 인상을 주고 싶어서 그런 말을 했는지도 모르며, 아니면 소위 법정에서 묘사되거나 내가 앞에서 소개한 몇 가지 사례에서 설명한 대로 100퍼센트 우연으로 피해가 발생했다고는 믿지 않기 때문인지도 모른다. 우리는 처벌에 대한 다음 연구를 준비하면서 실험실에서 실제 사고 상황을 만드는 게임을 고안하여 이러한 문제를 해결했다. 의도적인 요소는 전혀 없이 완벽한 우연으로 사고가 일어나도록 했고, 그다음에 실험 대상자들에게 이러한 사고에 실제의 돈으로 보상이나 처벌을 할 수 있는 기회를 주었다.

이 게임의 핵심은 단순한 돈의 분배다. 참가자 A에게 10달러를 주고 참가자 B와 돈을 나누어 가지도록 했다. A는 10달러를 전부 혼자 가질 수도 있고(구두쇠 옵션), 5달러씩 나누어 가질 수도 있으며(공평한 옵션), 10달러를 모두 B에게 줄 수도 있었다(너그러운 옵션). 사고 요소를 도입하기 위해 우리는 약간의 변수를 두었다. 참가자 A는 세 가지의 서로 다른 주사위 중 하나를 굴려 돈을 분배해야 했다. 1번 주사위(구두쇠 주사위)는 1, 2, 3, 4가 나올 경우 A가 10달러를 모두 갖고, 5가 나올 경우 둘로 똑같이 나누며, 6이 나올 경우 상대방에게 돈을 모두 주어야 했다. 따라서 돈을 혼자 모두 가지고 싶다면 1번 주사위를 굴리겠지만, 그래도 우연히 5나 6이 나온다면 결국 돈을 반씩 나누거나 모두 상대방에게 주어야 한다. 2번 주사위(공평한 주사위)와 3번 주사위(너그러운 주사위)도 마찬가지 구조로 되어 있었다. 돈을 반씩 나누고자 하면 2번 주사위를, 모두 주고자 하면 3번 주사위를 선택하여 굴리겠지만, 두 경우 모두 우연히 의도한 것과 다른 결과가 나올 가능성이 적게나마 존재했다.

참가자 B는 참가자 A가 선택한 주사위만 보고도 A의 의도를 정확히 파악할 수 있었지만, 그래도 우리는 B가 A의 의도를 확실히 이해했는지 확인하기 위해 B에게 몇 가지 질문을 던졌다. 참가자 B에게는 일단 참가자 A가 주사위를 굴린 후에 참가자 A가 받을 돈에 돈을 추가하거나 빼서 A에게 보상을 하거나 처벌을 할 기회를 주었다. 사고가 발생했을 경우, 예를 들어 A가 '너그러운 옵션' 주사위를 굴렸지만 6(구두쇠 옵션)이 나왔다면 과연 참가자 B는 A에게 상을 줄 것인가, 아니면 벌을 줄 것인가? 즉, B는 A의 의도(A가 선택한 주사위)에 초점을 맞출 것인가, 아니면 결과(주사위를 굴려 나온 숫자)에 초점을 맞출 것인가?

실험 결과, 우연히 나온 결과가 상당히 중요한 역할을 한다는 사실이 드러났다. 참가자 A가 구두쇠 주사위를 선택했지만 결과적으로 상대방에게 돈을 모두 주는 너그러운 옵션이 나왔을 때, 평균적으로 참가자 B는 A에게 보상을 주는 행위로 응답했다. 그리고 참가자 A가 너그러운 주사위를 선택했지만 결과적으로 돈을 하나도 주지 않는 구두쇠 옵션이 나왔을 때, 평균적으로 참가자 B는 A에게 벌을 주었다. 통계적인 분석을 통해 참가자 B는 참가자 A의 의도와 주사위를 굴려 나온 결과 모두를 고려했지만, 의도보다는 결과를 약간 더 중요시했다는 사실을 알 수 있었다. 바로 이러한 성향이 도덕적 운에서 '운'에 해당하는 것이다. 자신에게 피해를 준 누군가에게 벌을 주고자 하는 충동은 때때로 단순히 주사위를 굴린 결과에 따라 좌우되기도 하는 것이다.

피해를 입게 되면 자동으로 인과 책임을 찾으려고 하는 성향은 예측할 수 없거나 심지어 괴상한 패턴의 처벌로 이어지기도 한다. 한 가지 사례는 살인미수에 대한 사람들의 판단을 대상으로 실시한 연구에서 찾을 수 있다. 우선 나는 한 집단을 대상으로 이런 질문을 던졌다. 경쟁심이 무척 강한 육상 선수가 양귀비 씨에 치명적인 알레르기가 있다고 알려진 라이벌 선수의 샐러드 위에 양귀비 씨를 뿌려 그를 죽이려고 했을 때, 그 행위에 대해 처벌을 받아야 할 것인가? 다행히도 라이벌 선수는 양귀비 씨가 아니라 헤이즐넛에 치명적인 알레르기를 가지고 있었기 때문에 아무런 이상도 발생하지 않았다. 하지만 대부분의 사람들은 그 육상 선수를 살인미수로 처벌해야 한다고 생각했고, 평균 약 20년의 감금형을 선고했다.

그다음에는 다른 집단의 참가자들에게 약간 다른 경우에 대한 판단을 내리도록 했다. 이번에도 육상 선수는 라이벌 선수의 샐러드에 양귀비 씨를 뿌렸고, 역시 마찬가지로 라이벌 선수의 실제 알레르기 대상은 헤이즐넛이었다. 그러나 이번에는 라이벌 선수의 식사를 준비한 요리사가 우연히 헤이즐넛을 샐러드에 넣었다. 그 결과, 그야말로 완벽한 우연으로 라이벌 선수가 사망했다. 합리적인 관점으로 보았을 때 이러한 우연은 육상 선수의 처벌에 전혀 영향을 미치지 않아야 한다. 그 선수는 두 경우 모두 똑같은 살인미수 행위를 저질렀기 때문이다. 그러나 라이벌 선수가 우연히 사망했을 경우에는 사람들이 살인미수자에게 면죄부를 줄 확률이 거의 2배에 달했다. 지금까지 수백 명의 사람들을 대상으로 하여 수십 가지 사례를 실험했지만, 그 결과는 놀라울 정도로 일관되게 나타났다. 범죄 미수를 저질렀지만 피해가 아예 일어나지 않은 경우에 비해, 같은 범죄 미수를 저질렀지만 우연 때문에 피해가 발생한 경우 범죄 미수에 대해 면죄부를 받을 가능성이 더욱 높았다.

이러한 현상이 나타나는 이유는 인간에게는 피해에 인과 책임을 할당하고자 하는 근본적인 충동이 있기 때문이다. 라이벌 선수가 샐러드를 먹고 숨을 거두었다면, 인과관계를 따졌을 때 누구에게 책임이 있겠는가? 양귀비 씨를 뿌린 선수가 아니라 헤이즐넛을 넣은 요리사다. 사람들은 인과 책임에 보다 주목하며, 실패한 살인미수 행위에는 큰 중요성을 부과하지 않게 된다. 그러나 만약 라이벌 선수가 전혀 피해를 입지 않았다면 인과 책임을 판단할 필요가 없어지고, 그 결과 사람들은 육상 선수의 살인 의도를 완전히 고려할 수 있게 된다.

이러한 모든 연구 결과는 도덕적 운에 대한 같은 결론을 암시하고 있다. 처벌에 관해서라면, 사람들은 인과 책임을 훨씬 중시한다. 여러분이 누군가에게 피해를 입힌다면, 심지어 그 피해가 우연히 발생한 것이라고 해도 처벌을 받을 가능성이 높다. 그리고 여러분이 피해를 입히지 않았다면, 심지어 살인을 시도했다 하더라도 면죄부를 받을 수 있을지 모른다. 하지만 왜 그런 것일까? 그리고 우리는 이에 대해 어떤 조치를 취해야 할까?

우리의 두뇌가 왜 이러한 방식으로 설계되었는지 확실히 설명하는 것은 불가능하다. 수백만 년에 걸쳐 진화의 힘이 우리의 두뇌를 형성했고, 시계를 거꾸로 되돌릴 수는 없다. 뿐만 아니라 양자물리학이나 지구온난화에 대한 생각을 포함하여, 우리의 생각 중 많은 부분은 진화를 통해 형성된 것이 아니다. 하지만 인간 사고에 존재하는 패턴 중 상당수에 대해서는 비교적 그럴듯하게 진화 이유를 추측할 수 있다. 예를 들어 전 세계에 걸쳐, 그리고 역사를 통틀어서 대부분의 인간 문화에서는 형제간의 성관계를 금지하고 있다. 대부분의 동물들도 근친상간을 피하고, 심지어 적지 않은 식물들조차 자가 수분을 피하도록 설계된 구조를 가지고 있다. 근친상간을 하면 매우 확실한 유전적 대가를 치르게 되고, 이는 생존을 위한 진화적인 투쟁에서 경쟁력을 잃는다는 의미다. 따라서 진화 과정을 통해 형제간의 성관계를 피하도록 인간의 두뇌가 형성되었다고 해도 별로 틀린 주장은 아닐 것이다.

또한 처벌을 하고자 하는 인간의 본능에도 진화가 일익을 담당했을 가능성이 크다. 생물학자와 경제학자 들은 수학적 모델과 독창적인 실험을 통해 처벌이 바람직한 사회적 행동을 장려하는 데 중요한 역할을 할 수 있다는 점을 보여주었다. 이러한 결론은 놀라운 것이 아니다. 우리는 올바르게 행동하는 법을 가르쳐주기 위해 사람들을 처벌한다. 그러나 사고를 처벌하고자 하는 성향은 어떻게 설명할 수 있을까? 의도하지 않은 피해를 야기한 사람을 처벌하는 데에는 어떤 장점이 존재할까?

결국 이 의문에 대한 답은 사람들이 처벌을 통해 어떻게 교훈을 얻는지에 따라 달라진다. 이 점을 보다 분명하게 확인하기 위해, 식탁을 차리는 엄마를 도우려다가 찻잔 15개를 깨뜨린 소년에 대한 피아제의 사례로 돌아가보자. 소년의 엄마는 어떻게 반응해야 할까? 어떤 관점에서 보면 엄마는 더이상 찻잔을 깨뜨려서는 안 된다는 교훈을 주기 위해 소년에게 벌을 주어야 한다. 그러나 또다른 관점에서 보면 엄마는 계속해서 다른 사람을 도우려고 해야 한다는 교훈을 주기 위한 수단으로 소년에게 상을 주어야 한다. 엄마에게 가장 바람직한 전략은 무엇인가? 이는 모두 소년이 교훈을 얻는 방식에 따라 달라진다. 만약 소년이 처벌과 보상은 자신이 실제로 야기한 결과와 관련이 있다고 생각하는 경우, 벌을 주면 찻잔을 깨지 말라는 교훈을 얻을 것이다. 하지만 소년이 처벌과 보상은 자신이 의도했던 결과와 관련이 있다고 생각하는 경우, 상을 주면 앞으로도 식탁 차리는 것을 도우라는 교훈을 얻을 것이다. 엄마가 취해야 할 바람직한 행동은 아들의 두뇌가 어떻게 이루어져 있는지에 따라 달라진다.

인간의 학습 방법에 대한 이 기본적인 질문의 해답을 찾기 위해, 우리는 실험실에서 사고가 일어나기 쉬운 게임을 또하나 고안했다. 이번에는 주사위가 아닌 다트를 사용했다. 참가자 A는 네 가지 색으로 되어 있는 보드에 다트를 던지고, 맞히는 색에 따라 참가자 B에게 줄 돈을 따거나 잃게 된다. 하지만 여기에 함정이 있다. 참가자 A는 어떤 색이 참가자 B에게 좋은지(B가 돈을 딸 수 있는지), 어떤 색이 참가자 B에게 나쁜지(B가 돈을 잃게 되는지) 모른다. 참가자 B가 참가자 A에게 이를 알려줄 수 있는 유일한 방법은 매번 다트를 던진 다음 A에게 보상을 하거나 처벌을 하는 것뿐이다. 만약 참가자 B가 처벌과 보상을 올바르게 사용한다면, 그는 열두 번 다트를 던지는 동안 자신에게 가장 큰 이익을 가져오는 색을 겨냥하도록 참가자 A를 이끌 수 있을 것이다.

이 실험에서 중요한 부분은 참가자 A가 다트를 던지기 전에 미리 예고를 하여 어느 색을 노리는지 알려야 한다는 점이다. (실험자는 노리던 색을 정확히 맞혔을 때 보상을 제공하여 참가자 A가 노리는 색을 정직하게 알리도록 했다.) 참가자들은 다트에 능숙하지 않았기 때문에 절반 정도는 노리던 것과 다른 색을 맞혔다. 따라서 참가자 B에게는 선택권이 주어진다. 참가자 A가 노리던 색에 따라 보상이나 벌을 주어야 할까, 아니면 실제로 맞힌 색에 따라 보상이나 벌을 주어야 할까? 이를 알아내기 위해 우리는 비밀리에 참가자 B에게 참가자의 반에 대해서는 실제 맞힌 색에 따라 보상이나 벌을 주고, 다른 반에 대해서는 목표로 했던 색에 따라 보상이나 벌을 주도록 지시했다. 그다음 둘 중 어떤 전략이 참가자 A에게 B가 선호하는 색을 가르쳐주는 데 보다 효과적인지를 파악했다.

결과는 분명했다. 참가자 A는 자신이 맞힌 색에 따라 보상과 벌을 받았을 때 2배나 효과적으로 참가자 B에게 유리한 색을 학습했다. 이 게임에서는 사람들이 실제로 우연한 결과에서 교훈을 얻었기 때문에 우연한 결과에 대해 처벌을 하는 것이 가장 효과적인 전략으로 드러났다. 확실히 알 수는 없지만, 이 결과는 왜 우리가 나쁜 결과에 처벌을 하는 경향을 보이는지에 대한 진화적인 설명을 제시해줄 수 있을지 모른다. 인간 진화의 역사 중에는 보상을 주는 유일한 방법이 "이렇게 해!"라는 말이었고 벌을 주는 유일한 방법은 "그렇게는 하지마!"라는 말이었던 시대가 있었고, 다트 게임은 바로 그런 시대를 재현한 것이다. 이러한 상황을 고려해볼 때 우리의 실험 결과는 우연한 사고를 처벌하는 것이 좋은 방법이라는 점을 시사한다. 뱀의 꼬리를 우연히 밟았다고 해도 일단 뱀에게 한번 물리고 나면 다음부터는 조심해야겠다는 교훈을 얻을 수 있는 것이다!

하지만 다른 여러 가지 진화적 본능과 마찬가지로 이러한 성향이 과연 오늘날에도 이점이 있는지에 대한 의문을 던져보는 것도 나쁘지 않다. 예를 들면 지방과 당분이 희귀했던 시대에 이들 영양분에 대한 끝없는 식욕이 발달했지만, 오늘날 이러한 음식의 과잉 섭취는 심장병과 당뇨병으로 이어진다. 인간이 언어와 법을 갖추기 전에는 사고를 처벌하는 것이 바람직한 행동을 가르치는 데 최고의 방법이었을지 모르지만, 현대 사회에서는 주먹보다 입을 사용하여 훨씬 효과적으로 말을 할 수 있다. 찻잔을 깬 소년의 사례에서 엄마는 "찻잔을 깨지 마라"라는 뜻을 전달하기 위해 굳이 처벌을 할 필요가 없다. 그저 아이에게 그렇게 말을 하면 된다. 또한 만약 다트 게임에서 참가자들 사이의 대화를 금지하지 않았더라면, 분명히 참가자 B는 참가자 A에게 "빨간색을 맞히면 돈을 잃게 되니까 당신이 빨간색을 노리기만 해도 벌을 주겠소"라고 말했을 것이다. 이제는 언어와 법을 사용하여 위반을 하기 전에 도덕적 규칙을 전달할 수 있으므로 우연한 사고를 처벌해야 하는 진화적인 필요성도 사라졌을지 모른다.

인간은 7세 무렵에 할과 피터가 똑같이 음주운전이라는 잘못된 행동을 했다는 사실을 인식하게 된다. 무모한 행동에 대해서는 당연히 두 명 다 처벌을 받아야 하지만, 왜 두 사람은 다른 처벌을 받게 되는가? 진화 과정상 과거에는 피터에게 더 무거운 벌을 부과하는 것이 도덕적 규칙을 전달하는 가장 효과적인 방법이었다. 그러나 진화된 현대에는 아마도 법률이 그 일을 대신하도록 할 수 있을 것이다.

우리는 어떻게 사람들의 도덕적인 마음을 읽는가?

리앤 영 Liane Young

리앤 영은 하버드 대학에서 철학 학사 학위(2004년)를 받았고, 심리학으로 박사 학위(2008년)를 받았으며, 그후 MIT의 두뇌 및 인지과학과Brain and Cognitive Sciences Department에서 박사 후 연구원으로 있었다. 보스턴 칼리지의 심리학과 조교수로 재직하며 인간의 도덕적 판단을 구성하는 인지 및 신경 기반을 연구하고 있다. 현재는 도덕적인 판단과 행동에서 추론과 감정이 하는 역할에 연구의 초점을 맞추고 있으며 fMRI, TMS(경두개 자기 자극술transcranial magnetic stimulation), 인지 및 신경 장애가 있는 환자군을 대상으로 한 연구 등 사회심리학 및 인지신경과학 도구와 방법을 활용하고 있다.

매일 우리는 다른 사람이 하는 행동의 영향을 관찰하고 경험한다. 이러한 관찰과 경험을 통해 행위자 본인을 평가하게 되는 경우도 많은데, 특히 그들의 행동이 해롭거나 이로운 경우에 더욱 그렇다. 하지만 해롭거나 이로운 결과만 중요한 것은 아니다. 사실 우리에게 가장 중요한 것은 행위자가 과연 그러한 결과를 의도했는지 여부다. 우리는 사람들이 행동을 할 때 무슨 생각을 하고 있었는지 알고 싶어한다. 저 사람은 그 옵션을 선택하면 내 하드 드라이브가 모두 지워진다는 사실을 알고 있었을까? 저 사람은 일부러 내 머리를 보라색으로 염색하려는 의도를 갖고 있었을까? 물론 다른 사람의 마음속에서 일어나는 일을 파악하는 것은 결코 쉽지 않은 일이지만 만약 우리가 그 행동을 용서할 것인가 아니면 비난할 것인가, 그리고 어느 정도 그렇게 할 것인가를 결정하고자 한다면, 그리고 우리가 믿고 우정을 나눌 자격이 있는 사람은 누구이며 그렇지 않은 사람은 누구인지 판단하고자 한다면 이는 충분히 가치 있는 일이다. 그렇다면 우리는 이렇게 어려운 문제에 어떻게 대처할 수 있을까?

도덕적인 판단을 할 때 마음과 머리에서 무슨 일이 벌어지는지 탐구하는 것은 우리가 사회적 관계의 당사자로서, 법정의 배심원으로서, 어린아이들의 부모나 교사로서 다양한 상황에 적용하는 단순한 법칙을 분석하는 데 도움이 될 수 있다. 이 법칙은 곧, 피해를 입히려는 의도로 행동하는 것은 도덕적으로 잘못된 일이라는 법칙이다. 최근의 연구에 따르면, 다른 사람에 대한 우리의 도덕적 판단은 다른 사람의 정신 상태(그 사람의 믿음이나 의도)에 대한 감정적인 반응을 생성하는 두뇌의 영역뿐만 아니라 다른 사람의 정신적인 상태를 추론하는 다른 특정한 두뇌 영역에도 의존한다고 한다. 여러 연구를 통해 사람마다 용서나 비난을 하는 성향이 큰 편차를 보인다는 것이 드러났고, 이러한 차이는 각자의 두뇌 활동에서 나타나는 차이와 연관되어 있다. 다른 연구에서는 신경 발달 장애나 뇌에 손상이 있는 환자들의 경우 도덕적인 판단이 손상되고, 이들의 두뇌 활동을 실험적으로 조절할 경우 도덕적인 판단이 바뀐다는 사실을 보여준 바 있다.

가해자의 정신적 상태가 그 사람에 대한 우리의 판단에 미치는 영향부터 시작해보자. 다음과 같은 시나리오를 상상해보기로 한다. 그레이스와 동료는 화학 공장을 견학하고 있다. 그레이스는 잠시 멈춰서서 자신과 동료가 마실 커피를 따른다. 가까이에는 설탕이 담긴 용기가 놓여 있다. 그러나 그 용기에는 '유독성'이라는 잘못된 라벨이 붙어 있기 때문에 그레이스는 그 안에 든 가루가 유독성이라고 생각한다. 그레이스는 수저로 그 가루를 약간 떠서 동료의 커피에 넣고 자신의 커피에는 넣지 않는다. 동료가 커피를 마시지만 물론 아무 일도 일어나지 않는다. 실험 참가자들에게 이러한 시나리오를 제시했을 때, 대부분의 사람들은 단순히 해를 끼치고자 하는 그레이스의 의도에 근거하여 그레이스는 도덕적으로 심각하게 잘못된 행동을 했으며 강력

한 도덕적 비난을 받아야 마땅하다고 말했다.[1]

또한 참가자들에게 이와 약간 다른 시나리오도 제시했다. 커피 기계 근처에는 독약이 담긴 용기가 놓여 있다. 용기에는 '설탕'이라는 잘못된 라벨이 붙어 있기 때문에 그레이스는 그 안에 있는 가루가 설탕이라고 생각한다. 그레이스는 가루를 수저로 조금 떠서 동료의 커피에 넣는다. 동료는 그 커피를 마시고 쓰러져 죽는다. 다시 한번, 대부분의 참가자들은 그레이스의 정신적 상태를 기반으로 하여 그레이스를 판단했다. 즉 그레이스가 잘못된 사실을 믿고 있었고 아무런 악의가 없었기 때문에 그레이스에게 기꺼이 면죄부를 주고자 했던 것이다.

종합해보면, 우리는 피해를 가하려는 시도를 했을 때는 실패한 경우에도 도덕적으로 금지된 행위를 했다고 판단하고, 우연히 피해를 가하게 되었을 경우에는 다소 용인 가능한 것으로 판단한다. 우리는 해를 끼치려는 의도가 있을 때 실제로 피해가 발생했는지 여부에 관계없이 해당 행동이 도덕적으로 옳지 않다고 판단한다. 피해를 끼치고자 하는 의도가 없는 경우, 즉 피해는 발생했지만 사고로 인한 것이었을 때는 보다 관대한 성향을 보인다. 이러한 행동 패턴은 사람의 믿음과 의도에 대한 추론이 그들의 행동을 도덕적인 기준에서 평가하는 데 중요한 역할을 한다는 사실을 반영한다.

도덕적 운

그러나 우연한 사고와 완전히 중립적인 행동(예를 들어 중립적인 믿음과 의도를 가지고 수행했으며 중립적인 결과를 낳은 행동)에 대한 우리의 도덕적인 판단 사이에는 여전히 상당한 차이가 존재한다. 사람들은 사고를 다소간 도덕적으로 금지된 것으로 판단하고, 책임이 있는 행위자에게 약간의 도덕적인 비난을 한다. 그레이스는 완전히 중립적인 상황, 즉 '설탕'이라고 쓰인 용기에 실제로 설탕이 담겨 있었을 경우보다 우연한 사고로 동료에게 독약을 먹였을 때 도덕적으로 더 나쁘다는 평가를 받는다. 두 상황에서 그레이스의 의도는 똑같았는데도 말이다.

여기서 차이점으로 보이는 것은 바로 운이다. 즉 행운이 따른(좋은) 결과(예를 들면 설탕을 넣은 커피)와 불운한(나쁜) 결과(예를 들어 독약을 탄 커피) 사이의 차이다. 적지 않은 도덕적 판단에서 이 '도덕적 운'이라는 불균형이 나타난다. 우연히 피해를 입힌 불운한 행위자는 보통 도덕적으로 더 나쁘다는 평가를 받는다. 그러나 동시에 대부분의 사람들은 도덕적인 문제가 운에 좌우되어서는 안 된다고 생각한다. 우연하게 발생한 피해는 '운이 좋거나 나빠서 생긴 결과 말고, 믿음과 의도가 행위자의 도덕적인 상태를 결정해야 한다'는 규칙에서 예외가 되는가? 우리는 왜 운이 따른 행위자와 불운한 행위자에게 서로 다른 도덕적 판단을 내리는가?

이에 대한 답으로는 두 가지 요소를 생각해볼 수 있다. 예를 들어 운이 나쁜 그레이스는 단순히 나쁜 결과(동료에게 독을 먹였다)를 야기했을 뿐만 아니라 잘못된 믿음(독약 가루를 설탕이라고 생각했다)을 가지고 있었다. 운이 좋은 그레이스는 나쁜 결과를 야기하지 않았을 뿐만 아니라 올바른 믿음(설탕 가루를 설탕이라고 생각했다)을 가지고 있었다. 이러한 요소들(믿음과 결과)은 일반적으로 도덕적 운을 판단하는 과정에서 혼동이 되므로, 우리가 도덕적 운이라고 일컫는 도덕적 판단의 불균형이 좋은(행운) 결과와 나쁜(불운) 결과의 차이에서 오는지, 아니면 올바른 믿음과 잘못된 믿음의 차이에서 오는지 구분하기가 불가능해진다.

도덕적인 판단에 믿음과 결과가 미치는 상대적인 영향을 시험하기 위해, 나는 동료들과 함께 '무척 운이 좋은' 행위자가 등장하는 새로운 시나리오를 개발했다. 이 행위자는 불운한 행위자와 마찬가지로 잘못된 믿음을 가지고 있었지만 남다른 행운이 작용한 덕분에 아무런 피해도 입히지 않는다. 무척 운이 좋은 그레이스는 실제로는 독약인 가루를 설탕이라고 믿는다. 그레이스는 스푼으로 동료의 커피에 독약을 넣는다. 그러나 동료가 커피잔을 내려놓고 마시는 것을 잊어버리는 바람에 아무런 피해도 일어나지 않는다. 우리는 여기서, 비록 아무런 피해도 발생하지는 않았지만 무척 운이 좋은 그레이스 역시 잘못된 믿음을 가지고 있었기 때문에 도덕적으로 비난할 만하다는 평가를 받을 것이라는 가설을 세웠다. 실제로 우리가 세운 가설대로, 무척 운이 좋은 그레이스는 운이 좋은 그레이스(공통되게 중립적인 결과를 야기했다)보다는 운이 나쁜 그레이스(공통되게 잘못된 믿음을 가지고 있었다)에 가까운 평가를 받았다. 올바른 믿음과 잘못된 믿음의 차이가, 중립적인 결과와 나쁜 결과의 차이보다 도덕적 판단에서 더 중요한 역할을 했던 것이다. 뿐만 아니라 우리는 실험 참가자들이 내린 도덕적 판단은 행위자가 특정한 믿음을 가질 만한 정당한 이유가 있었는지, 즉 앞의 사례에서는 과연 진짜로 독약 가루를 설탕으로 착각할 만했는지에 대한 판단에 크게 영향을 받는다는 사실을 발견했다.[2] 잘못된 믿음은 어느 정도 정당화할 수 없는 부분이 있다는 평가를 받았고, 그에 따라 이렇게 잘못된 믿음을 가지고 있는 행위자도 어느 정도는 비난받아마땅하다는 평가를 받았다. 이러한 실험은 우리가 도덕적인 판단을 할 때 정신 상태의 요인(예를 들어 행위자가 가지고 있던 믿음의 진실성과 정당화 가능 여부)이 중요한 역할을 한다는 사실을 나타낸다. 우리가 우연한 사고를 일으킨 사람을 비난할 때도 말이다.

도덕성과 관련된 정신 상태를 나타내는 신경 기반

최근의 연구는 도덕적인 판단을 할 때 다른 사람의 정신 상태에 대해 추론하는 능력의 신경적 기반에 초점을 맞추었다. 이 연구는 도덕성과 연관이 없는 상황에서의 정신적 상태에 대해 추론할 때 두뇌의 어떤 특정한 영역이 관여하는지 밝혀낸 기존의 연구를 바탕으로 한 것이다. 도덕성과 연관이 없는 상황이란, 예를 들면 우리가 다른 사람의 행동을 예측하거나 해석해야 할 경우다. 이 기존의 연구는 대부분 어린아이들의 정신 상태 추론을 실험하기 위해 설계된 '잘못된 믿음' 이라는 발달심리학 과제를 활용한다. 한 시나리오에서 아이들은 샐리라는 등장인물이 공을 바구니에 넣고 방을 나가는 모습을 지켜본다. 앤이라는 또다른 등장인물이 방에 들어와서는 샐리의 공을 상자 안으로 옮긴다. 그다음 샐리가 돌아오고, 아이들에게는 샐리가 자기 공이 어디에 있을 거라고 생각하겠느냐는 질문을 던진다. 4세 이하의 아이들은 일반적으로 상자라고 대답하는데, 이는 샐리의 정신적 상태가 실제 세상의 상태와는 동떨어진 것이라고 생각하지 못하기 때문이다. 이보다 나이가 많은 아이들과 성인은 샐리의 잘못된 믿음을 지적함으로써 이 시험을 통과한다.

잘못된 믿음 과제는 정신적 상태 추론을 지원하는 두뇌의 영역을 식별하는 데 사용되어왔다. 여러 차례의 fMRI 연구를 통해 '잘못된 믿음' 과제를 수행할 때 일련의 두뇌 영역이 선택적으로 활성화된다는 것이 증명되었는데, 이를 오래된 사진이나 지도, 또는 다른 비정신적 대상에서 어떻게 목표물을 찾아야 하는지 추론하는 식의 '통제' 과제를 수행할 때 활성화되는 두뇌 영역과 비교해볼 수 있다. 레베카 색스는 동료들과 함께 실시한 연구를 통해, 이러한 두뇌 영역 중 하나인 오른쪽 측두정엽RTPJ, right temporoparietal junction(오른쪽 귀 뒤쪽 윗부분에 있는 피질 조각)이 다른 종류의 정보가 아닌 사람의 정신적인 상태에 대한 정보를 처리할 때 선택적으로 활성화된다고 주장했다.

그렇다면 오른쪽 측두정엽은 우리가 도덕적인 판단을 할 때 어떻게 정신적 상태에 대해 추론하도록 돕는 것일까? 최근의 연구에서 나는 동료들과 함께, 실험 참가자들이 그레이스와 커피 사고의 사례와 같은 도덕성과 관련된 시나리오를 읽는 동안 두뇌 스캔을 실시했다. 한 실험에서는 그레이스의 믿음과 그레이스가 한 행동의 결과에 대한 사실을 제시하는 순서를 다르게 해보았다. 예를 들어 한 실험에서는 참가자들이 가루가 설탕이었다는 사실을 먼저 읽고, 그다음에 그레이스가 그 가루가 독약이라고 믿었다는 정보를 읽었다. 다른 실험에서는 이 순서를 반대로 하여 처음에 그레이스의 믿음에 대한 정보를 먼저 읽고, 결과에 대한 사실을 두번째로 읽게 했다. 실험 결과 오른쪽 측두정엽에서 일어나는 반응의 크기는 믿음 또는 결과에 대한 정보가 제시되었는지 여부에 따라 달라진다는 사실을 발견했다. 신경은 결과에 대한 정보보다는 믿음에 대한 정보에 선택적으로 더욱 크게 반응했다.[3] 이 결과는 믿음과 같은 명시적인 정신적 상태가 존재할 때 신경이 민감하게 반응한다는 점과, 오른쪽 측두정엽은 특히 도덕적 판단과 연관된 믿음을 처리하는 데 관여한다는 점을 시사한다.

이러한 신경의 반응과 도덕적 판단 사이에는 어떠한 관계가 존재하는가? 오른쪽 측두정엽의 반응이 더욱 활성화되면 도덕적인 판단을 하는 데 정신적인 상태에 더욱 크게 의존하게 된다는 뜻일까? 학부 실험 참가자들의 두뇌를 스캔했을 때, 우리는 각자가 내리는 도덕적인 판단과 이러한 판단을 내릴 때의 신경 반응 크기에 개인적인 차이가 존재한다는 사실을 관찰할 수 있었다. 어떤 참가자들은 우연한 피해를 충분히 비난할 만하다고 판단한 반면, 어떤 참가자들은 우연히 발생한 피해가 그다지 비난할 만하지 않다고 판단했다. 보다 중요한 것은, 이러한 판단의 차이가 신경 반응의 차이와 밀접하게 연관되어 있었다는 점이다. 오른쪽 측두정엽의 반응이 낮았던 참가자들, 즉 아마도 행위자의 잘못된 믿음과 순수한 의도에 그다지 크게 공감하지 않았을 법한 참가자들은 우연히 피해를 야기한 행위자(우연한 사고로 동료에게 독을 먹인 그레이스와 같은 경우)를 보다 강도 높게 비난했다. 오른쪽 측두정엽의 반응이 높게 나타난 참가자들은 우연한 사고로 피해를 끼친 행위자를 비난하는 강도가 약했다.[4]

이러한 연관성은, 도덕적 판단에 대한 개인적인 차이는 적어도 부분적으로는 다른 사람의 믿음과 의도에 대해 추론하는 특화된 신경회로의 개별적인 차이에 기인한다는 사실을 암시한다.

물론 정신 상태 요인과 결과 요인 사이의 갈등이, 가끔 우리가 행위자를 용서하는 데 그토록 어려움을 겪는 이유일지도 모른다. 두뇌 연구에서 얻은 데이터에 따르면 정신 상태에 대한 공감, 즉 우리가 행위자의 믿음이나 의도에 대해 추론하는 성향의 강도를 파악하면, 우리가 과연 심각한 피해를 입은 경우에도 행위자를 용서할 수 있는지 여부를 판단하는 데 도움이 된다고 한다. 특히 아스퍼거 증후군Asperger's syndrome을 포함한 자폐 스펙트럼 장애autism spectrum disorder의 경우와 같이 정신 상태 추론 능력이 떨어지는 사람에게는 정신 상태 요인과 결과 요인 사이의 충돌이 상당히 다른 양상으로 나타날 수 있다. 최근에 우리가 실시한 연구에서는 아스퍼거 증후군을 가진 사람은 잘못된 믿음 때문에 우연히 피해를 야기한 행위자를 도덕적으로 옳지 않다고 판단할 확률이 높다는 사실이 드러났다.[5] 행위자의 정신적 상태에 대한 활발한 공감이 결여된 경우, 실제로 발생한 피해의 정도와 같은 결과 요소에 기반을 두고 도덕적인 판단을 내리게 되는 것으로 보인다.

도덕적 판단 바꾸기

도덕성의 신경학적 기반에 대해 밝혀진 것을 바탕으로 할 때, 과연 특정한 두뇌 영역의 활동을 조절하여 도덕적 판단을 바꾸는 것이 가능할까? 최근의 연구에서는 바로 이 부분을 다루었다. 우리는 경두개 자기 자극TMS이라고 일컫는 신경생리학적 기술을 사용하여, 오른쪽 측두정엽에 일시적인 '가상의 병변'을 생성하여 사람들의 도덕적 판단을 바꾸었다. 경두개 자기 자극은 두피와 두개골을 침투하는 자기장을 사용하여 두뇌에 전류를 유도한다. 이 연구에서 우리는 두뇌 스캔을 사용하여 각 참가자의 오른쪽 측두정엽과 정신적 상태 추론에 관여하지 않는 주변의 통제 영역을 식별해냈다. 그 다음에는 두 가지 별도의 실험을 실시하여 경두개 자기 자극 시술이 각 참가자의 오른쪽 측두정엽과 통제 영역에 미치는 영향을 검토했다. 1번 실험에서는 열흘 간격으로 두 차례에 걸쳐 25분간 경두개 자기 자극 시술을 진행했다. 각 참가자는 한 번은 오른쪽 측두정엽에 경두개 자기 자극 시술을 받았고, 한 번은 통제 영역에 경두개 자기 자극 시술을 받았다. 각 시술 직후 참가자들은 그레이스의 사례와 비슷한 24개의 도덕성 시나리오를 읽고 이에 반응했다. (이 과제의 진행 시간은 12분 이하였고, 우리가 사용한 설정을 고려하면 경두개 자기 자극의 자극 후 효과는 자극 시간의 절반에서 2배 정도 지속되었다고 볼 수 있다.) 2번 실험에서는 방법을 바꿔, 새로운 참가자들이 각 시나리오를 읽고 도덕적인 판단을 하는 동안 매우 짧은(500밀리세크) 경두개 자기 자극 자극을 받도록 했다. 이렇게 하여 우리는 참가자들이 정신 상태에 대한 정보를 받아서 처리한 후 도덕적 판단을 하는 바로 그 정확한 시점에 오른쪽 측두정엽의 활동을 저해했을 때 나타나는 효과를 조사할 수 있었다.[6]

우리가 세운 가설대로, 통제 영역에 경두개 자기 자극을 시술한 경우에는 양쪽 실험에서 아무런 차이를 발견하지 못했다. 그러나 오른쪽 측두정엽에 경두개 자기 자극을 가한 경우에는 양쪽 실험에서 모두 상당한 차이가 나타났다. 정신적 상태에 근거하여 도덕적 판단을 하는 성향이 줄어들고, 결과에 보다 크게 의존하여 도덕적 판단을 하게 된 것이다. 물론 오른쪽 측두정엽에 경두개 자기 자극을 가하더라도 도덕적 판단의 순위를 뒤집지는 못했다. 피해를 끼치려는 시도(피해를 입히려는 의도가 있었으나 중립적인 결과가 나온 경우)는 여전히 우연한 사고(중립적인 의도였으나 해로운 결과가 나온 경우)보다 도덕적으로 좋지 않은 평가를 받았다. 그러나 중요한 것은, 오른쪽 측두정엽의 활동을 중단하자 해를 끼치려 했지만 실패한 시도에 대해 결과가 중립적이라는 사실을 근거로 보다 관대한 판단이 내려졌고, 우연한 사고에 대해서는 결과가 나빴다는 사실을 근거로 보다 엄격한 판단이 내려졌다는 점이다.

나쁜 결과에 관계없이 해로운 의도를 판단할 수 있도록 해주는 신경 처리 과정을 차단하면 우리의 도덕적 판단도 바뀐다. 도덕적인 판단은 믿음과 의도에 대한 정보를 처리하는 특정한 신경 기질에 의존하기 때문에, 정신 상태 추론을 위한 특정한 신경 처리 과정을 차단하면 믿음과 의도라는 도덕성의 요소를 선택적으로 억누를 수 있는 것이다.

감정의 역할

도덕적인 판단에서 정신적 상태가 하는 역할에는 대체적으로 공감대가 형성되어 있는 것으로 보인다. 우리는 '피해를 주려는 의도는 도덕적으로 나쁘다'는 규칙을 합리적으로 여긴다. 우리가 이 규칙을 적용하는 데 과연 감정이 모종의 영향을 미칠 것인가? 최근의 fMRI 및 신경심리학적 증거는 도덕적 판단이 특정한 정신적 상태에 대한 감정적인 반응의 영향을 받고 있음을 시사해준다. 피해를 입히려는 의도에 대한 도덕적 판단은 복내측 전전두엽 피질VMPC의 활성화와 연관되어 있는데, 복내측 전전두엽 피질은 눈 뒤쪽과 양쪽 눈 사이에 위치하며 감정 처리를 담당하는 두뇌 영역이다. 복내측 전전두엽 피질의 반응은 실제로 발생한 피해가 없는 상태에서 해로운 의도(예를 들어 살인 미수)를 비난하는 경우에 관여한다. 복내측 전전두엽 피질 반응이 활

발한 사람은 그렇지 않은 사람보다 실패한 시도에 더 강도 높은 비난을 한다.[7]

복내측 전전두엽 피질에 손상이 일어나면 좋지 않은 의도에 도덕적인 비난을 하는 성향이 줄어드는가? 이를 살펴보기 위해 우리는 복내측 전전두엽 피질 영역에 손상을 입은 환자들, 감정 처리와 관련이 없는 두뇌 영역에 손상을 입은 환자들, 두뇌 손상이 없는 건강한 참가자들이 내리는 도덕적 판단을 조사했다. (세 집단 모두 나이, 성별, 지능지수는 비슷했다.) 복내측 전전두엽 피질에 손상을 입은 환자들은 피해를 입히고자 하는 시도가 도덕적으로 옳지 않다고 판단하는 확률이 다른 참가자들보다 크게 낮았고, 심지어 도덕적인 측면에서는 우연히 발생한 피해보다도 낫다고 판단했다. 우리가 실험 대상으로 삼은 복내측 전전두엽 피질 손상 환자 9명 모두 이렇게 정상적인 도덕적 판단 패턴과는 놀라울 정도로 정반대의 성향을 보이며, 피해를 입히려 했지만 실패한 경우보다 우연한 사고로 피해를 입힌 경우에 도덕적으로 더 엄한 판단을 내렸다. 이는 극단적인 '피해가 없으면 잘못도 없다'는 사고방식이다.[8] 추상적인 정보와 구체적인 정보에 대한 감정적인 처리 능력 결여를 보여주는 이전의 연구와 일관되는 맥락에서, 우리의 연구는 복내측 전전두엽 피질 손상 환자들이 다른 사람의 정신적인 상태에 대한 정상적인 감정적 반응을 생성할 수 없을지도 모른다는 점을 밝혀냈다.

유령인가, 아니면 기계인가?

이러한 모든 연구는, 두뇌가 도덕성의 한 가지 중요한 측면인 도덕적인 행위자의 정신 상태를 파악하는 방법에 초점을 맞추고 있다. 일반적으로 도덕신경과학은 두뇌에 존재하는 도덕성의 여러 다양한 측면을 물리적인 수준까지 완전히 밝혀내는 것을 목표로 삼고 있다. 여기서 내가 설명한 연구와 다른 많은 학자들의 연구를 통해, 도덕성이 두뇌에서 일정 공간을, 그것도 상당한 공간을 차지하고 있다는 사실이 드러나기 시작했다. 결국 도덕성은 다른 사람의 의도뿐만 아니라 그들의 행동이 야기한 결과를 추론하는 능력 및 이 정보에 대한 감정적인 반응을 생성하는 능력 등과 같이 수많은 인지 기능에 의존하고 있는 것이다. 도덕적인 마음이 두뇌에 뿌리를 두고 있다는 사실에 우리는 두려움을 느낄 수도 있다. 도덕성이라는 것은 모두 기계적으로 결정되는 것이고 영혼은 없다는 말인가? 실제로 우리가 이제까지 도덕신경과학을 통해 알게 된 사실들은, 인간이 행동하는 방식과 다른 사람의 행동을 판단하는 방식은 모두 신경학적 관점에서 이해할 수 있다는 것을 암시한다. 지금 당장이 아니라면 언젠가는 말이다. 그러나 도덕성 자체는 '모두 우리 머릿속에' 있을 수도, 그렇지 않을 수도 있다. 도덕적 진실, 또는 해당 문제에 대한 도덕적인 사실은 우리가 그에 대해 어떻게 생각하느냐에 관계없이 독립적으로 존재하는가? 그 대답이 무엇이든, 과학의 목표는 우리의 마음과 두뇌가 어떻게 도덕적 진실을 찾아내려고 노력하는지를 알아내는 것이다.

1. L. Young 외, "The Neural Basis of the Interaction Between Theory of Mind and Moral Judgment", *Proceedings of the National Academy of Science 104*, 2007, pp. 8235-8240.
2. L. Young, S. Nichols, R. Saxe, "Investigating the Neural and Cognitive Basis of Moral Luck: It's Not What You Do but What You Know", *Review of Philosophy and Psychology*, Vol.1, No.3, 2010, pp. 333-349.
3. L. Young 외, "The Neural Basis of the Interaction Between Theory of Mind and Moral Judgment", *Proceedings of the National Academy of Science 104*, 2007, pp. 8235-8240; L. Young, R. Saxe, "The Neural Basis of Belief Encoding and Integration in Moral Judgment", *NeuroImage 40*, 2008, pp. 1912-1920.
4. L. Young, R. Saxe, "Innocent Intentions: A Correlation Between Forgiveness of Accidental Harm and Neural Activity", *Neuropsychologia 47*, 2009, pp. 2065-2072.
5. J. Morgan, L. Young, R. Saxe, S. Lee, D. O'Young, P. Mavros, J. Gabrieli, "Impaired Theory of Mind for Moral Judgment In High-Functioning Autism", *PNAS*, 2011년 1월 31일, doi: 10.1073/pnas.1011734108.
6. L. Young 외, "Disruption of the Right Temporo-parietal Junction with TMS Redues the Role of Beliefs in Moral Judgements", *Proceedings of the National Academy of Sciences 107*, 2010, pp. 6753-6758.
7. L. Young, R. Saxe, "Innocent Intentions: A Correlation Between Forgiveness of Accidental Harm and Neural Activity", *Neuropsychologia 47*, 2009, pp. 2065-2072.
8. L. Young 외, "Damage to Prefrontal Cortex Impairs Judgement of Harmful Intent", *Neuron 65*, 2010, pp. 845-851.

나는 얼마나 이상한가!

대니얼 혼 Daniel Haun

대니얼 혼은 독일, 미국, 영국에서 실험심리학을 공부했으며 2007년 막스 플랑크 심리언어학 연구소에서 박사 학위를 마쳤다. 박사 학위 취득 후 막스 플랑크 진화인류학연구소 연구원으로 재직했으며, 그후 포츠머스 대학에서 발달심리학을 강의했다. 현재 막스 플랑크 심리언어학 및 진화인류학연구소Max Planck Institutes for Psycholinguistics and Evolutionary Anthropology의 공동 프로젝트인 비교인지인류학연구그룹Research Group for Comparative Cognitive Anthropology을 총괄 지휘하고 있다.

나는 다른 사람들과 다르다. 정말로 다르다. 내가 다른 사람과 다르다는 사실을 아는 이유는 나와 전혀 다른 방식으로 세상을 바라보는 사람들을 만나보았기 때문이다. 그리고 이는 단순히 나와 다른 도덕적 가치나 문화적 관습을 가지고 있는 사람만을 의미하는 것은 아니다. 내가 분명히 다르다고 인식하는 두 줄의 길이를 같다고 인식하는 사람들을 지칭하는 것이다. 그들은 나에게는 완전히 똑같아 보이는 두 색 사이의 차이를 보는 사람들이다. 하지만 내가 미친 것은 아니다. 최소한 다른 사람들보다 더 미친 것은 아니다. 나는 그저 이런 사람일 뿐이다. 대다수의 독자들도 마찬가지다. 우리는 모두 자신이 세계를 이해하고 인식하는 방식이 표준이며, '중립적인' 방식이라고 믿는다. 심리학이라는 과학은 이러한 원칙을 기반으로 발전했다. 몇 가지를 실험하고, 이것이 전체에 적용된다고 여긴다.

그러나 사실 우리에게는 전 세계적인 차원의 인간심리학이라는 개념이 없다. 모든 심리학 실험 참가자의 3분의 2 이상이 미국인이고, 소수를 제외하면 모두 산업화된 서구 국가 출신이다.[1] 그 결과 19세기 후반에 실험이 시작된 이래 심리학자들이 얻은 거의 모든 지식은 세계 인구의 단 10퍼센트로부터 얻은 표본을 기반으로 한 것이다. 그 외의 지역에서 얻은 데이터를 가지고 우리는 이미 ① 서로 다른 문화에서 인간의 마음은 우리가 일반적으로 상정하는 것보다 훨씬 더 다양하며, ② 당신과 나는 심지어 분포의 평균에 있지도 않다는 결론을 내릴 수 있다. 따라서 인간의 마음을 이해하고자 한다면 몇 가지 새로운 질문을 던져보아야 한다. 문화에 따른 다양성은 어느 정도나 존재하는가? 이러한 다양성의 근원은 무엇인가? 왜 다양성이 존재하는가? 이러한 다양성의 공통된 기반은 무엇인가?

비교문화연구는 서로 다른 문화적 배경을 가진 사람들은 두 줄 중에서 어느 쪽이 더 긴지, 녹색과 파란색이 같은 색인지, 일곱 개의 동전 더미가 여덟 개의 동전 더미보다 더 작은지, 가지가 왼쪽으로 뻗었는지 아니면 자갈의 북쪽을 향하는지에 대해 다른 의견을 가질 수 있다는 사실을 보여주었다. 공간적 방향, 색상 인식, 숫자 세기 등 인간 사고의 가장 기본적인 일부 영역조차 문화에 따라 달라질 수 있는 것으로 보인다.

단순하지만 놀라운 사례를 하나 들어보자. 나는 몇 년 동안 ≠아코에 하이||옴≠Akhoe Hai||om*이라는 나미비아 북부의 반유목 수렵 채집 집단을 대상으로 연구를 해왔다. 많은 ≠아코에 하이||옴 사람들은 병을 치유하기 위해 무아지경으로 추는 춤, 사냥 마술과 같은 고대의 문화적 관습을 그대로 유지하고 있다. 보다 놀라운 것은, 우리처럼 세상의 사물이 자신의 오른쪽이나 왼쪽, 또는 앞쪽이나 위쪽의 공간을 차지

* ≠는 입천장에 대고 혀를 차는 소리, ||는 입을 옆으로 벌리고 내는 'ㅋ'음에 가까운 소리를 나타내는 기호.

하고 있다고 생각하지 않는다는 점이다. ≠아코에 하이||옴 사람들은 공간적 방향에 대해 주위 풍경을 기반으로 하는 체계를 사용하여, 자신들의 몸이 공간 사이를 나침반 방향으로 움직인다고 이해한다. 여러분이 '일렉트릭 슬라이드electric slide'라고 하는 라인 댄스* 스텝을 몇몇 ≠아코에 하이||옴 사람들에게 가르쳐주려 한다고 해보자. 여러분은 일단 남쪽을 향해 서서 춤을 시작한다고 말할 것이다(나침반 없이 남쪽을 가리키려 해보자. ≠아코에 하이||옴 사람들은 쉽게 할 수 있다). 그다음 서쪽으로 두 발자국을 가고, 동쪽 다리를 서쪽 다리 뒤로 교차하고, 다시 동쪽 다리를 필두로 하여 같은 스텝을 반복하여 동쪽으로 이동한다. 북쪽으로 세 걸음 간 후 남쪽에서 북쪽으로 몇 번 흔들다가 90도 동쪽으로 돈다. 그다음에는 처음으로 다시 돌아가, 북쪽 발을 남쪽 발 뒤로 겹치고 남쪽으로 발을 딛는 식이다.

≠아코에 하이||옴 사람들은 이러한 종류의 풍경 체계를 공간에 있는 객체에도 적용하여, 막대기는 자갈의 오른쪽에 있다는 식으로 인식한다. 가장 중요한 것은, 이러한 공간적 언급이 단순히 이들이 사물에 대해 말하는 방식의 특징일 뿐만 아니라, 이들이 움직임에 대해 기억하는 방식이자 세상에서 사물이 어디에 존재하는지 기억하는 방식의 특징이기도 하다는 점이다. 동료들과 나는 최근에 ≠아코에 하이||옴 아이들에게 짧은 안무를 배워서 기억한 다음 재현하도록 부탁했다. 여기서 함정은, 안무를 가르쳐준 다음 실험을 하기 위해 아이들을 자신의 축에서 180도 돌려놓았다는 점이다. 대부분의 아이들은 안무를 배울 때와 같은 나침반 방향을 유지했기 때문에 우리가 오른쪽으

---

* line dance, 열을 지어 추는 춤.

로 움직이라고 가르쳤던 시점에서 왼쪽으로 움직였다. 이와는 반대로 독일 아이들은 자신들이 어느 쪽을 향하고 있는지를 고려하지 않고 배운 대로 성실하게 좌우 움직임을 반복했다.

이러한 차이점을 발견한 우리는 도대체 어떻게 이러한 차이가 발생하는지 알고자 했다. 심리학자들은 이 경우에 적용해볼 수 있는 세 가지 아이디어를 내놓았다.

1. 집단 사이에 유전적 차이가 존재하여, 아기들은 다른 방향 체계에 비해 특정한 방향 체계를 습득할 확률이 높다.

2. 태어났을 때는 유동적이나, 어린 시절의 문화적 배경에 따라 특정한 한 가지 인지 선호를 채택하게 된다.

3. 인간은 특정한 문제들을 특정한 방식으로 해결하도록 유전적인 준비가 되어 있으나, 문화적 환경이 때로는 선천적인 성향을 누를 수도 있다.

1번 추정에 대해 말하자면, 인간은 다른 모든 유인원 종에 비해 유전적 다양성이 훨씬 적다. 단일 야생 침팬지 집단조차 인간 종의 모든 구성원을 합친 것보다 더 많은 유전적 다양성을 가지고 있다. 그러나 침팬지의 경우 여러 집단 사이에서 차이를 보이는 행동은 고작 39가지(견과를 깨는 행동의 존재 유무 또는 서로 털을 다듬어줄 때 손의 위치 등)에 불과하다.[2] 물론 침팬지 집단의 수는 인간의 집단 수보다 적기 때문에 다양한 행동의 총 개수를 비교하는 것은 공평하지 않을지도 모른다. 그러나 단일 문화적 배경의 단일 인간 세대 내에서조차도 상이한 행동은 39가지 이상 나타나리라 예상할 수 있다. 따라서 침팬지의 집단에 따른 행동 다양성은 인간이 아닌 종에서 문화의 전신前身이라고 할 만한 것을 제시해준다는 점에서는 흥미로울지 모르지만, 인간 집단 사이에서 볼 수 있는 다양성과 비교하기에는 턱없이 부족하다. 그러므로 유전적인 다양성으로 문화에 따른 인간 마음의 모든 다양성을 설명하는 것은 적합하지 않아 보인다.

그렇다면 이제 다른 두 가지 아이디어에 초점을 맞춰보자. 둘 중 어느 쪽이 맞는지 결정하기 위해 우리는 기본 출발점, 즉 인간 마음의 선천적인 성향을 탐구해야 한다. 학자들은 이러한 의문에 접근하기 위해 다양한 방법을 활용해왔고, 그중에서 매우 어린 아기들을 대상으로 연구를 실시한 경우가 가장 많았다. 그러나 이러한 접근 방식에는 두 가지 심각한 한계점이 있다. 3개월짜리 아기가 특정한 기억 전략을 선호한다는 사실을 발견하는 경우에도, 이 아기들은 이미 세상에 노출된 상태이기 때문에 이러한 선호도가 선천적인 것인지 확신할 수 없다. 게다가 아기들이 특정한 선호도를 보이지 않는다 해도, 혹시 나중에 선천적인 선호도가 서서히 드러날지 그렇지 않을지 알 길이 없다. 왜냐하면 일반적인 오해에도 불구하고 '선천적'이라는 것은 반드시 '태어날 때부터 존재한다'는 의미는 아니기 때문이다. 아이들은 시간이 지남에 따라 특정한 선호도를 획득하도록 선천적으로 준비를 마쳤을지도 모른다.

따라서 우리 연구팀은 추가적으로 두번째 접근 방식을 채택하여, 살아 있는 생물 중 인간과 가장 가까운 종, 즉 다른 유인원과 인간 사이의 공통분모를 파악함으로써 인간이 멸종된 진화적 조상으로부터 물려받았을지 모르는 인지적 특징을 간접적으로 추론해내는 것을 목표로 삼았다.

인간의 진화적 조상을 연구하려는 데 가장 큰 문제점은 조상들이 모두 죽어버렸다는 것이다. 따라서 우리는 진화생물학에서 사용하는 원형 상태 복원ancestral-state reconstruction이라는 간접 방법의 논리를 활용한다. 개념은 다음과 같다. 특정한 인지적 특징이 공통된 혈통을 공유하는 과科의 모든 남아 있는 종에 존재할 경우, 해당 특징은 이들의 공통된 조상에서도 발견될 확률이 상당히 높다는 것이다. 예를 들어 혈통이 같은 다섯 종류의 개 품종이 모두 길고 늘어진 귀를 가지고 있다면, 이들의 공통된 조상 역시 그런 귀를 가지고 있었을 확률이 높다. 우리는 계통발생학적인 가족의 모든 살아 있는 일원, 즉 유인원을 비교할 수 있다. 오늘날까지 살아남은 유인원은 오랑우탄, 고릴라, 보노보, 침팬지, 인간, 이렇게 다섯 종이다. 현재 우리는 인간과 계통발생학적으로 가까운 종과 인간 사이의 연관성을 비롯하여 서로 다른 동물 종의 관련성에 대해 많은 것을 이해하고 있다. 오랑우탄은 상대적으로 인간과 가장 관련성이 적은 유인원인 반면, 침팬지와 그 자매 종인 보노보는 인간과 가장 밀접하게 연관되어 있어 유전자 부호의 98퍼센트 이상이 일치한다. 침팬지는 고릴라보다 인간과 더욱 유사점이 많다. 개의 품종을 언급한 사례와 마찬가지로 여기서 주장하는 바는, 인간이 아닌 모든 유인원에게서 공통적으로 발견되는 선호도는 이들의 공통된 조상으로부터 물려받은 것일 가능성이 크고, 그에 따라 이는 인간이 기본 출발점으로 삼을 수 있는 선천적 특징이라고 볼 수 있다는 점이다. 따라서 우리 연구팀에서는 동일한 심리적 과제에 대한 모든 유인원 종의 수행 결과를 비교했다.

이 시점에서 서구 산업화 국가의 사람들과 ≠아코에 하이||옴 사람들의 공간 기억에 대한 커다란 차이점을 다시 한번 떠올려보자. 서구

사람들은 자신의 몸을 기준으로 하여 세상을 탐구해나가는 반면("오른쪽에 있는 도랑을 조심해!"), ≠아코에 하이||옴 사람들은 주변의 풍경을 바탕으로 방향을 잡는다("서쪽 발의 바로 북쪽에 뱀이 있어!"). 인간이 아닌 모든 유인원 종의 공간 기억을 조사했을 때(다양한 인간 문화 집단을 시험할 때 사용했던 것과 비슷한 방법을 사용했다), 우리는 이들 유인원이 실제로 사물의 위치를 기억하는 데에 공통적인 전략을 가지고 있다는 사실을 발견했다. 인간이 아닌 모든 영장류는 자신의 몸보다는 주변의 풍경과 연관해서 사물의 위치를 파악하는 것을 선호한다. 원형 상태 복원의 논리에 따르면, 필시 인간도 자신의 몸이 아닌 환경을 사용하여 방향 파악을 하는 방법에 대한 선호도를 물려받았을 것이다. 일부 문화 집단은 이렇게 물려받은 체계를 기반으로 하여 이를 더욱 발달시키는 반면, 서구 세계와 같은 다른 문화 집단은 물려받은 이러한 유산을 무시하고 이상한 행동을 한다. 우리는 심지어 많은 대학생조차 올바르게 사용하는 것을 어려워하는 좌우 체계를 만들어냈다. 누구든 왼쪽과 오른쪽을 제대로 구별하지 못하는 사람 한둘쯤 알고 있을 것이다. 내 친구 둘은 어찌나 형편없이 좌우를 구분하지 못하는지, 한 명이 운전을 하고 다른 한 명이 지도를 보고 있으면 안내자가 반대 방향으로 안내를 하고 운전자가 그 안내를 다시 반대 방향으로 해석하여, 결과적으로 원하는 목적지에 도달하는 지경이다.

그렇다면 적어도 공간 기억에 관해서는 모든 인간이 특정한 선호도를 물려받은 것으로 보이고, 그후 문화적 조율이라는 과정에 따라 물려받은 선호도가 그대로 유지되거나 버려진 것으로 보인다. 그렇다면 서구의 아이들은 처음에는 물려받은 대로 공간을 환경에 따라 처리하는 법을 선호하지만, 나중에 이를 억눌러야 한다는 의미인가? 이러한 의문을 해결하기 위해서는 발달심리학이라는 심리학의 또다른 분야가 핵심적인 역할을 하게 된다. 정신적인 기능에 대한 가장 흥미로운 기계론적 이론 중 적지 않은 부분이 인지 발달 과정에서 드러나는 이러한 정신적 기능에 대한 관찰을 기반으로 구성되었다. 서로 다른 문화 사이의 아동 발달을 비교하면 육아 방식뿐만 아니라 보다 일반적인 문화 적응의 출처라는 측면에서 놀랄 만한 차이를 발견하게 된다. 아이들을 관찰하면 이들의 인지와 행동이 물려받은 공통된 기반에서 얼마나 멀리 떨어져 있으며, 주변 사람들과 얼마나 닮아 있는지를 파악할 수 있다. 아이들의 인지와 행동은 주변 사람들과 너무나 닮아 있어 다른 대안을 상상하기 어려울 정도였다. 우리 연구팀은 독일 아이들의 경우, 처음에는 인간이 아닌 유인원과 비슷한 선호도를 보이다가 서서히 과제에 대한 체계적인 오른쪽-왼쪽 해결책을 습득해나간다는 것을 발견했다.[3] 앞에서 언급한 바와 같이 아기들에 대한 자료만으로는 선천적인 성향을 해석하는 데 한계가 있을 수밖에 없으나, 이것을 나이가 많은 아이들을 대상으로 한 연구 결과 및 같은 과제에 대한 원형 상태 복원 결과와 결합한다면 더욱 확신을 가지고 우리가 얻은 결과를 해석할 수 있다.

비교문화연구와 종 비교 연구, 연령 비교 연구를 결합함으로써 우리는 문화에 따른 인간 마음 다양성의 정도, 그리고 모든 인간에게 공통된 선천적 행동 및 인지 기반에 대해 흥미로운 사실을 말할 수 있다. 그러나 우리에게는 아직 중요한 의문이 남아 있다. 집단에 따라 인지와 행동에 큰 차이가 나타나는 것은 어떻게 설명할 수 있을까? 이 문제는 근접 분석과 궁극 분석이라는 두 가지 차원에서 접근해볼 수 있다. 이렇게 주장하는 시점에서 심리학자들은 "뭐라고?", 생물학자들은 "이런!"이라고 말할지도 모른다. 간단하게 설명을 해보자. 근접 설명은 예를 들어 특정한 호르몬의 분출에 대한 사회적 또는 환경적 영향과 같이 개인의 현재 행동 배경에 있는 원인을 설명한다. 궁극 설명은 행동의 진화와 연관되어 있다. 이 접근 방식에서는 왜 특정한 행동이 나타나게 되었는지, 왜 진화적 역사를 거치는 동안 그 행동이 선택되었는지를 설명한다. 예를 들어 눈을 깜박이는 반사적 행동의 근접 원인은 훅 하는 공기가 각막에 닿았거나 삼차 안와 신경trigeminal supraorbital nerve이 전기 자극을 받았기 때문이다. 눈 깜박 반사의 궁극 원인은 눈이 손상되지 않게 보호하면 수명이 늘어나고 그 결과 생식의 기회가 상승하기 때문이다. 심리학자들이 자주 쓰는 방법대로, 나는 여기서 오직 근접 설명만 다루겠다.

인간 종처럼 집단에 따라 극심한 행동의 다양성을 보여주는 다른 동물은 존재하지 않는다. 앞에서 언급한 바와 같이, 인간 이외의 종 중에서 가장 인지적으로 유연한 동물이라고 할 수 있는 다른 유인원들조차 집단에 따른 꾸준한 행동 차이의 가짓수는 상대적으로 얼마 되지 않는다. 인간의 유전적 다양성이 다른 어느 유인원 종보다 적다는 점을 다시 한번 생각해보면 이 사실은 더욱 놀랍게 여겨진다. 이러한 집단 간 다양성의 커다란 차이는 인간의 여러 가지 고유한 특징 때문에 발생한다. 이러한 특징 때문에 인간의 아이들이 사회적, 문화적 배경에 유연하게 적응하는 데 완벽한 환경이 조성된다.

인간의 진화 과정 중에, 인간의 혈통에는 두 가지 서로 반대로 작용하는 추세가 있었다. 두뇌의 크기가 계속 커지면서 출산 도중 아기의 안전을 확보하기 위해 더욱 넓은 여성의 골반이 필요해진 반면, 두 발 보행을 하게 되면서 보행중의 안정성을 확보하기 위해서는 골반의 폭이 점점 더 좁아져야 했다. 이러한 양방향 발달의 결과, 인간의 아이들은 다른 유인원 종과 비교할 때 태어나는 시점에서 상대적으로 두뇌 발달이 초기 상태에 머물러 있다. 따라서 아기의 머리는 더 큰 두뇌로 나아가는 추세를 해치지 않으면서도 엄마의 좁은 골반 사이를 빠져나올 수 있는 것이다. 새로 태어난 침팬지 새끼의 두뇌는 이미 평균 성체 두뇌의 45퍼센트에 달하고 1세가 되면 85퍼센트까지 도달하는 반면, 인간의 두뇌는 태어나는 시점에 평균 성인 두뇌 크기의 25퍼센트에 지나지 않고, 1년 후에는 55퍼센트가량까지 증가한다. 인간의 경우 평균 성인 두뇌 크기의 85퍼센트 수준에 도달하려면 최대 6년 정도가 걸린다. 따라서 인간 두뇌가 가장 많이 성장하는 시기, 즉 두뇌가 최대로 유연한 시기는 자궁 밖으로 나온 다음이고, 이때 아이들은 문화적 환경에 노출된다. 따라서 인간의 아이들은 어린 침팬지 새끼들보다 주변의 문화적 특성을 훨씬 쉽게 받아들일 것이라 예상할 수 있다. 뿐만 아니라 인간의 아이들은 첫돌에 다가가면서 자신을 돌봐주는 사람들과의 공동 활동에 빈번하게 참여하기 시작한다. 예를 들어, 엄마와 함께 공동으로 객체에 주의를 기울인다거나 무언가를 알리기 위해 객체를 가리킨다. 이러한 두 가지 소통 행동은 모두 다른 유인원 종에서는 꾸준하게 관찰된 바가 없다(이 점에 대한 반대 의견도 존재한다).[4] 이러한 활동을 통해 돌봐주는 사람이 제공하는 문화적 정보에 접근할 수 있는 특권을 누리게 된다. 뿐만 아니라 인간의 사회적 학습은 다른 유인원과는 다른 방식으로 진행되는 것으로 보인다. 비록 다른 유인원도 사회적 학습을 성공적으로 하기는 하지만, 매우 결과 지향적이기 때문에 수단보다는 주로 행동의 결과를 재현하는 것을 목표로 삼게 된다. 인간의 아이는 또한 관찰한 행동의 수단, 즉 그 행동을 어떻게 수행했는지를 따라 하려는 경향이 있다. 문화적으로 중요한 많은 정보(예를 들어 '우리는 이 행동을 이렇게 한다')가 바로 이 '어떻게'에 담겨 전달된다. 인간 아이들의 경우, 수단에 집중하려는 성향은 2세 즈음에 나타나 3~5세 때 절정에 이르고, 이 시점이 되면 아이들은 사실상 돌봐주는 사람이 보여주는 것은 무엇이든 무비판적으로 모방한다. 심지어 결과만 생각하면 한눈에 보아도 눈앞의 행동이 다른 확실한 대안보다 효과가 떨어지는 경우에도 말이다. 이러한 행동적 성향 때문에 문화적으로 독특한 특징들을 보다 빨리, 보다 정확하게 받아들이게 된다.

마지막으로, 집단 내 또는 서로 다른 집단에서 인간의 사회적 행동은 특정한 패턴을 따르며, 이것 역시 지속적인 집단 간 다양성을 촉진한다. 예를 들어 집단 안에서 인간은 다른 구성원들과 행동을 같이한다. 우리는 거의 아무런 심사숙고 없이 별다른 기능이 없고 변화무쌍한 주변 사람들의 유행과 추세를 받아들이며, 그중 대부분이 잘못된 것임을 아는 경우에도 마찬가지다. 순응적인 행동은 집단 내 다양성을 줄임으로써 집단 사이의 경계를 안정화하고 지속적인 집단 사이의 다양성을 확보하는 역할을 한다. 인간에게서는 문화를 막론하고 순응적인 행동이 공통적으로 관찰되며 4세 정도의 어린아이들조차 이러한 행동을 보이는 반면, 다른 유인원이 순응적인 행동을 보인다는 설득력 있는 증거는 발견된 바 없다(이 점에 대해서도 반론은 있다).[5] 인간은 자의적으로 다른 집단(소위 외外집단)의 특징을 싫어하는 경향이 있는데, 이는 그 집단의 구성원과 그들의 행동 모두에 해당된다. 자신이 속한 집단 내 대다수 구성원의 행동에 순응하려는 성향 외에도 문화 간 차이에 안정성을 더해주는 요소는 바로 이렇게 다른 집단의 특징을 거부하는 성향이다. 인간의 다양성과 인간 심리의 독특한 특징은 불가피한 동족 중심주의를 부추기는 원인이 되며 인간 본성의 초석이 되기도 한다.

종합하자면, 나의 주장은 더딘 두뇌 성숙, 발달 초기의 소통 활동, 무조건적인 행동의 모방, 외집단에 대한 자의적인 차별, '사회적 양떼'로서의 일반적인 행동 때문에, 인간은 독특하게도 현재 전 세계에서 관찰할 수 있는 수준의 놀라울 만한 동종 간 다양성을 보이게 되었다는 것이다. 그렇다고 해서 체제 순응주의와 편견이 옳거나 바람직하다는 이야기는 아니다. 그러나 나는 그러한 특징들이 인간이라는 존재를 구성하는 일부이며, 인간과 다른 동물 사이의 일부 차이점을 설명하는 데에도 도움이 될지 모른다고 주장하고 싶다. 동시에 나는 이러한 특징의 기원과 원인에 대한 이해가 때로는 이러한 특징을 극복하는 데 도움이 되기를 바란다.

몇 달 후면 나는 ≠아코에 하이||옴 부족으로 돌아갈 것이고, 내가 ≠아코에 하이||옴 아이들과 함께 라인 댄스를 추느라 여념이 없는 동안 부족 사람들은 틀림없이 자신들과 너무나도 다른, 이상한 나를 놀라운 눈으로 바라볼 것이다.

---

1. J. Henrich, S. Heine, A. Norenzayan, "The Weirdest People in the World?", *Behavior and Brain Science 33*, 2010, pp. 61-135.
2. A. Whiten 외, "Cultures in Chimpanzees", *Nature 399*, 1999, pp. 682-685.
3. D. B. M. Haun 외, "Cognitive Cladistics and Cultural Override in Hominid Spatial Cognition", *Proceedings of the National Academy of Sciences 103*, 2006, pp. 17568-17573.
4. Michael Tomasello, *Origins of Human Communication*, Cambridge, Mass.: MIT Press, 2008; D. A. Leavens, T. P. Racine, "Joint Attention in Apes and Humans: Are Humans Unique?", *Journal of Consciousness Studies 16*, 2009, pp. 240-267.

5. A. Whiten, V. Horner, F. B. M. de Waal, "Conformity to Cultural Norms of Tool Use in Chimpanzees", *Nature 437*, 2005, 737-740; M. B. Pesendorfer 외, "The Maintenance of Traditions in Marmosets: Individual Habit, Not Social Conformity? A Field Experiment", *PLoS ONE 4*, 2009, e4472.

인간의 다양성은 어디서 오는가?

조앤 Y. 차오 Joan Y. Chiao

조앤 차오는 노스웨스턴 대학의 심리학과 및 학제 간 신경과학 프로그램 조교수다. 스탠퍼드 대학 학사 과정을 우등 졸업(2000년)했으며, 하버드 대학에서 박사 학위(2006년)를 받았다. 차오의 연구는 문화적인 요인이 사회적 행동과 감정 처리 기반에 자리잡고 있는 기본적인 심리학적 과정 및 신경 과정에 어떤 영향을 미치는지 탐구하는 것에 초점을 맞추고 있으며, 특히 심리학과 신경과학 연구를 공공 정책과 보건에 통합하는 문제에 중점을 두고 있다.

아프리카와 아시아에 사는 사람들 중 대략 4분의 3은 유당불내증乳糖不耐症, 즉 유제품에 들어 있는 당분을 대사하지 못하는 증상을 갖고 있다. 이에 비해 유당불내증을 가지고 있는 유럽인은 4분의 1에 불과하다. 아슈케나지Ashkenazi* 유대인에게는 테이-삭스 병Tay-Sachs disease**이 평균 이상으로 자주 발생하는 한편, 낭포성 섬유증은 북유럽 사람들에게서 가장 빈번하게 발병한다. 아프리카 사하라 사막 이남에 사는 사람들의 대략 33퍼센트가 겸상 적혈구 질환sickle cell disease***의 유전자를 보유하고 있지만 유럽인들 사이에서는 이 질환이 드물다. 동아시아 사람들 중 최대 10분의 8이 유전적으로 불안이나 우울증 같은 감정 장애에 취약하지만 유럽인들이 이와 유사한 유전적 위험을 지닐 확률은 2분의 1에 지나지 않는다. 또한 유전적 취약성에도 불구하고 평생 동안 이러한 감정 질환을 앓을 확률은 아시아계 미국인의 경우 18퍼센트에 지나지 않지만 미국 백인의 경우 37퍼센트에 달한다. 그

* 중부, 동부 유럽 유대인의 후손.

** 신경계에 장애를 일으키는 유전질환.

*** 낫 모양의 파괴되기 쉬운 적혈구를 생산하여 빈혈로 이어지는 유전질환.

럼에도 미국 내 소수 인종은 미국 백인들보다 더 일찍 병에 걸리고, 더 심각한 병을 앓으며, 더 일찍 사망하는 경우가 많다. 미국 흑인들은 사망 원인 상위 15개 중 12개에서 미국 백인보다 사망률이 높으며, 라틴아메리카계 사람들은 당뇨병, 고혈압, 간경변으로 인한 사망률이 미국 백인들보다 높다. 인구 집단 간의 이러한 건강 불균형은 혼란스러울 뿐만 아니라 막대한 비용을 야기한다. 2009년에 펴낸 미국 정치 및 경제 공동 연구소U.S. Joint Center for Political and Economic Studies의 보고서에 따르면 2003년과 2006년 사이에 발생한 인구 집단 간의 건강 불균형 및 조기 사망에 대한 비용만 합쳐도 1조 2400억 달러에 달한다고 한다.

인간의 다양성은 어디에서 오는가? 인간의 다양성은 역사가 시작된 이래 많은 호기심을 불러일으켜왔다. 세비야의 성聖 이시도루스Isidore of Sevilla는 17세기에 쓰인 중세 백과사전 첫 권인 『어원사전Etymologiae』에서, 인간은 신체적인 외모뿐만 아니라 생각하는 방식도 다양하다고 관찰한 바 있다. 수세기가 지나, 르네 데카르트와 존 로크 같은 철학자들은 사고와 행동에서 인간 다양성의 기원에 대한 논쟁에 다시 한번 불을 붙였다. 계몽주의 시대에는 진화생물학과 현대인류학이라는, 매우 큰 영향력을 가지고 있으나 서로 다른 방향으로 갈라진 두 가지 학파의 등장이 인간의 다양성에 대한 연구에 더욱 박차를 가하는 결과를 가져왔다.

찰스 다윈이 『종의 기원』(1859)을 통해 주장한 전통적인 진화생물학 이론에서는, 생물체가 주변의 환경에 적응하고 시간이 지나면서 자연선택이라는 과정을 통해 주변 환경에서 생존하고 생식하기에 가장 유리한 특징을 획득했다고 상정한다. 자연선택이라는 개념은 인간 행동의 연구에 엄청난 영향을 미쳤으며, 대부분의 인간 행동은 보편적이며 마음과 두뇌에서 일어나는 적응 메커니즘의 부산물로 발생한다고 여기는 진화심리학에 특히 지대한 영향을 미쳤다. 이와는 대조적으로, 프란츠 보아스Franz Boas나 마거릿 미드Margaret Mead 같은 선구적인 인류학자들은 상대성을 강조하는 문화에 대한 과학적인 접근 방식을 선호하여, 문화적인 차이는 보편적인 생물학의 부산물이라 여기기보다는 그 자체적인 특징을 고려할 때 가장 잘 이해할 수 있다고 생각했다.

보다 최근에는 문화-유전자 공진화 이론이 일종의 보완 과정에 대한 설명을 내놓았다. 인간 마음과 두뇌의 적응 메커니즘이 진화하여 사회적 집단이 문화적, 유전적 선택을 견뎌내며 살아갈 수 있도록 촉진했다는 것이다. 특히 이 이론은 문화적 특징이 적응하고, 진화하고, 유전적 선택이 작용하는 사회적, 물리적 환경에 영향을 미친다고 상정한다. 서로 다른 종과 관련하여 이 이론을 잘 보여주는 사례는 소의 우유 단백질 유전자와 인간의 락타아제lactase 유전자의 문화-유전자 공진화다. 문화적으로 인간이 우유를 마시는 성향을 갖게 되자 소의 우유 단백질 유전자와 락타아제를 생성하는 인간의 유전자가 유전적으로 선택되어 인간이 우유를 소화할 수 있게 되었다. 이 특별한 공진화는 서구 유럽에서 특히 현저하게 나타났으며, 왜 오늘날 유럽인 중 유당불내증을 가지고 있는 사람이 4분의 1에 불과한지를 부분적으로 설명해준다.

노스웨스턴 대학에 있는 실험실에서 나는 어떻게 문화-유전자 공진화가 인간의 마음, 두뇌, 행동을 형성했는지 연구한다. 내 연구는 점차 저변을 넓히고 있는 문화신경과학이라는 학제 간 연구 분야의 일부다. 문화신경과학은 인류학, 문화심리학, 신경과학, 집단유전학의 이론과 방법을 결합하여 인간 다양성의 본질과 기원을 이해하고자 하는 학문이다. 문화신경과학 분야의 연구는 인간 본성에 대한 다음과 같은 두 가지 흥미로운 의문에 바탕을 두고 있다. 문화(즉 가치, 믿음, 관습)는 어떻게 신경생물학과 행동을 형성하며, 신경생물학적 메커니즘(즉 유전 및 신경적 과정)은 어떻게 문화의 출현과 전달을 촉진하는가?

인간의 행동과 관련된 문화-유전자 공진화 이론에 대한 연구가 현대 심리학 및 신경과학 분야에서 거의 실증적 관심을 받지 못했다는 것은 놀랄 만한 일이다. 나는 최근에 우리 실험실의 대학원생인 케이트 블리진스키와 공동으로, 사람들이 자기 자신 및 다른 사람들과의 관계를 정의하는 방법을 나타내는 개인주의 및 집단주의와 같은 문화적 가치가 인간의 유전자와 함께 공진화하는지 여부를 실험했다. 미국이나 서부 유럽과 같은 개인주의적인 문화에서는 스스로를 근본적으로 다른 사람으로부터 독립적인 존재로 생각하도록 장려한다. 이와는 대조적으로 일본이나 한국과 같은 집단주의적 문화에서는 사람들이 서로 밀접하게 연관되어 있다는 사고방식을 받아들인다. 개인주의적인 문화는 자기표현을 중시하고 집단의 목표보다는 개인의 안녕 추구를 강조하는 반면, 집단주의적 문화는 개성의 주장보다는 사회적 조화의 유지를 선호한다. 자아를 이해하는 방식은 우리가 주변 환경 및 그 안에서 사는 다른 사람들에 대해 느끼고, 생각하고, 인식하고, 추론하는 방식을 포함하여 폭넓은 범위의 인간 행동에 영향을 미친다. 3세 즈음이 되면 미국의 아이와 중국의 아이는 개인주의적 또는 집단주의적 방식으로 스스로를 생각하기 시작하는데, 이러한 성향은 부모는 물론 심지어 또래를 통해서도 형성되고 강화된다. 자아의 철학적 견해에 대한 동아시아와 서양의 이러한 문화적 차이는 소크라테스와 노자의 저술에서 분명히 확인할 수 있듯이 인간 역사의 초기부터 등장한 것으로 보인다. 그러나 아주 최근까지 이러한 문화적 차이의 기원에 대해서는 거의 알려진 바가 없었다.

인간의 두뇌와 인간의 행동은 단순히 문화뿐만 아니라 특수한 유전자의 영향을 받는데, 그 좋은 예는 두뇌의 세로토닌 호르몬 수준을 조절하는 SLC6A4라는 세로토닌 전달체 유전자다. 이 세로토닌 전달체 유전자에는 5-HTTLPR이라는 다형성 영역이 들어 있어, 짧은(S) 대립형질 유전자* 또는 긴(L) 대립형질 유전자 중 하나로 이루어져 있다. 세로토닌 전달체 유전자에서 짧은 대립형질 유전자를 가지고 있는 사람은 불안 고조와 부정적인 정보에 대한 주의 편중을 비롯하여 부정적인 감정의 희생양이 되며, 인간관계상의 갈등, 상실, 위협과 같은 중대한 인생의 스트레스에 직면했을 때 우울증에 빠질 위험이 높다. 이렇게 부적응적 소인이 잠재되어 있음에도 불구하고 일반적인 동아시아 집단 구성원의 70~80퍼센트는 S 대립형질 유전자를 보유하고 있는 데 비해, 일반적인 유럽인 표본 집단의 S 대립형질 유전자 보유 비율은 40~45퍼센트 정도다. 심지어 블리진스키와 내가 발견한 더욱 놀라운 사실은, 동아시아 사람들이 일생 동안 불안과 우울증을 일으키는 빈도는 유럽과 미국인의 경우보다 실제로 낮다는 점이다. 이렇게 모순된 것처럼 보이는 결과는 어떻게 설명할 수 있을까?

과거와 현대를 막론하고, 지역에 따른 병원체 발생 빈도의 다양성에 따라 개인 및 집단적인 문화적 규범의 지역적 다양성을 예측할 수

* 한 유전자에서 같은 위치에 존재하면서 서로 다른 특성 형질을 나타내는 유전자.

있다는 것이 발견되었다. 역사적으로, 그리고 현대에도 말라리아, 발진티푸스, 나병 등의 전염병이 보다 자주 유행했던 나라들은 집단적인 문화적 규범을 채택할 가능성이 크다. 아마도 집단주의적 규범을 채택하면 병원체에 대항하는 방어책을 세우기가 더욱 용이해질 가능성이 크기 때문일 것이다. 개성보다는 순응성을 강조함으로써, 집단주의적 문화는 외부인들과의 사회적, 신체적 접촉 감소와 같은 규범을 보다 쉽게 권장할 수 있어 전염병을 성공적으로 억제할 수 있다. 집단주의적 규범의 적응적 가치를 고려해보았을 때, 우리는 동아시아 지역의 잦은 병원체 유행이 세로토닌 전달체 유전자의 S 대립형질 유전자가 유전적으로 선택되었기 때문에 발생하는 집단주의적 가치 강화와 연관되어 있을지 모른다는 가설을 세웠다.

뿐만 아니라 사회적 조화를 촉진하고 다른 사람에 대한 사회적 지원을 장려하는 사회적 규범을 강조함으로써, 집단주의적 문화 가치는 '정신병 방지'의 기능을 수행할 가능성이 크고, 그럼으로써 만성적인 인생 스트레스의 발생을 늦추는 생태적 적소適所를 형성함으로써 유전적으로 취약한 개인을, 불안 및 우울증을 유발하는 환경적 위험 인자로부터 보호한다. 이러한 가설은 개인주의와 집단주의의 문화적 가치가 적응적인 것이며 진화의 부산물이라는 보다 폭넓은 개념을 보완한다.

이 가설을 시험하기 위해 블리진스키와 나는 세계 29개국을 대상으로 하여 5-HTTLPR과 개인주의 및 집단주의 문화적 가치 사이의 연관성을 조사했다. 우리는 실제로 집단적인 문화는 5-HTTLPR에 S 대립형질 유전자를 가진 개인으로 구성되어 있을 가능성이 훨씬 높다는 것을 발견했다. 우리의 가설에 부합하게도 역사적인 병원체 유행의 빈도와 그에 따른 S 대립형질 유전자의 유전자 선택에 따라 특정 문화에서 개인주의 또는 집단주의 성향의 수준이 어느 정도로 나타나는지 예측할 수 있었다. 놀랍게도 우리는 여러 나라에 걸쳐 S 대립형질 유전자를 가진 사람의 비율이 높은 경우 집단주의적 문화 가치가 강화되기 때문에 불안과 정서 장애의 비율이 낮게 나타난다는 점 역시 발견할 수 있었다.[1] 이러한 발견은 유전자 발현의 빈도가 문화적 규범의 채택에 대한 세계적인 다양성을 설명하는 데 독특한 역할을 하며, 이는 문화에 대한 어떠한 포괄적인 이해에도 핵심적인 역할을 한다는 사실을 보여준다.

종합해보면, 이러한 발견은 개인주의와 집단주의라는 문화적 가치가 전염병의 지리적 다양성에 대응하여 진화되었을 가능성이 높다는 주장을 뒷받침한다. 전염병이 빈번하게 발생했던 지역에서는 보다 집단주의적인 문화 규범이 발달했다. 아시아의 집단주의적 문화 규범의 적응적 본질 때문에 세로토닌 전달체 유전자에서 S 대립형질 유전자가 선택되는 결과가 나왔다. 왜냐하면 유전적으로 불안과 우울증에 빠지기 쉬운 사람들은 사회적 조화와 대인 스트레스 감소를 강조하는 문화에서도 번성할 수 있기 때문이다. 뿐만 아니라 부정적인 감정에 대한 유전적 소인도 집단주의적 문화에서 보다 쉽게 적응하여, 다른 사람의 분노나 두려움을 미연에 감지하도록 해주고 다른 사람의 부정적인 감정 상태를 유발할 수 있는 행동이나 대인 관계 상황을 회피하도록 해주었을지 모른다. 이러한 관점에서 보면, 오늘날 유럽과 아시아 문화 사이에 존재하는 집단에 따른 불안과 우울증의 불균형은 문화-유전자 공진화 때문에 발생하는 것이라 할 수 있다.

문화-유전자 공진화 이론의 핵심 주장은, 일단 문화적 특성이 적응

되면 유전 선택이 아마도 이러한 문화적 능력을 저장하고 전달하는 데 관여하는 마음과 두뇌의 인지 및 신경 구조의 개선을 유발할 가능성이 크다는 것이다. 이 이론을 실험하기 위해 우리 연구소는 나고야 대학의 이다카 데쓰야Iidaka Tetsuya 박사가 이끄는 일본 과학팀과 공조하여, 인간의 두뇌가 어떻게 개인주의 및 집단주의의 문화적 가치를 낳는지를 연구해왔다.

가장 최근에 우리는 인간의 두뇌가 어떻게 스스로를 개인주의적 또는 집단주의적이라고 생각하도록 만드는지를 알아보기 위해 일련의 두뇌 영상 실험을 실시했다. 사회신경과학의 초기 연구에서는 사람들이 다른 사람이 아닌 자기 자신에 대해 생각할 때마다 내측 전전두엽 피질MPFC, medial prefrontal cortex이 관여한다는 사실을 보여주었다. 이러한 연구는 대부분 미국과 서부 유럽에서 실시되었기 때문에, 문화적인 가치가 내측 전전두엽 피질 내의 신경 반응에 영향을 미치는지 여부에 대해서는 거의 알려진 것이 없다. 이 의문을 해결하기 위해 우리는 미국 백인들과 일본인들이 스스로에 대한 개인주의적 서술(예를 들어 "나는 재미있는 사람이다"), 또는 문맥에 기반을 둔 스스로에 대한 집단적인 묘사(예를 들어 "어머니와 이야기하고 있을 때 나는 재미있는 사람이다")를 읽는 동안 fMRI를 활용하여 두뇌의 활동을 측정했다. 우리는 실험 대상자들이 자신이 속한 문화의 규범과 부합하는 방식으로 자신을 생각했을 때 내측 전전두엽 피질이 보다 활발하게 움직인다는 것을 발견했다. 즉 개인주의적인 참가자는 스스로에 대한 일반적인 서술에 보다 활발하게 반응하는 경향이 있는 반면, 집단주의적 참가자는 스스로에 대한 문맥 기반의 서술에 보다 활발하게 반응했다.[2]

우리의 다음 의문은 인간의 두뇌가 어떻게 문화적 변화를 촉진하는 가이다. 인간은 수천 년 동안 이동을 해왔고, 새로운 땅으로 이주한 사람들은 새로운 문화적 환경에서 번영하기 위해 신속한 문화적 변화를 거쳐야 했다. 문화심리학 분야의 초기 연구에서는 사람들이 동시에 여러 가지 문화적 가치 체제를 인식할 수 있고, 단순히 사람들을 그중 한 가지 체계와 일맥상통하는 정보에 노출시킴으로써 해당 체제를 부각하거나 해당 체제가 다른 체제보다 선호되도록 할 수 있음을 보여주었다. 예를 들어 미국 국기와 같은 상징 또는 개인보다 가족의 덕목을 홍보하는 광고에 단순히 노출시키기만 해도, 다문화적 배경을 가진 사람들은 주위 환경에 적응하기 위해 자동적으로 사고방식을 부각되는 문화에 부합하는 방식으로 전환하게 된다.

자아에 대한 신경 메커니즘에 문화가 미치는 영향의 역동적인 본질을 탐구하기 위해 우리는 fMRI 두뇌 촬영 기술을 활용하여 이문화 환경에서 살아온 아시아계 미국인들 중 개인주의적 또는 집단주의적 문화 가치에 주로 노출된 사람들의 신경 활동을 측정했다. 이 연구에서는 이문화적 참가자들을 임의로 개인주의적 집단과 집단주의적 집단으로 나눈 다음, 문화적 점화$_{priming}$*와 관련된 두 가지 과제를 부여했다. 즉 짧은 에세이를 읽은 다음 직접 에세이를 쓰는 것이었다. 개인주의적 집단의 참가자들은 개인적인 장점과 업적 때문에 장군에게 발탁된 수메르 전사에 대한 이야기를 읽은 다음, 자신들이 친구 및 가족과 어떻게 다른지에 대해 짧은 에세이를 썼다. 집단주의적 집단의 참가자들은 장군의 가족이었기 때문에 장군에게 발탁된 다음 가문에 영광을 가져오게 된 수메르 전사의 이야기를 읽은 다음, 자신의 가족과

* 먼저 노출된 정보로 인해 떠오른 개념이 이후에 접한 정보를 해석할 때 영향을 미치는 현상.

친구들이 자신에게 어떤 기대를 하는지에 대한 짧은 에세이를 작성했다. 이러한 문화적 점화 이후, 우리는 이들이 개인주의적 또는 집단주의적 자기 묘사를 평가하는 동안의 두뇌 활동을 측정했다. 우리의 예상대로, 이문화 환경의 개인(여기서는 이문화적 아시아계 미국인)의 개인주의적, 집단주의적 가치에 대한 인식을 일시적으로 고취하게 되면 내측 전전두엽 피질 및 후측 대상 피질PCC, posterior cingulate cortex 내의 신경 활동이 해당 문화적 점화에 부합하는 방식으로 조절된다는 사실을 발견했다.[3] 이러한 발견은 두뇌 반응의 변동은 사람들이 채택하는 문화적 틀의 변동과 함께 일어나며, 이러한 메커니즘은 사람들이 새로운 사회적 환경에 잘 적응하는 데 도움을 준다는 강력한 증거다.

점차 성장하고 있는 문화신경과학이라는 분야의 다른 연구와 함께 우리가 발견해낸 사실들은, 인간 본성에 대한 가장 까다로운 의문을 해결하는 데 사회과학과 자연과학을 서로 연동하는 것이 얼마나 중요한지 보여준다. 1959년에 한 유명한 강의에서 영국의 물리학자 C. P. 스노C. P. Snow는 인문학과 자연과학을 '두 문화'로 분리하는 실태를 비판하고, 지식의 통합이 아닌 분리가 상아탑에서 보편적으로 발견되는 상황을 개탄했다. 그러나 집단에 따른 건강 불균형과 같이 복잡하고 시급한 현상에 대한 탐구를 이해하기 위해서는 문화와 생명과학을 아우르는 학제 간 접근 방식이 필요하다는 사실이 점점 더 분명해지고 있다.

집단 사이의 차이점을 과학적으로 연구하는 것은 위험한 생각이다. 19세기 후반의 사회적 다윈주의*나 20세기 초반의 우생학과 같이 집

* 다윈의 생물 진화론을 사회 현상에 적용한 것.

단 사이의 차이를 생물학적으로 개념화하려 했던 과거의 시도들은 평등보다는 집단에 대한 억압을 부추겼다. 따라서 집단 간의 차이에 대한 생물학적 설명은 금기시된 학술 주지였다. 이러한 과거의 경험은 우리에게 집단 간의 차이에 대한 연구는 과학자뿐만 아니라 사회의 입장에서도 가장 까다로운 문제 중 하나라는 교훈을 안겨준다. 인간의 다양성을 이해하는 데 진정한 발전을 이루고자 한다면 우리는 반드시 자기 민족 중심주의를 추구하고 차이를 죄악시하려는 인간의 성향을 단호히 차단해야 한다.

문화신경과학이라는 발전하는 학문의 신선한 점은 바로 인간의 다양성에 대한 과거와 현재의 불안을 시정할 수 있는 가능성이다. 새로운 과학적 발견을 통해, 우리는 인간의 다양성은 아마 우리의 가장 소중한 능력일지도 모른다는 점을 지속적으로 배우고 있다. 인간은 자신을 둘러싸고 있는 문화적 환경에 적응할 수 있는 방식으로 몇 번이고 계속하여 스스로를 재개발해왔다. 인간의 차이에 대한 우리의 개념을 재정립하면 진정으로 깨우침을 주는 인간 다양성에 대한 학제간 과학에 기여할 수 있을 뿐만 아니라, 우리 시대의 가장 시급한 몇몇 세계적 보건 문제를 해결하는 데 이러한 지식을 활용할 수 있을 것이다.

---

1. J. Y. Chiao, K. D. Blizinsky, "Culture-Gene Coevolution of Individualism-Collectivism and the Serotonin Transporter Gene (5-HTTLPR)", *Proceedings of the Royal Society B 277*, 2010, 529~537.
2. J. Y. Chiao 외, "Neural Basis of Individualistic and Collectivistic Views of Self", *Human Brain Mapping 30*, 2009, pp. 2813-2820.
3. J. Y. Chiao 외, "Dynamic Cultural Influences on Neural Representations of the Self", *Journal of Cognitive Neuroscience 22*, 2010, pp. 1-11.

감사의 말

이 책 시리즈에 지속적인 관심을 보여준 빈티지 북스Vintage Books의 편집자 제프 알렉산더Jeff Alexander와 대니 야네즈Danny Yanez에게 감사를 전하고 싶다. 이 시리즈에 대한 아이디어를 낼 수 있도록 도와주고, 내가 무사히 시리즈를 마칠 수 있을 거라고 설득해준 아버지이자 에이전트 존 브로크먼John Brockman에게 감사한다. 또한 이전 저작들과 마찬가지로 이 책은 세라 리핀컷Sara Lippincott의 뛰어난 편집이 없었다면 전혀 다른 책이 되었을 것이다.

옮긴이의 말

한 가지 고백으로 이야기를 시작해야겠다. 이 책의 원서를 처음 접했을 때 'Future Science', 즉 '미래의 과학'이라는 이름에 살짝 위축되었다. 내용이 좀 어렵겠다는 선입견과 함께, 자료 조사에 공이 많이 들겠구나 하는 걱정이 앞섰던 것이 사실이다. 미래의 과학이라니, 도대체 무슨 과학을 다루었을까? 공상과학영화에서 볼 수 있는 것처럼 로봇이 인간을 대신하는 것에 대한 이야기일까? 복잡한 화학식 같은 게 잔뜩 등장하지는 않을까? 개념도 파악할 수 없는 어려운 이론이 나오지는 않을까…… 하지만 조금씩 읽어나가면서 이 책은 철저히 일반인의 눈높이에 맞추어 쓰였다는 사실을 깨달았고, 그에 따라 속도도 붙고 더욱 즐겁게 작업할 수 있었다.

'과학'이라고는 하지만, 이 책은 우리가 흔히 생각하는 물리학, 생물학 등 좁은 범위의 과학만을 다루지는 않는다. 인지과학, 심리학, 미생물학, 법윤리학, 통계학, 뇌과학, 의학, 사회학에 이르기까지 다양하고 폭넓은 분야에 걸친, 매우 유용하고 재미있는 주제들로 이루어져 있다. 어느 장에서는 태양계를 넘나들며 추적해본 지구 밖 생물의 존재 가능성이 언급되다가, 다른 장에서는 눈에 보이지도 않는 아주 미세한 유전자를 잘라 붙이는 이야기가 나오고, 또 우주의 무한대에 대한 알쏭달쏭한 이야기로 머리를 긁다보면, 인간의 눈과 귀, 입을 연결하는 의사소통의 기원을 탐구하는 장이 펼쳐지는 식이다.

개인적으로 가장 인상적인 부분은, 소셜 네트워크 사이트인 플리커에 올라온 정보를 바탕으로 지구상에 있는 명소들의 정보를 도출해내는 실험에 관한 장이었다. 오늘날 우리는 별생각 없이 자신의 정보를 페이스북, 트위터, 사진 공개 애플리케이션, 위치 확인 애플리케이션 등에 업로드한다. 이런 식으로 쌓인 엄청난 양의 데이터를 바탕으로 개인에 대해 매우 자세한 정보를 수집하는 것이 충분히 가능하리라는 점은 이미 알고 있던 바다. 하지만 실제로 체계적인 접근 방식과 통계를 사용하여 다른 사전 정보 없이 관광 명소 이름까지 파악할 수 있다는 사실을 증명한 실험 결과를 보고 나니, 우리가 인터넷 여기저기 남긴 자그마한 흔적들이 합쳐지면 타인이 우리의 모습을 꽤나 비슷한 수준까지 재현해낼 수 있겠구나 하는 생각에 놀랍고도 오싹한 기분이 들었다.

또 한 가지 흥미로웠던 부분은, ≠아코에 하이||옴이라는 나미비아 부족을 연구한 장이었다. 자신을 중심으로 동서남북을 정해놓고 사물의 위치를 판단하는 서구인과 달리, 이 부족은 주변 환경을 기준으로 위치를 판단한다고 한다. 그래서 오른쪽-왼쪽으로 움직이는 춤을 가르쳐준 뒤 바라보는 방향을 180도 바꿔놓으면, 서구 아이들은 배운 그대로 움직이는 반면, 이 부족의 아이들은 반대로 왼쪽-오른쪽으로 움

직인다는 것이다. 같은 사람인데 어떻게 그러한 근본적인 인지의 차이가 발생하는 것일까? 이런 차이는 선천적인 것일까, 아니면 문화적인 것일까?

『퓨처 사이언스』에는 이렇게 흥미롭고 신선한 실험과 이론이 가득하다. 조금 먼저 이 책을 접한 독자인 나로서는 앞서 언급한 두 가지 주제가 특히 흥미로웠지만, 책을 읽는 여러분 각자의 취향과 관심 분야에 따라 다른 주제들이 더 재미있게 다가올 수도 있겠다. 아무리 과학에 관심이 많고 해외 뉴스를 부지런히 살핀다 해도, 이렇게 다양한 분야에서 수행되고 있는 최첨단 연구들을 접하기는 쉽지 않은 일이다. 이 책에서 다루는 주제들을 개인이 찾아내고 이해하려면, 상당한 기간에 걸쳐 수많은 학술지나 보도자료를 살펴보고, 또 어느 정도의 과학 지식을 미리 가지고 있어야 가능할 것이다. 하지만 다행히도, 이 책의 기획자인 맥스 브로크먼이 그 수고를 대신해주었다. 각 분야의 연구를 직접 수행하고 있는 젊은 과학자들의 생생한 글을 한데 모아, 첨단 과학의 오늘과 내일을 쉽고 편하게 살펴볼 수 있도록 엮어낸 그에게 감사한다.

이 책은 2009년에 출간된 『다음 단계는?—과학의 미래에 대한 속보*What's Next?: Dispatches on the Future of Science*』의 후속작이다. 이 전작 역시 에세이 형식으로, 다음과 같은 내용을 다룬다. 기후변화가 일어나면 인간은 북쪽 지방으로 대거 이주해야 하는가? 인간을 개선할 수 있는 방법이 있을까? 암흑 에너지Dark Energy란 무엇인가? 청소년기의 사회적 두뇌 발달은 어떻게 진행되는가? 두뇌는 시간을 어떻게 인식하는가?

왜 인간이 진화하며 문명을 발달시키고 엄청난 지식을 축적하는 동안 다른 동물은 인간의 뒤를 따르지 않았나? 모두 이 책만큼 흥미진진한 연구 주제들이다. 개인적인 바람으로, 앞으로도 이 시리즈가 꾸준히 간행되었으면 한다. 엮은이 브로크먼의 말처럼, 이 에세이들은 제한된 시야로나마 미래의 세상을 내다보는 창의 역할을 해줄 수 있으니 말이다.

작업을 진행하면서, 다음 장으로 넘어갈 때마다 이번에는 무슨 이야기가 나올까 하며 기대하는 재미가 적잖았다. 원서의 취지를 최대한 고려하여, 딱딱하지 않고 쉽게 읽히도록 번역하고자 나름대로 노력했다. 하지만 매번 책이 세상에 나올 때마다 마치 물가에 아이를 내놓는 것처럼 걱정스럽고 조심스러운 마음이 먼저 드는 것은 어쩔 수 없나보다. 부디 재미있게 읽어주시길 바랄 뿐이다. 부족한 원고를 정성껏 다듬어준 편집부에도 깊이 감사드린다.

구계원

옮긴이 **구계원**
서울대학교를 졸업하고 도쿄 일본어 학교를 수료한 후 미국 몬터레이 국제대학원에서 통번역 석사학위를 받았다. 현재 전문 통역사로 활발히 활동하는 동시에, 관심 분야인 경제경영 및 인문과학을 중심으로 외국 서적을 우리말로 옮기고 있다. 옮긴 책으로 『2천년 식물 탐구의 역사』 『킬링 자이언트』 『코끼리는 아프다』 『제3의 경제학』 『왜 중국은 서구를 위협할 수 없나』 『케네디가의 형제들』(공역) 등이 있다.

퓨처 사이언스
첨단 과학자들이 들려주는 미래 과학 이야기

초판 인쇄 2013년 3월 23일
초판 발행 2013년 3월 30일

엮은이 맥스 브로크먼 | 옮긴이 구계원 | 펴낸이 강병선
책임편집 장영선 | 편집 구민정 오경철 | 독자모니터 이희연
디자인 이효진 최미영 | 저작권 한문숙 박혜연 김지영
마케팅 우영희 이미진 나해진 김은지 | 온라인마케팅 김희숙 김상만 이원주 한수진
제작 서동관 김애진 임현식 | 제작처 미광원색사(인쇄) 창림P&B(제본)

펴낸곳 (주)문학동네
출판등록 1993년 10월 22일 제406-2003-000045호
주소 413-756 경기도 파주시 문발동 파주출판도시 513-8
전자우편 editor@munhak.com | 대표전화 031)955-8888 | 팩스 031)955-8855
문의전화 031)955-2660(마케팅) 031)955-1913(편집)
문학동네카페 http://cafe.naver.com/mhdn | 트위터 @munhakdongne

ISBN 978-89-546-2094-9 03400

www.munhak.com